"十三五"普通高等教育本科部委级规划教材

高技术纤维

崔淑玲　主编

U0241368

中国纺织出版社

内 容 提 要

本书以高性能纤维、高功能纤维、高感性纤维为主线，系统介绍了各种高技术纤维的概念、分类、发展历程、制备原理、结构、性能、应用以及目前存在的问题及发展趋势。高性能有机纤维中介绍了芳香族聚酰胺（PPTA 和 MPIA）纤维、超高分子量聚乙烯（UHMWPE）纤维、聚苯并杂环类（PBO 和 PBI）纤维、聚吡啶并二咪唑（PIPD）纤维、聚芳砜酰胺（PSA）纤维、聚苯硫醚（PPS）纤维、聚酰亚胺（PI）纤维；高性能无机纤维中介绍了碳纤维（CF）、玄武岩纤维（BF）和其他无机纤维（高强度玻璃纤维、氧化铝纤维、碳化硅纤维）；高功能纤维中讨论了医疗保健功能纤维、传导功能纤维、防护功能纤维、舒适功能纤维、吸附与分离功能纤维、智能纤维（形状记忆功能、光敏、温敏和湿敏纤维）；高感性纤维中介绍了超细纤维、异形纤维、仿真纤维及仿生纤维。

本书可作为普通高等院校轻化工程、纺织工程、高分子材料与工程等专业相关课程的教材，也可作为纺织化学与染整工程、纺织工程、高分子材料等专业硕士研究生高技术纤维课程的教材及参考书，还可供其他相关专业的师生、科研和工程技术人员阅读、参考。

图书在版编目（CIP）数据

高技术纤维/崔淑玲主编 . —北京：中国纺织出版社，2016.9（2021.7重印）

"十三五"普通高等教育本科部委级规划教材

ISBN 978 - 7 - 5180 - 2836 - 8

Ⅰ. ①高… Ⅱ. ①崔… Ⅲ. ①化学纤维—高等学校—教材 Ⅳ. ①TQ340. 1

中国版本图书馆 CIP 数据核字（2016）第 181606 号

策划编辑：秦丹红　　责任编辑：朱利锋　　责任校对：王花妮
责任设计：何　建　　责任印制：何　建

中国纺织出版社出版发行
地址：北京市朝阳区百子湾东里 A407 号楼　邮政编码：100124
销售电话：010—67004422　传真：010—87155801
http://www.c-textilep.com
中国纺织出版社天猫旗舰店
官方微博 http://weibo.com/2119887771
北京虎彩文化传播有限公司印刷　各地新华书店经销
2016 年 9 月第 1 版　2021 年 7 月第 4 次印刷
开本：787×1092　1/16　印张：17.5
字数：331 千字　定价：48.00 元

前　言

　　高技术是建立在现代自然科学理论和最新的工艺技术基础之上，处于当代科学技术前沿，能够为当代社会带来巨大经济、社会和环境效益的知识密集、技术密集技术。依靠高技术研制成的纤维称为高技术纤维。高技术纤维主要包括三大类：高性能纤维、高功能纤维和高感性纤维。高性能纤维一般是指具有高强度、高模量、高耐热性的纤维；高功能纤维是指满足某种特殊要求和用途的纤维，如具有防护功能、舒适功能、医疗保健功能、传导功能、吸附与分离功能等的纤维；高感性纤维是指风格、质感、触感、外观等感官方面性能优良的纤维。

　　21世纪是新材料的时代，处在纺织行业上游产业链的每种新型纤维的开发成功，都会对下游产业链产生重大影响，甚至引起一场革命。近几十年来，随着人类科技水平的进步，高技术纤维的研制与生产获得了突飞猛进的发展。不断开发功能优越、性能稳定、低成本、高附加值的高技术纤维一直是国内外业界关注的重点。

　　本书以高性能纤维、高功能纤维、高感性纤维为主线展开讨论，系统介绍了各种高技术纤维的概念、分类、历史发展脉络、制备原理、结构、性能、应用以及目前存在的问题及发展趋势。全书共分为三篇十二章。来自国内六所纺织高等院校的16位专业人员参与了本书的编写，具体内容及分工如下：第一章由贾立霞、刘君妹、张梓林、胡雪敏、张维、张士培共同编写，第二章由李美真编写，第三章由麻文效编写，第四章由张连兵编写，第五章由姚桂芬编写，第六章由吴牟玲编写，第七章由巩继贤编写，第八章由葛凤燕编写，第九章由马辉编写，第十章由汪青编写，第十一章和第十二章由葛凤燕编写，全书由崔淑玲拟定总体框架和编写要求，组织协调，衔接各篇，调整内容，统一格式，最终完成定稿。

　　本书参编作者在编写过程中参考了不少于1000篇的中外文献资料，由于篇幅限制，有许多参考文献未能列入书后参考文献中，在此向那些文献资料的作者表示诚挚的歉意。

　　本书得到了河北科技大学研究生院以及业内同行的大力支持和帮助，在此深表谢意！

　　由于高技术纤维发展迅猛，内容广泛，涉及领域颇多，再加上编者水平有限，书中难免有疏漏之处，敬请同行专家和读者批评指正。

编　者

2016年3月

课程名称：高技术纤维

适用对象：轻化工程专业、纺织工程专业、高分子材料与工程等专业的本科生及研究生

总学时：48

课程性质：本课程属于专业课，是轻化工程、纺织工程、高分子材料与工程等专业知识的重要组成部分。

课程目的：

1. 掌握各类高性能纤维、高功能纤维、高感性纤维的分类及基本概念。

2. 熟悉各种高技术纤维的结构、主要性能和应用范围。

课程教学的基本要求：

1. 教学环节　包括课堂教学、现场教学和期末考试。通过各教学环节，培养学生对知识的理解和运用能力。要求学生重点掌握以芳香族聚酰胺纤维、超高分子量聚乙烯纤维、碳纤维、玄武岩纤维为代表的高性能纤维；以壳聚糖纤维、吸湿排汗纤维为代表的高功能纤维；以超细纤维为代表的高感性纤维。

2. 课堂教学　采用大量图片及实物，注意把高技术纤维的最新成果展示给学生。安排一定的时间，让学生分组，在对某类高技术纤维进行文献检索的基础上，采用课堂讨论的方式向大家介绍该类高技术纤维的基本知识和发展动向，此方式尤其适用于研究生课程教学。

3. 现场教学　安排一两次到相关企业进行参观、学习。

4. 考核方式　根据具体情况，可采用开卷、闭卷笔试方式，题型一般包括填空题、名词解释、判断题、论述题等。

教学学时分配

篇　章		讲授内容	学时分配
第一篇 高性能纤维	第一章　高性能有机纤维	第一节　芳香族聚酰胺（Aramid）纤维	4
		第二节　超高分子量聚乙烯（UHMWPE）纤维	4
		第三节　聚苯并杂环类（PBO与PBI）纤维	2
		第四节　聚吡啶并双咪唑（PIPD）纤维	1
		第五节　聚芳砜酰胺（PSA）纤维	1
		第六节　聚苯硫醚（PPS）纤维	1
		第七节　聚酰亚胺（PI）纤维	1
	第二章　高性能无机纤维	第一节　碳纤维（CF）	4
		第二节　玄武岩连续纤维（CBF）	2
		第三节　其他无机纤维	2
第二篇 高功能纤维	第三章　医疗保健功能纤维	第一节　甲壳素纤维与壳聚糖纤维	4
		第二节　远红外纤维	
		第三节　负离子纤维	
		第四节　磁疗纤维	
		第五节　珍珠纤维	
		第六节　玉石纤维	
		第七节　银纤维	
	第四章　传导功能纤维	第一节　导电纤维	2
		第二节　光导纤维	
	第五章　防护功能纤维	第一节　防电磁波辐射纤维	2
		第二节　抗静电纤维	
		第三节　阻燃纤维	
	第六章　舒适功能纤维	第一节　亲水性纤维	2
		第二节　吸湿排汗纤维	
	第七章　吸附与分离功能纤维	第一节　中空纤维膜	2
		第二节　活性碳纤维（ACF）	
		第三节　离子交换纤维	

篇　章		讲授内容	学时分配
第二篇 高功能纤维	第八章　智能纤维	第一节　概述	2
		第二节　形状记忆纤维	
		第三节　光敏纤维	
		第四节　温敏纤维	
		第五节　湿敏纤维	
第三篇 高感性纤维	第九章　超细纤维	第一节　超细纤维的分类	2
		第二节　超细纤维的制备	
		第三节　超细纤维的结构特征及其性能	
		第四节　超细纤维的应用	
	第十章　异形纤维	第一节　异形纤维的特征及性能	2
		第二节　异形纤维的制备	
		第三节　异形纤维在纺织品上的应用	
	第十一章　仿真纤维	第一节　仿真丝纤维	1
		第二节　仿麂皮纤维	
		第三节　仿毛纤维	
		第四节　仿棉纤维	
		第五节　仿麻纤维	
		第六节　仿蜘蛛丝	
	第十二章　仿生纤维	第一节　仿荷叶纤维	1
		第二节　仿夜蛾角膜纤维	
		第三节　仿蝴蝶翅膀纤维	
		第四节　仿鲨鱼皮纤维	
		第五节　仿珊瑚纤维	
企业参观			4
考试			2
合计			48

目　录

第一篇　高性能纤维

第二篇　高功能纤维

第三篇　高感性纤维

第一篇　高性能纤维

高性能纤维（high performance fiber，HPF）是指具有高强度、高模量或高耐热性的纤维。一般来讲，高性能纤维的强度大于 17.6cN/dtex，弹性模量在 440cN/dtex 以上，玻璃化温度在 200℃以上。

高性能纤维的研究和生产始于 20 世纪 50 年代。从 70 年代开始，随着人类科学的进步和节能环保意识的增强，高性能纤维获得了突飞猛进的发展，在多个领域得到了广泛的应用。

高性能纤维按其化学组成可分为高性能有机纤维与高性能无机纤维两大类，有机纤维中的典型代表是芳香族聚酰胺纤维（主要品种为对位芳纶与间位芳纶）和超高分子量聚乙烯纤维；无机纤维中的典型品种是碳纤维以及近年来迅速崛起的玄武岩纤维。

我国高性能纤维从产能、产量、品质等方面和世界先进水平相比还存在一定差距，综合实力排在欧美日之后的第四位，居世界二流水平。未来 5～10 年，是高性能纤维发展的上升期，是大浪淘沙、优胜劣汰的过程，高性能纤维的发展具有广阔的空间。

第一章　高性能有机纤维

第一节　芳香族聚酰胺纤维

芳香族聚酰胺纤维（英文 aramidfiber，国内商品名为芳纶）与脂肪族聚酰胺纤维（锦纶）的相同之处在于纤维分子长链中都含有大量的酰氨基（—CO—NH—），不同之处在于其分隔基团的不同。芳香族聚酰胺分子中与酰氨基相连的是芳香环，而脂肪族聚酰胺分子中是脂肪基。

最早开发芳香族聚酰胺纤维的是美国杜邦公司。1951 年，美国杜邦公司的 Flory 发明低温溶液聚合法，无意中制造出间位全芳香族聚酰胺。1960 年，美国杜邦公司开始开发间位全芳香族聚酰胺纤维，到 1967 年上市，其商品名为诺梅克斯（Nomex®）。1965 年，Kwolek 发明液晶纺丝法，并开始研究对位全芳香族聚酰胺纤维。1968 年，杜邦公司开始研究对位全芳香族聚酰胺纤维，到 1972 年上市，商品名为凯夫拉（Kevlar®）。1974 年，美国通商委员会将全芳香族聚酰胺命名为 aramid，泛指酰氨基团直接与两个苯环基团连接而成的线型高分子，用其制造的纤维称为芳香族聚酰胺纤维。

全芳香族聚酰胺纤维最具实用价值的品种有两个：间位全芳香族聚酰胺纤维（MPIA，间位芳纶，芳纶 1313，聚间苯二甲酰间苯二胺纤维）和对位全芳香族聚酰胺纤维（PPTA，对位芳纶，芳纶 1414，聚对苯二甲酰对苯二胺纤维）。间位芳纶是开发最早、产量最大、应用最广的有机耐高温纤维，是世界公认的耐高温防护服的最佳选材；对位芳纶具有高强度、高模量的特点，素有高分子材料中的"百变金刚"之誉，是当今世界高性能纤维材料的代表。高性能芳纶的制备难度高，投资大，目前主要由美国的杜邦公司和日本的帝人公司垄断。

我国自 1972 年开始研究芳纶，长期以来，芳纶国产化、规模化技术一直备受国内许多化纤企业的关注，经过广大科技工程人员的不懈努力，我国芳纶的研制和生产取得了突破性进展，对芳纶 1313 的研发已形成产业化规模。1999 年开始，烟台氨纶股份公司（烟台泰和新材料股份有限公司）历时三年，研发出了高品质的芳纶 1313，并实现了工业化生产，目前该企业生产能力已达到 5000 吨/年，一跃成为世界第二大芳纶制造商。上海圣欧集团（中国）有限公司的芳纶 1313 产能紧随烟台泰和有限公司之后，居国内第二位，在世界范围内暂居第四位。进入 21 世纪后，对位芳纶已取得实质性突破，基本具备工业化生产条件，同时国内许多企业也已完成小试和中试，正在启动工业化生产线的建设。2011 年，烟台泰和新材料股份有限公司 1000 吨/年对位芳纶产业化工程项目试车成功，使我国成为继美、日之后又一个能生产对位芳纶高性能纤维的国家。未来几年国内对位芳纶产能将快速增长。

一、聚对苯二甲酰对苯二胺（PPTA）纤维

1. PPTA 纤维的制备 与常规聚酰胺一样，聚对苯二甲酰对苯二胺（poly p – phenylene terephthalamide，PPTA）也是采用缩聚的方法合成。但是由于 PPTA 的熔融温度高于聚合物的分解温度，不能用熔融缩聚的方法，只能用界面缩聚、溶液缩聚、乳液聚合和固相缩聚等方法，工业生产上常用低温溶液缩聚和界面缩聚的方法。最为简单、适用的方法是低温溶液缩聚法，即采用反应活性大的单体在非质子极性溶剂中，在温和的条件下进行缩聚反应的方法。工业生产中采用芳香族二胺（对苯二胺，PPD）与芳香族二酰氯（对苯二甲酰氯，TCl）为单体，在酰胺型溶剂体系（酰胺—盐溶剂体系，NMP—CaCl$_2$）中反应制备 PPTA 聚合物。其反应式如下：

$$n\text{H}_2\text{N}-\!\!\!\text{◯}\!\!\!-\text{NH}_2 + n\text{ClOC}-\!\!\!\text{◯}\!\!\!-\text{COCl} \longrightarrow$$

$$\left[\text{NH}-\!\!\!\text{◯}\!\!\!-\text{NH}-\text{CO}-\!\!\!\text{◯}\!\!\!-\text{CO}\right]_n + 2n\text{HCl}$$

为得到高强度的 PPTA 纤维必须先制得相对分子质量较高且相对分子质量分布尽可能窄的 PPTA 聚合体，因此在聚合过程中，要控制好影响聚合物性能的主要因素，如溶剂的纯度及含水量、两单体的纯度及摩尔配比、溶剂体系的选择、反应时间、反应温度和固含量等。反应产物在溶剂体系中的溶解性能—固含量—温度关系影响着单体在溶剂体系中的分布及聚合物是否分相，从而决定在聚合过程中的链增长和终止速率，影响 PPTA 聚合体的相对分子质量。

2. PPTA 纤维成型 PPTA 纤维成型不能采用传统的熔融纺丝、湿法纺丝及干法纺丝的方法，因此，引进了新的概念和理论基础，是典型的由刚性链聚合物形成液晶性纺丝溶液，采用干喷湿纺的液晶纺丝方法，制取高强度高模量纤维。

研究表明浓度为 99% ~ 100% 的硫酸，对 PPTA 的溶解性最好。聚合物在浓硫酸中溶解，随着 PPTA 浓度的增加，溶液黏度上升，当溶液浓度超过了临界浓度以后，刚性分子聚集形成液晶微区，在微区中大分子呈平行排列状态，形成向列型液晶态。随着温度上升，临界浓度值提高，有利于高浓度纺丝浆液的生成，有利于纤维强度的提高。因此，PPTA 液晶纺丝温度一般控制在 80 ~ 100℃。但是溶液纺丝时要求凝固浴的温度低一些，以利于大分子取向状态的保留和凝固期间纤维内部孔洞的减少，低温凝固浴的温度为 0 ~ 5℃，因此，喷丝头不能浸入凝固浴中。同时，为了使液晶分子链通过拉伸流动沿纤维轴向取向，又要求有足够高的纺丝速度，因此，采用在喷丝板与凝固浴之间设置空气层的干喷湿纺纺丝法，允许高温原液和低温凝固浴的独立控制。

上述纺丝方法称为液晶纺丝法，纺丝装置示意图如图 1-1 所示。纺丝原液中 PPTA 具有典型的向列型液晶结构，通过喷丝口时，在剪切力和伸长流动作用下，液晶分子链沿流动方向取向，全体向列型液晶微区沿纤维轴向取向，在空气层中进一步牵伸取向，到低温凝固浴中凝固成型，分子取向结构被保留下来，形成高结晶、高取向的纤维结构，使初生丝不经过拉伸就能得到高强度、高模量的纤维。这一纺丝装置充分发挥了液晶纺丝的优点，纺丝速度比湿式纺丝高得多，可达 200～800m/min。纺出的 PPTA 丝束用纯水洗涤，除去残留的硫酸，上油后卷绕成筒管卷装。对水洗中和好的丝束进行加张力高温热处理可以大幅度提高纤维的模量，而强度变化很小。研究表明，经过 500℃ 以上高温热处理后，纤维的模量几乎增加一倍。

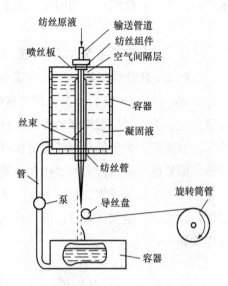

图 1-1　干喷湿纺纺丝装置

3. PPTA 纤维的结构　聚对苯二甲酰对苯二胺（PPTA）纤维是对位连接的苯酰胺，其分子结构式如下：

大分子中酰胺键与苯环形成共轭结构，内旋转位能相当高，成为刚性链大分子结构，分子排列规整，因此，分子结晶和取向极高，所以纤维的强度和模量相当高。

对 PPTA 纤维的结构，用扫描电镜、X 射线衍射以及化学分析等方法进行解析，提出了许多结构模型，比较有代表性的如 Dobb 等提出的"辐向排列褶裥层结构"模型，Ayahian 等提出的"片晶柱状原纤结构"模型，Prunsda 及李历生等提出的"皮芯层有序微区结构"模型，这些微细构造的模型基本上反映了 PPTA 纤维的主要结构特征，即纤维中存在伸直链聚集而成的原纤结构，纤维的横截面上有皮芯结构。

PPTA 纤维典型的微观结构如图 1-2 所示，大分子链为棒状伸直链构象，大分子链沿轴向规则排列。分子链内相邻共轭基团间的共价键作用，使酰胺基和对苯二甲基能在一个平面内共存。分子链间通过氢键连接使聚酰胺分子平行堆砌，形成片状微晶，使之在剪切和拉伸流动作用下易形成液晶，从而使纤维在轴向具有相当高的取向度和结晶度。相邻的氢键平面之间由范德瓦耳斯力结合在一起。由此可见，PPTA 大分子的刚性规整结构、伸直链构象和液晶状态下纺丝的流动取向效果，使大分子沿着纤维轴向的取向度和结晶度非常高，而与纤维轴垂直方向存在分子间酰氨基团的氢键和范德瓦耳斯力，但这个凝聚力比较弱，因此，在机械力的作用下大分子易沿着纤维纵向开裂产生原纤化。图 1-3 为 Kevlar 纤维断裂处原纤化照片。

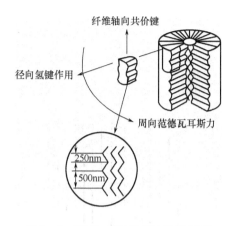

图1-2　PPTA纤维微观结构示意图

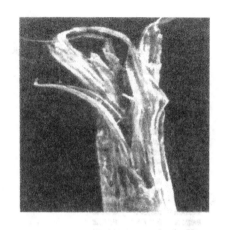

图1-3　Kevlar纤维断裂端SEM图像

PPTA纤维结晶区域原纤化结构模型如图1-4所示，由图可见，原纤沿纤维轴向高度取向，约600nm宽、几厘米长，原纤之间存在约35nm宽间隙的结晶缺陷区，但它们被穿越不同微纤区域相互连接的原纤集束在一起，这样的排列结构能充分发挥PPTA纤维高强高模的力学性能。含有一个缺陷周期的PPTA纤维结晶结构模型如图1-5所示。模型中每条线分别代表PPTA的分子链。高度伸直的分子链能够穿越连续的结晶层，然而在分子链的末端以及大约在链长的一半处会交替出现缺陷层，这些缺陷层代表纤维潜在的薄弱环节。在PPTA结晶结构中，这些缺陷层被很好地键接在一起，仍能赋予纤维较高的强度，这一点与常规纤维的缺陷层结构有质的区别。

通常纤维的抗张强度主要取决于聚合物的相对分子质量、大分子的取向度和结晶度、纤维的皮芯结构及缺陷分布。相对分子质量增加，大分子链长度变长，减少了分子末端数，减少了结晶缺陷，有利于纤维强度的提高。对PPTA初生纤维进行张力作用下的热处理，可进一步使结晶结构完整，提高纤维的模量。目前，PPTA纤维实际强度只有理论强度的1/10，较大差距说明纤维的强度还是受到了纤维结构缺陷的影响。

4. PPTA纤维的性能　聚对苯二甲酰对苯二胺（PPTA）纤维属高强度纤维，在现有的高性能纤维中，芳纶1414是综合性能最好的有机纤维之一。其最突出的性能特点是高强、高模和耐高温，同时还具有耐磨、阻燃、耐化学腐蚀、绝缘、防割、抗疲劳、柔韧以及尺寸稳定性好等性能。

（1）力学性能。对位芳纶的强度是目前广泛使用的有机纤维中比较高的，其强度可达193.6cN/tex，断裂伸长率为4%。其初始模量为4400cN/tex，为涤纶的6倍，是聚酰胺纤维的11倍。其强度是钢丝的5~6倍，模量为钢丝或玻璃纤维的2~3倍，韧性是钢丝的2倍。由于芳纶1414高度的结晶性和单向性，所以蠕变性很低。

（2）纤维密度。对位芳纶的密度为$1.43 \sim 1.44 \text{g/cm}^3$，高于间位芳纶。

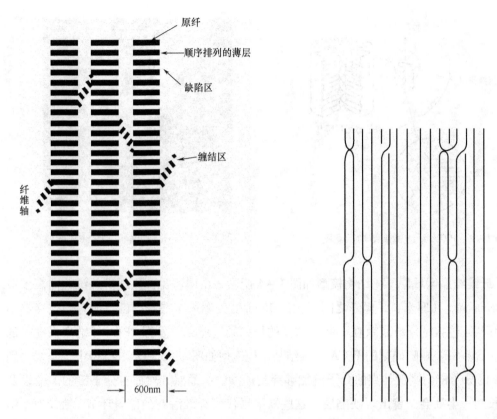

图 1-4 PPTA 纤维结晶区原纤化结构模型　　图 1-5 含有一个缺陷周期的 PPTA 纤维结晶结构模型

（3）热学性能。对位芳纶的热稳定性高，热收缩率低，在150℃下纤维的收缩率为0。在高温下还具有很高的强度保持率，纤维的玻璃化温度为345℃左右，熔点为600℃，在高温下不熔融。随着温度上升，纤维逐步发生热分解或炭化，其分解温度大约在560℃。最高使用温度为232℃。PPTA 纤维在空气中极难燃烧，纤维极限氧指数（LOI）为28%~30%，具有自熄性，离开火焰后自动熄灭。

（4）耐候性。芳纶1414和其他含苯聚合物一样，对紫外线、电子射线极为敏感，但可见光的影响程度较小。波长 300~450nm 的光波易被对位芳纶吸收，能导致酰氨基裂解，造成纤维强度下降，同时颜色也会变黑。

（5）化学性能。芳纶1414具有良好的耐碱性，耐酸性优于锦纶，除无机强酸、强碱外，能耐多种酸、碱及有机溶剂、漂白剂的侵蚀。纤维抗虫蛀和霉变，对橡胶有良好的黏附性。

（6）染色性能。PPTA 纤维分子具有取向度和结晶度高的特点，并且其链段排列规则，分子间还有很强的分子间氢键，高度伸直的刚性链构象，高度有序的微纤结构，分子表面光滑致密，使得染料不易进入纤维分子内，采用常规的染色方法不易上染。因此，国内外的专家学者都致力于对位芳纶染色方法的研究。

不断探讨的染色方法包括溶剂染色法、纺丝原液染色法、纤维改性预处理染色法、载体染色法等。纤维改性预处理染色法又有多种方法探讨，如酸碱预处理染色法、等离子体预处理染色法、接枝法预处理染色法等。研究表明，经碱改性处理的芳纶1414纱线采用分散染料染色，经酸改性处理的芳纶1414纱线采用阳离子染料染色，均可明显提高得色量。

5. PPTA 纤维的应用　目前，对位芳纶的产量不断增加，性能和功能不断完善，其应用范围也不断扩大，可加工成绳索、编带、织物直接用于各领域，亦可作为各种复合材料的增强材料，用于航空、航天和国防军工等高科技领域。

（1）橡胶工业领域。PPTA 纤维作为性能优异的橡胶补强和骨架材料，备受国内外橡胶、轮胎行业的关注，主要用于高速行驶或重载汽车和飞机的轮胎帘子线。由于其强度高、密度小，因此，用它制成的轮胎质量大大减轻，轮胎层薄，热量容易散发，轮胎的使用寿命延长。以芳纶为骨架材料的其他橡胶制品包括工业胶管、汽车胶管和胶带等。美国著名的 Gates 橡胶公司将芳纶用作汽车冷却装置软胶管、大口径采油胶管、大口径输泥浆软胶管、高压航空胶管等产品的增强材料。

（2）国防军工领域。PPTA 纤维主要用于防弹头盔、防弹衣和防弹装甲的增强材料。生产防弹织物，抗冲击织物，替代传统的钢板防弹衣、防弹背心。作为防弹头盔和防弹装甲的增强材料，芳纶与金属复合装甲板、芳纶与陶瓷复合装甲板已广泛用于防弹装甲车和防弹运钞车。芳纶及其复合材料以其优越的使用性能而被广泛应用于装甲领域，被称为第 2 代复合装甲材料，多个国家的战车、坦克及舰船等的关键部位都使用了芳纶材料。

（3）防护工作服。用于生产防切割材料，如防切割手套、安全围裙、耐切割运动衣，伐木工人链锯裤等；用于生产防腐蚀工作服和耐焊花、高温液体飞溅工作服等。

（4）土木建筑领域。做成土工布类产品，可用于格栅增强材料、木材增强材料；用PPTA 纤维织物增强树脂复合材料替代钢筋增强混凝土，实现构件轻量化，不导电，耐腐蚀，抗震性能好。可用作水泥补强材料，用于幕墙、地基材料、屋顶材料、筒管基材料、盆槽基材料等。

（5）绳索。可用于生产各类缆绳，除具备一般绳缆的抗拉、抗冲击、耐磨、轻柔等性能外，对位芳纶制成的绳缆线带产品具有更高的强度，且质量轻、耐腐蚀、耐霉变、耐虫蛀，广泛应用于体育运动器材、海洋工程装备、渔业器具、电子电器和航天装备制造等领域。如海洋石油平台用绳索、升降机吊索、体育运动用绳索（登山绳索、帆船绳索等）、舰艇绳索、建筑用绳索等。用于耐热产品的缝纫线，加工编织袋类产品，篷布、耐热帆布和过滤布等。

（6）高强耐热带。如各类耐热传动带、安全带、运输带等。

（7）非织造布。用于生产耐热毡、耐高温过滤毡等。

（8）石棉的替代材料。用于刹车片、离合器衬垫等摩擦材料，用于耐热密封衬垫、汽缸垫、各种类型的盘根等密封材料，还可用于生产耐热绝缘纸和工业特种用纸。

（9）航空航天领域。用于空间飞行器、飞机、直升机等的二次结构材料，内部及表面材料，如机舱门窗、机翼、整流罩体表面等，也可制作机内天花板、舱壁等，可大大减轻飞行器的重量。其复合材料还可用于宇宙飞船驾驶舱、火箭发动机外壳，螺旋桨及直升机的叶片，起到增强、轻质、耐久的作用。早在20世纪70年代初，Kevlar 49纤维就以其密度低，耐烧蚀性能好，用于制造导弹的固体火箭发动机壳体，后又用于制造先进的飞机和航天器的机身、主翼、尾翼等。

（10）信息技术领域。主要用作光缆中的张力构件。由于IT技术的发展，光纤铺设量猛增，采用PPTA纤维作为张力构件，可保护细小而脆弱的光纤在受到拉力时不致伸长，从而避免光传输性能受到损害。

（11）运动器材。充分利用PPTA纤维耐高温、耐疲劳等特性，以制作运动条件苛刻的拳击手套、登山鞋靴、赛车车体、赛马头盔等，还可用于制作网球拍、滑雪板、滑雪杆、雪橇、弓箭、弓弦、钓鱼竿、风筝骨架、高尔夫球棍、赛艇等。

（12）电子电气。在电子电气领域中PPTA纤维已应用在微电子组装技术中表面安装技术用的特种印刷电路板，机载或星载雷达天线罩、雷达天线馈源功能结构部件和运动电气部件等许多方面。美国RCA公司为多颗卫星研制的多部抛物面天线中，其反射面均采用芳纶织物增强复合材料制造。

与发达国家相比，我国工业领域中PPTA纤维产品开发与应用研究还有一定的差距，若发达国家同类产品制造商的技术水平以10分计，我国研究和应用技术水平评分如表1-1所示。

表1-1　我国对位芳纶产品应用关键技术水平

产品	关键技术	纤维制造应用技术基础研究水平评分	纤维应用技术水平评分
特种绳缆	编织、拧绞和编绞技术与装备	—	7~8
密封件	盘根编织技术	—	7~8
轮胎	专用纤维开发，帘子布织造复合硫化工艺技术	6~7	5~6
大型工业输送带	专用纤维开发，织物织造，与橡胶材料复合加工，接头加工	6~7	5~6
特种管线	管体结构设计，增强织物层编织，与热塑性材料复合加工	4~5	3~4
光纤保护	专用纤维开发、余长设计、形成和控制，放线张力、绞合节距和放线张力均匀性等工艺参数的控制	5~6	5~6
特种纸	分散流送技术，斜网成形技术，热压技术	7~8	7~8
蜂窝材料	专用对位芳纶纸开发，芯子水迁移性能控制技术	7~8	7~8
体育运动器材	结构设计，缠绕与复合工艺技术	3~4	4~5
压力容器	强度与质量关系的优化设计，纤维缠绕结构设计与工艺技术	5~6	5~6

由表中数据可见，我国在对位芳纶的应用技术研究领域还有很大的发展空间。

6. PPTA 纤维目前存在的问题及发展趋势 目前，PPTA 纤维的应用领域不断扩展，针对 PPTA 纤维存在的问题和不同领域的应用需要，不断开展技术革新，如改进纤维制备技术，提高生产率，降低成本，以扩大纤维在民用行业的推广应用。进一步提高强度和模量，提高纤维与基体间的黏结性，使之在高性能复合材料领域应用更为成功。主要的发展方向包括：

（1）提高 PPTA 纤维的强度。当前 PPTA 纤维的强度达到 3GPa，模量最高可达到 173GPa，但是其理论强度为 30GPa，理论模量为 182GPa，由此可见，纤维的实际强度只有理论强度的 10%，说明纤维的高层次结构尚未达到理想状态，还存在影响拉伸强度的缺陷。

（2）提高 PPTA 纤维与基体的黏合性。在复合材料领域作为增强纤维使用时，PPTA 纤维必须与各种基体具有良好的黏结性，才能在复合材料中充分发挥其高强高模的作用。目前，主要的研究手段包括表面刻蚀技术、高频离子电镀、黏合剂浴活化处理、浸渍处理、表面接枝处理等，是对 PPTA 纤维进行表面活化处理，或依据不同基体需求，在纤维表面连接活性反应基团，改善基体对 PPTA 纤维的浸润性，提高 PPTA 纤维与基体的黏结性。

（3）提高 PPTA 纤维的染色性能。传统 PPTA 纤维为金黄色，由于纤维刚直的高分子链具有高度结晶性，表面无活性基团，所以染色性差。为提高 PPTA 纤维的染色性能，提供色彩丰富的产品，需要对其进行表面处理，使纤维表面活化或接枝活性基团，才能够与染料良好结合，提高纤维的染色性能。

（4）提高 PPTA 纤维的服用性能。PPTA 纤维刚度较大，穿着舒适性差，为了提高纤维的服用性能，可努力降低纤维线密度，纤维越细，柔性越好，可提高所加工面料的手感。在纺丝过程中缩小喷丝孔直径并加大拉伸倍数，可加工低特纤维。采用中空纺丝板纺丝可得中空纤维，使所加工产品在同体积下重量更轻，更有利于 PPTA 纤维在防护服领域的应用发展。

二、聚间苯二甲酰间苯二胺（MPIA）纤维

随着高分子技术的发展和高科技产业的兴起，在最近几十年里已经研究出了许多耐高温纤维，但是只有聚间苯二甲酰间苯二胺（poly - m - phenyleneisophthalamide，MPIA）纤维的年产量达到 3 万吨以上，具有经济规模水平。

1. MPIA 纤维的制备 和 PPTA 一样，由于 MPIA 熔融温度高于分解温度，不能采用熔融缩聚的方法，工业化生产中其合成也采用界面缩聚法和低温溶液缩聚法。以间苯二胺（MPD）和间苯二甲酰氯（ICI）为原料，经缩合反应而得，反应式如下：

界面缩聚法是将间苯二甲酰氯（ICI）溶解于有机溶剂中，有机溶剂采用与间苯二甲酰氯不起反应且能溶解的四氢呋喃（THF）、二氯甲烷及四氯化碳等。然后在强烈搅拌的作用下将ICI的THF溶液加入间苯二胺（MPD）的碳酸钠水溶液中，在THF和水的有机相界面上立即发生缩聚反应，生成MPIA聚合物沉淀，经过分离、洗涤、干燥后得到固体聚合物。在水相中可加入少量三乙胺、无机碱类化合物作为酸吸收剂，以中和反应生成的盐酸，增加缩聚反应程度，得到高相对分子质量的聚合物。溶剂的选择、单体的纯度和摩尔配比、搅拌形式、反应的温度、反应物浓度等，都是聚合反应取得成功、获得高相对分子质量聚合物的重要条件。

MPIA也可采用低温溶液缩聚法合成。先把MPD溶解在酰胺类溶剂中，如溶解在二甲基乙酰胺（DMAc）溶剂中，在搅拌下加入ICI，反应在低温下进行，并逐步升温至50~70℃，直至反应结束。反应完成后在溶液中加入氧化钙，作为中和剂中和部分反应生成的氯化氢。中和产物作为助溶剂增加了体系的稳定性，使溶液体系成为DMAc—CaCl酰胺盐溶剂体系。

2. MPIA 纤维成型 MPIA纤维可采用干法纺丝和湿法纺丝两种方法制备。其纺丝原理与常规合成纤维基本相似，只是需要根据前道聚合物的聚合生产工序进行选择。

亦可采用类似于PPTA纺丝技术的干湿法纺丝技术，可得到强度高、结构紧密、耐热性更好的高质量的MPIA纤维。但工艺较复杂，成本相对较高。

3. MPIA 纤维的结构 聚间苯二甲酰间苯二胺（MPIA）纤维分子结构中酰胺键和间位苯环连接，间位连接共价键没有共轭效应，内旋转位能低，可旋转角度大，因此，MPIA大分子是柔性链结构，在力学性能上接近普通柔性链纤维，但苯环基团含量高，易形成梯形结构，耐热性能就大于脂肪族纤维。MPIA纤维的结晶结构属于三斜晶系，这是分子内相互作用力下最稳定的结构。亚苯基二酰胺和C—N键旋转的高能垒阻碍了间位芳香族聚酰胺分子链成为完全伸直链的构象。在MPIA的结晶结构中，其晶体里的氢键在两个平面上存在，如格子状排列。由于氢键作用强烈，使MPIA化学结构稳定，具有优越的耐热性能，同时阻燃性能、耐化学腐蚀性也非常好。其微细结构也为较明显的原纤结构。

4. MPIA 纤维的性能 一般认为，能耐200℃以上高温连续使用而不出现热分解，同时保持一定的力学性能的纤维为耐高温纤维。聚间苯二甲酰间苯二胺纤维就属于耐高温纤维，该纤维的密度为1.38g/cm³。其主要性能表述如下。

（1）力学性能。MPIA纤维强度较高，伸长率大，在通常情况下，断裂强度为48.4cN/tex，断裂伸长率为17%。纤维手感柔软，这与对位芳纶形成鲜明的对比。与其他无机耐高温纤维比较，MPIA纤维耐磨牢度好，纺织加工性能好，穿着舒适耐用。

（2）电学性能。MPIA纤维电导率很低，而且由于纤维吸湿性较差，使其在高低温和高低湿度环境中均可以保持优良的电绝缘性能。

（3）热学性能。MPIA纤维具有良好的耐热性和阻燃性。纤维的玻璃化转变温度为270℃，没有明显的熔点，热分解温度高达400~430℃。在200℃以下工作3000h，仍能保持原强度的90%，在260℃的热空气中连续使用1000h，仍能保持原强度的65%～70%，在300℃下连续使用一星期，仍可保持原强度的50%，明显优于常规化学纤维。纤维的极限氧指数为29%，点火温度在800℃以上，离火自熄，散烟密度小。MPIA纤维不熔融，在超过400℃的高温环境中，纤维会炭化分解，分解产生的气体主要是CO、CO_2，并产生一种特别的隔热及保护层，能阻挡外部热量暂时不能传入内部，起到有效的防御高温的作用。芳纶1313在250℃时热收缩率仅为1%，在300℃以下为5%～6%，在高温下表现出很好的尺寸稳定性。两种MPIA纤维的一般物理性能如表1-2所示。

表1-2　两种MPIA纤维的一般物理性能

物理性质	Nomex	Conex
密度（g/cm³）	1.38	1.38
单丝线密度（tex）	0.22	0.22
断裂强度（cN/tex）	35.3	47.6～61.7
断裂伸长率（%）	31	37
拉伸弹性模量（cN/tex）	617.4	661.5
含水率（%）	约5	约5
300℃时热收缩率（%）	3.5	3.7
热分解温度（℃）	400～430	400～430
LOI（%）	29	30～32

（4）化学性能。MPIA纤维具有良好的耐碱性，耐酸性优于锦纶，耐水解和蒸汽作用，耐有机溶剂、漂白剂以及抗虫蛀和霉变。

（5）抗辐射性能。具有良好的耐辐射性能，包括耐α、β、γ射线以及X射线等的辐射。用50kV的X射线照射100h，其纤维强度仍保持原来的73%。抗紫外性能较差，因为纤维大分子链上有酰氨基团，在紫外线的照射下会发生断链，从而引起力学性能的变坏。

（6）染色性能。MPIA纤维超分子结构立体规整性好，结晶度高，小分子染料很难进入纤维大分子内部，而且纤维玻璃化温度高于270℃，因此，染色困难，色牢度低，尤其是耐日晒色牢度差。研究表明，MPIA纤维可采用分散染料和阳离子染料染色，其中阳离子染料较好。目前多采用高温高压载体染色工艺进行染色，染色时加入电解质氯化钠，可降低纤维与阳离子染料的正电荷斥力，有利于染料上染纤维。载体对染料的溶解能力比水高，因此，吸附在纤维表面的载体层中的染料浓度比染浴中的浓度高，这样便提高了染料在纤维内外的浓度梯度，也可加速染料的上染。理想的载体应是无毒、无臭、促染效果好，不降低染料的亲和力，不影响色泽和牢度，易于洗除和成本低廉的化合物，同时要求载体不影响MPIA纤维织物的阻燃性能。

在MPIA纤维纺丝液中直接加入染料，可得原液染色的纤维，可加工成长丝或短纤维，这种纤维色牢度高，色泽均匀，其纱线和织物的强度均优于非原液染色的相应产品。

5. MPIA 纤维的应用　MPIA 纤维是耐高温纤维中品质优秀、应用性能非常好的纤维，价格高出常规纤维 5~10 倍。该纤维是一种永久性的阻燃纤维，它的阻燃性是建立在内部分子结构之上的固有特性，不会因反复洗涤而降低，并且无毒无害。芳纶 1313 还是一种柔性高分子材料，纺织加工性能良好，手感柔软，穿着舒适，因此，用途非常广泛，用于生产耐高温纺织品、高温下使用的过滤材料、防火材料、高级大型运输工具内的结构材料等。

（1）用于高温下化工过滤布、高温和腐蚀性气体的过滤介质层。高温过滤袋和过滤毡是 MPIA 纤维应用量最大的领域，对高温烟道气、工业尘埃具有优异的除尘特性，用于金属冶炼、水泥和石灰等的生产、炼焦、发电、化工等行业，在高温下长期使用仍能保持高强力和高耐磨性。

（2）耐高温防护服装。如消防服、军服、航空飞行服、宇航服、原子能工业防护服、绝缘服、防燃手套。衣服的共同特点是柔软轻巧，穿着舒适性好。

（3）应用于电弧危害的防护，有着独特的优势，如电弧防护服、电弧防护头罩等。

（4）工业耐高温产品部件。运送高温和腐蚀性物质的输送带、机电高温绝缘材料、工业洗涤设备衬垫等均可使用 MPIA 纤维。

（5）高级航空器内装饰板材及阻燃材料。MPIA 纤维用于民航飞机中的装饰织物，高速列车的内部构件，可降低列车总质量，有利于提高车速。用于高层建筑、民航飞机中的阻燃纺织装饰材料，特别适合于制造防火帘。

（6）工业用纸。MPIA 纤维具有极佳的绝缘性，还可制成浆粕纤维，打成纸浆，用普通造纸法生产强度高、耐高温的工业用纸，用于电器绝缘纸材料，介电常数很低，耐击穿电压可达到 $1 \times 10^5 \text{V/mm}^2$，是全球公认的极佳绝缘材料。

6. MPIA 纤维目前存在的问题及发展趋势　MPIA 纤维由于具有优良的耐高温性，广泛用于消防服和高性能热防护服领域。

MPIA 纤维在明火中能形成含碳的泡沫状绝热层，厚度达到原织物厚度的 10 倍，但不足的是 MPIA 纤维在明火中膨化的同时导致纤维收缩，易造成织物撕裂，可能会使穿着者暴露于明火中而灼伤。织物设计的方法是将对位芳纶与间位芳纶短纤混纺或包芯，利用对位芳纶得到织物结构的坚实性，利用间位芳纶形成泡沫防热隔绝层。

目前，国内对 MPIA 纤维的染色性能的研究仍在继续。国内外为解决间位芳纶染色问题采用了多种方法，但是染色过程仍存在一定问题，许多方法染色效果还不够理想。常规的研究工作主要集中在 130℃ 载体染色。芳纶染色所用的载体成本较高，具有毒性，染色时存在难以乳化以及染色后脱载体困难等缺点。染色基本原理认为，染色温度应该在高于纤维玻璃化温度的条件下进行，要解决芳纶染色困难的现状，提高染色温度是一个可以尝试的办法，但是染料高温稳定性问题有待进一步研究。目前报道的最好染色工艺水平为 140℃，加入现代工业化染色载体，可以达到优于现在芳纶 1313 工业化染色的染色效果，其经济效益和环境效益显著。

第二节　超高分子量聚乙烯（UHMWPE）纤维

超高分子量聚乙烯纤维（ultra high molecular weight polyethylene fiber，UHMWPE 纤维）又称高强高模聚乙烯纤维（high strength high modulus polyethylene fiber，HSHMPE 纤维），也称伸直链聚乙烯纤维（extended chain polyethylene fiber，ECPE 纤维）或高性能聚乙烯纤维（HPPE 纤维），是用相对分子质量在 $1 \times 10^6 \sim 5 \times 10^6$ 的聚乙烯所纺出的纤维，是继碳纤维和芳纶之后的世界第三代高强、高模、高科技的高技术纤维。

一、UHMWPE 纤维的发展简史

20 世纪 30 年代，Carothers 和 Hill 就提出了制备实用纤维的基础理论，如需具有长链分子，分子链极有规则地排列，分子链轴与纤维方向平行。Meijer 和 Lotmar 论述了伸直链分子的高刚性，Treloar 等在 20 世纪 60 年代详细地计算了单一伸直链的拉伸模量，当时计算得到的单一伸直聚乙烯链的拉伸模量为 182GPa，但实际生产中远远达不到理论值。为此，人们一直在探索提高聚乙烯链强度和模量的途径。

凝胶纺丝法发明于 20 世纪 50 年代，但当时制得的聚乙烯纤维的物理性能远不如今天的聚乙烯纤维。荷兰 DSM 公司从 20 世纪 70 年代开始研发，证明了凝胶纺丝—超倍热拉伸法的工业化可行性，并于 1979 年获得专利，1985 年正式商业化生产。DSM 公司在凝胶纺丝法上的突破，当时立刻引起了工业强国的注意。之后，美国的 Allied Signal 公司（现为 Honeywell 公司）迅速购买了该项专利权，对有关技术进行改良后，于 1983 年取得了自行研发技术的美国专利，并于 1989 年正式商业化生产高强聚乙烯纤维，纤维商品名为 "Spectra"。

20 世纪 80 年代初期，国内开始了 UHMWPE 纤维的研究开发工作，东华大学率先提出对 UHMWPE 纤维项目产业化的研究，并开始对该产品的生产技术进行了系列研究，取得了一批关于制造该纤维的专利，在一些关键技术上走在了世界的前列，并于 1992 年通过了小试鉴定，得到了纤维强度为 25～26cN/dtex、模量为 900cN/dtex 的 UHMWPE 长丝，其生产工艺选用煤油作为溶剂，采用了以不同馏分的煤油作为萃取剂的凝胶纺丝—高倍拉伸技术，并取得中国专利。

1999 年年底，湖南中泰特种装备有限公司在东华大学研究的工艺成果基础上进行了小试、中试和工业化生产开发，建成一套产能 100 吨/年的工业化生产装置，2000 年又扩产为 200 吨/年。中泰公司以国产原料实施连续式宽幅 UD 材料项目，其防弹性能优异，填补了我国连续式宽幅 UD 材料制备技术与产品的空白，成为世界上继 DSM 公司和 Honeywell 公司之后第三家拥有其生产技术的企业。

2008 年 12 月 20 日，山东爱地高分子材料有限公司采用自主技术建设的 UHMWPE 纤维一期工程完工，标志着我国首次采用自主技术实现了 UHMWPE 纤维的工业化生产。该公司从 2005 年 8 月开始，陆续建成了七条 UHMWPE 纤维生产线，总产能达到 2000 吨/年。经国家纤维质量监督检验中心检测，爱地公司的 UHMWPE 纤维达到国际先进水平，现已销售到北京、广州等地区，并出口希腊、比利时、葡萄牙等多个国家。

二、UHMWPE 纤维的制备

（一）UHMWPE 的合成工艺

超高分子量聚乙烯（UHMWPE）是一种相对分子质量在 150 万以上的、线型结构的均聚物，与高密度聚乙烯（HDPE）的结构类似，具有优异的综合性能。最早由美国 Allied Chemical 公司于 1957 年实现工业化。目前，国内外生产 UHMWPE 的工艺主要有高压聚合、气相聚合、淤浆聚合与溶液聚合等几种工艺，然而能用于 UHMWPE 聚合的主要是淤浆法聚合工艺。

淤浆法聚合工艺是指催化剂和形成的聚合物均不溶于单体和溶剂的聚合反应。由于催化剂在稀释剂中呈分散体，形成的聚合物也呈细分散体析出，整个聚合体系呈淤浆状，故称为淤浆法聚合。若将单体物料加入反应器，再加入催化剂等物料，保持反应条件不变，待反应结束后一次出料的生产工艺称为间歇淤浆聚合。单体及催化剂等物料不断进料，聚合物连续出料的工艺称为连续淤浆聚合。

淤浆法聚合工艺主要包括搅拌釜工艺与环管工艺。搅拌釜工艺包括 Hostalen 工艺和 CX 工艺，目前，大约 2/3 的 HMWPE 聚合采用 Hostalen 的连续搅拌釜工艺。典型的工艺流程见图 1-6，它使用双釜反应器，可通过串联或并联生产出单峰或者双峰的 HDPE 产品。UHMWPE 的生产过程与普通高密度聚乙烯的生产过程类似，都是采用齐格勒催化剂在一定条件下使乙烯聚合，差别在于 UHMWPE 的合成采用负载型齐格勒高效催化剂，这种高效催化剂更能使催化效率大为提高，并使聚合工艺得以简化，从而使装置投资和生产操作费用大幅度降低。此外，超高分子量聚乙烯生产工艺没有造粒工艺，产品呈粉末状。

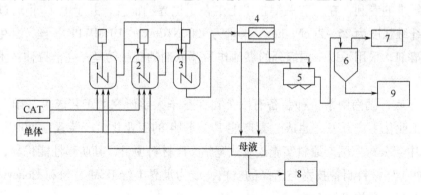

图 1-6 典型 Hostalen 工艺流程

1、2—1、2 号反应器 3—后反应器 4—离心分离器 5—流化床干燥器 6—粉末处理器

7—膜回收系统 8—溶剂精制与单体回收系统 9—挤压造粒

（二）UHMWPE 纤维的纺丝方法

数十年来，各国专家学者研究出了许多制备 UHMWPE 纤维的方法，并对其中的五种方法做了较为深入的研究，主要包括凝胶纺丝（冻胶纺丝）法、固体挤出法、增塑熔融纺丝法、表面结晶生长法和超拉伸或局部拉伸法。其中，凝胶纺丝法是迄今为止制备 UHMWPE 纤维最为成熟的工业化生产方法。

1. 凝胶纺丝法

（1）凝胶纺丝的机理。从分子结构看，聚乙烯是接近理论极限强度的最理想高聚物，其分子具有平面锯齿形的简单结构，没有庞大的侧基，结晶度好，分子链内无较强的结合键。这些结构特征是减少结构缺陷的重要因素，也是能顺利进行高倍热拉伸的关键。按照分子链断裂机理，从理论上分析，UHMWPE 纤维的主要结构特征是非晶区及晶区中大分子链充分展开，将无限长的大分子链完全伸展之后所得纤维的抗张强度就是大分子链极限强度的加和。而分子链的极限强度可由分子链上碳—碳原子之间共价键的强度（0.61N）和分子链截面积计算得到，对一些聚合物的分子链的极限强度进行计算，结果如表 1-3 所示。

表 1-3　典型聚合物大分子链的极限强度

聚合物	分子链截面积（nm^2）	极限强度		常规纺丝法纤维强度（cN/dtex）
		（cN/dtex）	（GPa）	
聚乙烯（PE）	0.193	405	32	9.80
聚酰胺 6（PA6）	0.192	344	32	10.34
聚甲醛（POM）	0.185	287	33	—
聚乙烯醇（PVA）	0.228	257	27	10.34
聚对苯二甲酰对苯二胺（PPTA）	0.205	255	30	27.22
聚对苯二甲酸乙二酯（PET）	0.217	253	28	10.34
聚丙烯（PP）	0.348	237	18	9.8
聚丙烯腈（PAN）	0.304	213	20	5.44
聚氯乙烯（PVC）	0.294	184	21	4.36

由表 1-3 可以看出，各种成纤聚合物，特别是柔性链聚合物，理论上的极限强度与目前常规纺丝法得到的纤维实际强度之间存在很大的差距。造成这一差距的原因主要有两个方面。

①常规纺丝法所用的纤维聚合体的相对分子质量较小，分子链的长度十分有限，使纤维中的分子末端增多，由分子末端造成纤维结构上的微小缺陷也必然增多。当纤维受到较大拉力作用时，微原纤之间会产生相对滑移，大分子端部微小缺陷会不断扩大而导致最后断裂。日本金元等学者在超拉伸聚乙烯的研究中证实：当聚合体相对分子质量由 200 万增加到 600 万，纤维强度可以从 1.2GPa 提高到 1.6GPa。但是，当聚合体的相对分子质量大幅度增加时，纺丝用熔体或聚合体浓溶液的黏度将随之剧增，采用常规纺丝法将无法进行。

②目前，各种常规纺丝法的最大拉伸倍数均较小，无法使大分子链，特别是柔性链沿轴向充分伸展。

按照经典橡胶弹性理论，具有交联网络结构的各种成纤聚合体的最大拉伸倍数（λ_{max}）与交联点之间的统计链节数（N_e）有如下关系：

$$\lambda_{max} = N_e^{\frac{1}{2}}$$

即交联点之间的统计链节数越大，后加工中的可拉伸倍数也越大。为了得到高性能的纤维，必须得到分子平行排列的纤维结构，而得到这样结构的关键之一，就是要进行超倍拉伸。因此，UHMWPE 纤维制造的关键，就是设法在凝胶丝中增加统计链节数，增加统计链节数的关键在于大幅度降低大分子之间的缠结点密度。

分析纤维的结构可知，纤维中存在着晶区和非晶区相互交叉并存的复杂结构，晶区和非晶区的排列方式对纤维的力学性能影响很大。根据 Peterlin 形态结构模型，在常规法纺制的纤维中，微原纤是由原纤的折叠链片晶和非晶区交替排列呈串连的连接方式，如图 1-7 所示，当纤维被拉伸时，实际上张力都集中在片晶之间的非晶区部分，而模量很高的片晶部分却对纤维的力学性能几乎没有什么贡献，因此，具有这种结构的纤维，即使结晶度很高，其力学性能仍为非晶区所支配。而且，由于非晶区中缚结分子极少，力学性能极差，所以，要尽可能地增加非晶区的缚结分子数量，使纤维具有缚结分子与非晶区分子并连后再与晶区串连的结构，如图 1-8 所示。具有这种结构的纤维受到拉伸时，主要有缚结分子承受张力，缚结分子越多，非晶区与缚结分子并联的那个区域的强度和模量就越高，纤维就越能承受超倍拉伸。在较大的张力作用下，越来越多的非晶区分子先后被拉直而成为缚结分子，进而形成伸直链，使纤维结构向仅含结晶结构的方向发展，宏观上，纤维的强度和模量向理论方向靠拢。

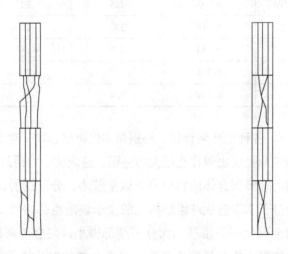

图 1-7　串连力学模型　　　　　图 1-8　串并连力学模型

从上述分析可以得出结论，柔性链聚合体纤维的超高倍拉伸必须从以下四个方面去努力：

尽可能提高聚合体大分子的相对分子质量；尽可能提高非晶区缚结分子的含量；尽可能减少晶区折叠链的含量，增加伸直链的含量；尽可能将非晶区均匀分散到连续的结晶基质中去。

（2）凝胶纺丝工艺。凝胶纺丝工艺分为两大类，一类是以荷兰 DSM 公司为代表的干法纺丝法，工艺流程如图 1－9 所示。另一类是以美国 Honeywell 公司为代表的湿法纺丝法，工艺流程如图 1－10 所示。两者的主要区别是采用了不同的溶剂和后续工艺。DSM 公司采用十氢萘为溶剂，由于十氢萘易挥发，可以用于干法纺丝，省去其后的萃取工段。Honeywell 工艺采用矿物油（又称石蜡油或白油）等低挥发性物质为溶剂，矿物油难挥发，需要后续的萃取工段，用第二溶剂将第一溶剂萃取出来。

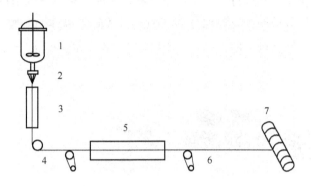

图 1－9　超高分子量聚乙烯纤维干法纺丝法工艺流程示意图

1—混合釜　2—喷丝板　3—冷却通道　4、6—牵伸辊　5—拉伸热箱　7—卷绕装置

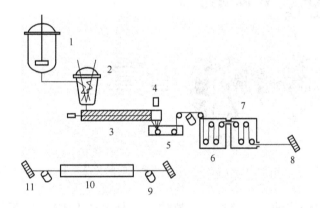

图 1－10　超高分子量聚乙烯纤维湿法纺丝法工艺流程示意图

1—反应釜　2—混合器　3—双螺杆挤出机　4—计量泵　5—冷却水槽
6—萃取箱　7—干燥箱　8、11—卷绕装置　9—退绕装置　10—拉伸热箱

与湿法路线相比，干法路线中由于十氢萘溶剂允许更高的原液浓度，而且纺丝速度远远高于湿法路线，溶剂可直接回收而不需要耗用大量的萃取剂和经历繁复耗能的多道萃取和干燥、大量混合试剂的精馏分离回收过程。因此，干法路线具有工艺流程短、产品质量好、生

产成本低、溶剂直接回收、纺丝与溶剂回收系统密闭一体化、经济环保等优点。目前，干法工艺路线占现有高性能聚乙烯纤维生产能力的80%，成为生产中的主导工艺，是高性能聚乙烯纤维产业化发展方向。湿法工艺路线目前所用萃取剂为氟利昂，因对大气层有破坏作用而被禁用。

（3）凝胶纺丝工艺的关键技术。

①纺丝液的制备。纺丝原液的浓度是一个关键问题。凝胶纺丝采用的浓度在2%~10%，称为半稀溶液。半稀溶液的最佳浓度取决于聚合体的相对分子质量的大小，相对分子质量越高，则最佳浓度值越低。从工艺角度看，采用半稀溶液是为了使制得的溶液具有比较适合于纺丝加工的黏度，使纺丝顺利进行。从结构角度看，制成半稀溶液的目的是为了使 UHMWPE 通过溶剂的作用，拆散凝聚缠结点和部分拓扑缠结，从而使得到的凝胶丝具有优良的可拉伸性，为纤维的高强化打好基础。图 1-11 为不同浓度的纺丝液与纤维分子链结构的关系图。

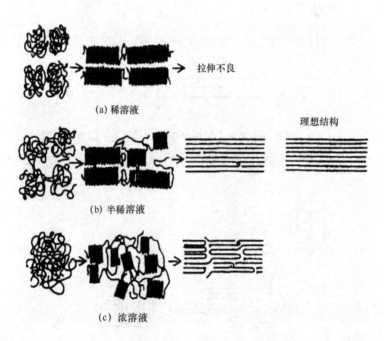

拉伸不良

(a) 稀溶液

理想结构

(b) 半稀溶液

(c) 浓溶液

图 1-11 溶液中分子链的形态及凝胶化时的片晶及其拉伸后的形态

②凝胶丝条的超倍拉伸。凝胶丝条的拉伸倍数是生产 UHMWPE 纤维的另一关键技术，决定了大分子的结晶度和取向度。凝胶丝的拉伸过程就是纤维大分子的结晶生长和取向生成的过程，其目的是在纤维的结晶度和取向度提高的基础上，使大分子链由原来的折叠链向伸直链结构转变，这种伸直链的形成正是导致 UHMWPE 纤维高强高模的原因。凝胶丝条的拉伸倍数均在 20 倍以上，有的甚至达上百倍，远远大于由熔体或浓溶液纺成纤维的拉伸倍数，因此人们常把凝胶丝条的拉伸称为超倍拉伸，简称为超拉伸。

2. 固体挤出法 Bershtin 等在 1984 年用固态挤出法所得产品的最高拉伸模量可达

2155cN/dtex，接近理论值。该方法是将一定量的 UHMWPE 置于耐高压挤出装置中进行加热熔融，然后以每平方厘米数千千克的压力将熔体从锥形喷孔中挤出，随即进行高倍拉伸。在高剪切力和拉伸张力的作用下，UHMWPE 大分子链能得到充分伸展，获得高强度的纤维。由于实际生产过程中受到工艺设备及本身性能的限制，此法难以实现工业化生产。

3. 熔融纺丝法 英国 Leeds 大学的 LM. Ward 教授在 1978 年和 1980 年获得了熔融纺丝法的专利。该方法是用一般的高密度聚乙烯（也可以是低密度聚乙烯）为原料，采用熔体纺丝，然后经过高倍热拉伸得到极高模量的定向聚乙烯纤维。该工艺只限于较低分子量的聚乙烯，因为随着相对分子质量的提高，熔体黏度会剧增，无法进行常规的熔融纺丝，而较低相对分子质量也导致纤维强度较低。该方法也可在 UHMWPE 中加入流动性的改性剂或稀释剂，因此又可称之为增塑熔融纺丝法。

4. 表面结晶生长法 此法是由荷兰 Groningen 州立大学高分子学系 A. J. Pennings 和 A. Z. Wijnenburg 首先提出并加以研究的。如图 1 - 12 所示，将 UHMWPE 用二甲苯等作为溶剂加热溶解成为浓度为 0.4% ~ 1.0% 的溶液，置于 Couette 装置中，转动纺丝液中的转子，使转子表面生成聚乙烯的冻胶皮膜，接着在均匀流动的纺丝液中加入晶种，由于晶种的诱导作用使聚乙烯结晶生长（100 ~ 125℃），并以与结晶生长相同的速度拉出纤维。由于纤维的引出与内圆柱的旋转方向相反，故纤维状结晶的生长受到沿纤维轴向的力，所得纤维呈羊肉串形的串晶结构，如图 1 - 13 所示。在串晶结构纤维的主干上，实为伸直链的大分子（脊纤维），主干的四周还附着片晶（折叠链），因此该纤维具有高强度、高模量的特征。

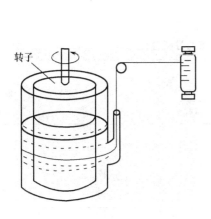

图 1 - 12 表面结晶生长法示意图

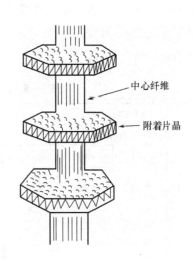

图 1 - 13 聚乙烯串晶结构

该方法制得的纤维强度为 48.5cN/dtex，模量为 1235cN/dtex。从纤维的制造技术上讲，表面结晶生长法是一种完全新型的方法，然而结晶纤维的生长速度很慢，线密度控制难度较大，因此，也难以实现工业化生产。

5. 超拉伸或局部拉伸法 超拉伸或局部拉伸法是将被拉伸的初生纤维加热到结晶分散温度（聚乙烯纤维的结晶分散温度为127℃）以上，进行超倍或局部拉伸，使折叠链的大分子链充分伸展，形成伸直链结构，从而获得高强高模聚乙烯纤维。由于本法受聚合体相对分子质量的限制，仅靠拉伸方法使纤维强度提高是有局限性的。

三、UHMWPE 纤维的性能

1. 物理性能 UHMWPE 纤维外观呈白色，是所有化学纤维中密度最小，唯一能够漂浮在水面上的高性能纤维。纤维的密度为0.97g/cm³，是锦纶密度的2/3，是碳纤维密度的1/2，UHMWPE 纤维复合材料要比芳纶复合材料轻20%，比碳纤维复合材料轻30%。

因为没有侧基，UHMWPE 分子链之间的作用力主要是范德瓦耳斯力，流动活化能较小，熔点较低，小于160℃。在受到长时间外力作用时，分子链之间易滑移，产生蠕变。UHMWPE 纤维主要的物理性能如表1-4所示。

表1-4　UHMWPE 纤维主要物理性能

密度 （g/cm³）	强度 （cN/dtex）	模量 （cN/dtex）	断裂伸长率 （%）	熔点 （℃）
0.97~0.98	20~40	500~1500	1.0~6.5	120~160

2. 力学性能 UHMWPE 纤维内部高度取向和高度结晶，使其强度、模量大为提高，具有优良的力学性能，Spectra 1000 纤维的比强度是现有高性能纤维中最高的，比模量仅比高模量碳纤维低。表1-5列出了美国 Honeywell 公司的 Spectra 900 和 Spectra 1000 与其他几种高性能纤维单丝的性能比较。

表1-5　几种高性能纤维的性能对比

性能	UHMWPE 纤维 （Spectra）		芳纶		碳纤维		S 玻璃纤维	高强度 聚酰胺 （PA66）
	900	1000	低模量	高模量	高强度	高模量		
相对密度 （g/cm³）	0.97	0.97	1.44	1.44	1.81	1.81	2.5	1.14
拉伸强度 （GPa）	2.5	3.0	2.8	2.8	3.1	2.4	4.6	0.9
拉伸模量 （GPa）	117	172	62	124	228	379	90	6.0
纤维直径 （μm）	38	27	12	12	7	7	7	—
伸长率 （%）	3.5	2.7	3.6	2.8	1.2	0.8	5.4	20.0

性能	UHMWPE 纤维（Spectra）		芳纶		碳纤维		S 玻璃纤维	高强度聚酰胺（PA66）
	900	1000	低模量	高模量	高强度	高模量		
比强度（10^5m）	2.58	3.09	1.94	1.94	1.72	1.33	1.84	0.79
比模量（10^5m）	120.6	117.8	43.1	86.1	126.0	209.4	36	5.26

从表中可以看出，Spectra 1000 纤维的比拉伸强度是现有高性能纤维中最高的，比拉伸模量比高模量碳纤维低，但比芳纶纤维高得多。表 1-6 和表 1-7 分别列出了国内外工业化生产 UHMWPE 纤维的公司、商品牌号及性能。

表 1-6　国外工业化生产 UHMWPE 纤维的公司、商品牌号及性能

生产厂家	商品牌号	密度（g/cm³）	强度（cN/dtex）	模量（cN/dtex）	伸长率（%）
DSM 公司	Dyneema SK60	0.97	28.2	910	3.5
	Dyneema SK66	0.97	31.8	970	3.6
	Dyneema SK75	0.97	35.3	1100	3.8
	Dyneema SK76	0.97	37.0	1200	3.8
Honeywell 公司	Spectra 900	0.97	22.6~27	752~814	3.6~3.9
	Spectra 1000	0.97	30~33.6	1000~1168	2.9~3.5
	Spectra 2000	0.97	34	1200	2.8~2.9
日本三井石化（Mitoui）公司	Tckmilon 系列	0.97	32.9	941	4.0
Togobo 公司	Dyneema SK60	0.97	>26	>790	3~5
	Dyneema SK71	0.97	>35	>1230	3~5

表 1-7　国内 UHMWPE 纤维的生产厂家、商品牌号及性能

生产厂家	商品牌号	规格（纤维线密度/单丝根数，dtex/f）	强度（cN/dtex）	模量（cN/dtex）	伸长率（%）
北京同益中	孚泰 T113，123，133	880/1760	32~35	1200	<3
宁波大成	强纶 DC80，85，88	880/1760	28~32	1100	3~4
湖南中泰	中泰高强 PE Ⅰ，Ⅱ，Ⅲ，Ⅳ	440/880/1760	32~35	1200	<5
南化集团研究院	力达尔 LD30，35	660/1320	32~35	1100	<3

图 1-14 为几种纤维的比强度、比模量进行了比较。从图中可以看出，HPPE 纤维的比强度、比模量明显高于其他纤维，在相同质量的材料中，强度最高。

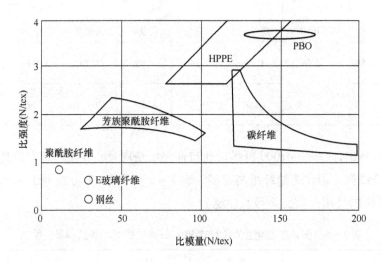

图 1-14 各种纤维的比强度、比模量图

3. 耐化学腐蚀性能 UHMWPE 纤维具有高度的分子取向和结晶，大分子截面积小，内部结构较为致密规整，这些特点使其能耐受化学试剂的腐蚀，能阻止水分子的侵蚀，因此，UHMWPE 纤维具有良好的耐溶剂溶解性能。

表 1-8 列出了 Spectra 纤维和 Kevlar 纤维在各种化学介质中浸泡六个月的强度保留率。从表中可以看出，在同样环境下，UHMWPE 纤维只有在次氯酸钠溶液中浸泡六个月后其强度才有所损失（降为 91%），而 Kevlar 纤维在汽油、1mol/L 盐酸溶液等多种介质中的强度保留率降低，在次氯酸钠溶液中其强度保留率为 0，可见 UHMWPE 纤维的环境稳定性非常优异，拓宽了其应用领域。

表 1-8 Spectra 纤维和 Kevlar 纤维在各种化学介质中浸泡六个月后的强度保留率

介质	Spectra 纤维（%）	Kevlar 纤维（%）	介质	Spectra 纤维（%）	Kevlar 纤维（%）
洗涤剂（10%）	100	100	冰醋酸	100	82
液压流体	100	100	氢氧化钠（5mol/L）	100	42
海水	100	100	氢氧化铵溶液	100	70
蒸馏水	100	100	聚四氟乙烯溶液	100	75
煤油	100	100	次磷酸溶液	100	79
汽油	100	93	次氯酸钠溶液	91	0
盐酸（1mol/L）	100	40	甲苯	100	72
硫酸（1mol/L）	100	70	高氯乙酸	100	75

表1-9 给出了室温条件下 UHMWPE 纤维耐化学腐蚀性能的实测数据。结果表明，UHMWPE 纤维经强酸作用一周后，其强度不变，模量损失 10%；一个月后强度损失 5%，模量损失 10%。相比之下，虽然开始阶段模量稍有变化，但随着时间的增长，没有进一步变化的趋势。

表1-9　超高分子量聚乙烯纤维在室温条件下的耐化学腐蚀性能

化学品	残余强度（%）		残余模量（%）	
	暴露 7 天	暴露 30 天	暴露 7 天	暴露 30 天
盐酸（10%）	100	95	90	90
硝酸（10%）	100	95	90	90
硫酸（10%）	100	95	90	90
氨水（10%）	100	90	90	90
碳酸钠（10%）	95	90	95	90
硫酸钠（10%）	95	90	80	80
硫酸铵（10%）	100	90	90	90

4. 耐冲击性能和防弹性能　UHMWPE 纤维是玻璃化温度低的热塑性纤维，韧性很好，在塑性变形过程中吸收能量，因此，具有良好的耐冲击性能。图 1-15 是各种纤维耐冲击性的比较，从图中可以看出，UHMWPE 纤维的耐冲击强度高于芳纶、碳纤维和聚酯纤维，仅小于锦纶。

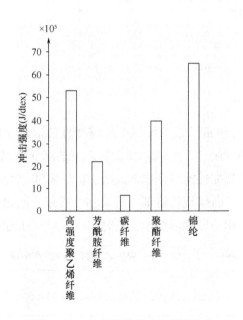

图 1-15　各种纤维的冲击强度比较

防弹材料的防弹性能是以该材料对弹丸或碎片能量的吸收程度来衡量的。而防弹材料的能量吸收性是受材料的结构和特性影响的。由于 UHMWPE 纤维的高模量、高韧性，使其具有相应的高断裂能和高的传播声速，防弹性能好。表 1－10 为三种纤维防弹性能的对比。

表 1－10　三种纤维防弹材料的性能比较

材料	层数	极限冲击载荷 （N）	对应的极限冲击能量 （J）	总能量吸收 （J）	破坏形态
Spectra 纤维	5	7356	99.3	114	不穿透
芳纶	5	1129	2.7	14	穿透
高模量碳纤维	5	592	2.7	5	穿透

5. 耐磨性和耐弯曲性能　由于 UHMWPE 纤维具有较低的摩擦系数，因此，它具有比其他高性能纤维更加优越的耐磨性能。该纤维的耐磨性能非常好，比碳钢、黄钢还耐磨数倍，是普通聚乙烯的数十倍以上，并且随着相对分子质量的增大，其耐磨性能还进一步提高，但当相对分子质量达到一定数值后，其耐磨性能不再随相对分子质量的增大而发生变化。

UHMWPE 纤维在具有高强性能的同时又有相对大的伸长，因此具有良好的耐弯曲形变性能，同时具有很高的结节强度和环结强度。表 1－11 为几种高性能纤维的耐磨性及弯曲性能比较。

表 1－11　几种高性能纤维的耐磨性和耐弯曲性能比较

性能	UHMWPE 纤维	Kevlar 29	Kevlar 49	Carbon HS	Carbon HM
耐磨性（至破坏的循环数）	$>110 \times 10^3$	9.5×10^3	5.7×10^3	20	120
弯曲寿命（至破坏的循环数）	$>240 \times 10^3$	3.7×10^3	4.3×10^3	5	2
结节强度（cN/dtex）	10～15	6～7	6～7	0	0
环结强度（cN/dtex）	12～18	10～12	10～12	0.7	0.1

6. 抗蠕变性能　超高分子量聚乙烯纤维的抗蠕变性能取决于使用环境的温度和负荷情况，纤维在 35℃ 和 0.011cN/dtex（1g/den）负荷状态下的蠕变情况如表 1－12 所示。与常规方法得到的纤维相比，其抗蠕变性能已经非常杰出。UHMWPE 纤维蠕变行为的大小还与冻胶纺丝中使用的溶剂种类有关，若使用的溶剂为石蜡油、石蜡，则由于溶剂不易挥发易残存于纤维内，蠕变倾向显著；而用挥发性溶剂十氢萘时，则所得纤维的抗蠕变性能极大地改善。

表 1－12　超高分子量聚乙烯纤维的蠕变情况

负荷时间（h）	10	100	1000
伸长率（%）	0.05	0.2	0.4

7. 电绝缘性　表 1－13 列出了不同材料的介电常数和介电损耗值，从表中可以看出，聚

乙烯材料的介电常数和介电损耗最小，适用于制造各种雷达罩。此外，UHMWPE 的介电强度约为 700kV/mm，能抑制电弧和电火花的转移。

表 1 - 13　聚乙烯与其他材料电性能的比较

材料	介电常数	介电损耗（$\times 10^{-4}$）	材料	介电常数	介电损耗（$\times 10^{-4}$）
聚乙烯	2.3	4	锦纶 66	3.0	128
聚酯	3.0	90	酚醛	4.0	400
有机硅树脂	3.0	30	E 玻璃	6.0	60

8. 耐光性和耐高能辐射性能　图 1 - 16 是各种纤维的耐光性比较。显然，HPPE 纤维的耐光性是图中所有纤维中最好的。芳纶纤维不耐紫外线，使用时必须避免阳光直接照射，而聚乙烯纤维由于化学结构上的优势，是有机纤维中耐光性最优异的，经过 24 个月光照之后，只有 HPPE 纤维和 PES 纤维的强度保持率高于 50%，而其他纤维均在 50% 以下。

高性能聚乙烯纤维在受到高能辐射，如电子射线或 γ 射线的照射时，分子链会发生断裂，纤维强度会降低。有研究表明，当对射线的吸收剂量达到 100kJ/kg 时，会对该纤维的性能产生显著影响，但当吸收剂量高达 3×10^{6}kJ/kg 时，纤维还可以保持可用的强度。

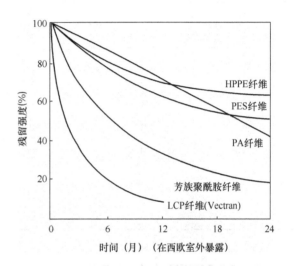

图 1 - 16　高性能纤维耐光性比较

9. 耐切割性能　UHMWPE 纤维具有良好的耐切割性能，与 Kevlar 29 的耐切割性能相当，可应用于加工制作防切割工作服等。由于该纤维比 Kevlar 29 的加工工艺流程短、无溶剂回收问题、设备投资少、价格低，因此会在制作防切割纺织品等方面受到重视。表 1 - 14 为几种高性能纤维耐切割性能的比较。

表 1 - 14　几种高性能纤维耐切割性能的比较

纤维品种	线密度（dtex）	相对负荷
UHMWPE（Certran）纤维	1782	1.2
Kevlar 29	1650	1.2
Spectra 1000	1430	1.0
Vectran	1650	3.3

10. 耐低温性能和耐热性　UHMWPE 纤维在液氦（−269℃）中仍具有延展性，在液氮（−195℃）中也能保持优异的冲击强度，这一特性是其他合成纤维所没有的，因而它能够用作核工业的耐低温部件。

UHMWPE 纤维的熔点为 150℃左右，因此，它不能在高温下使用，这是该纤维最大的缺陷。表 1-15 给出了 UHMWPE 纤维在不同温度及时间条件下物理性能的保持率。由此可以看出，UHMWPE 纤维的最高使用温度为 80~100℃。但在稍高温度短时间内仍能保持原有性能，这一点对用于复合材料的加工非常重要。

表 1-15　在不同温度及时间条件下纤维物理性能保持能力

温度（℃）	时间（h）	强度保持率（%）	模量保持率（%）	断裂伸长率（%）
23	∞	100	100	100
60	∞	75	80	180
80	1	100	100	100
	4	100	100	100
	∞	50	55	300
100	1	100	100	—
	4	100	100	—
	∞	30	30	480
120	1	85	80	—
	4	50	80	—

四、UHMWPE 纤维的应用

1. 绳缆索网线类　绳、缆、索类的重要性能指标之一是断裂强度。UHMWPE 纤维的断裂强度大大高于其他高强度纤维，可制作各种捻制编制的耐海水、耐紫外线、不会沉浸而浮于水面的工具，而且由于 UHMWPE 纤维具有轻质高强、柔曲性好、耐磨损、不吸水、绝缘性好等特点，与钢丝、麻绳相比，UHMWPE 纤维缆绳强力高、伸长低、直径小、耐用，普遍用于船舶的缆绳、牵引缆绳、拉索绳、钻井平台缆绳、采油机绳索等方面。用此纤维制成的直径 1cm 的绳索断裂强度达 120kN，与钢丝绳相比，重量减轻 50%，强度却能提高 15%，寿命是钢丝绳的几倍，使用及存放方便。在许多低温应用领域，如航天降落伞、飞机悬吊重物的绳索、高空气球的吊索等，UHMWPE 纤维绳缆也是首选。绳缆是现阶段 UHMWPE 纤维最大应用领域之一。国内已经有数家缆绳制造商采用 UHMWPE 纤维制造缆绳。

国内用于制作渔网的原料以锦纶和普通聚乙烯纤维为主，锦纶渔网丝年用量 6000 吨，聚乙烯纤维年用量在 20000~30000 吨。在网线强度相同的条件下，用 UHMWPE 纤维加工成的渔网重量比普通聚乙烯纤维渔网轻 50%以上，或同样重量的纤维可制造更大尺寸的网具，使其每平方米的拉网阻力减少 40%，即在同等功率的船只上可使用开口面积更大的拖网，使捕鱼效率提高80%。UHMWPE纤维还可以用于养鱼网箱的制造。国外已经有这方面的应用，国内还处于开发阶段。

目前，钓鱼线和球拍弦主要用锦纶和聚酯制作。一般锦纶钓鱼线的标准强度为7.5cN/dtex，球拍弦的性能要求目前还不能完全量化，使用者对球拍弦的性能有不同的要求，UHMWPE纤维的钓鱼线和球拍弦将会给不同层次的消费者提供更多的选择。

2. 防护用品 防护用品是目前UHMWPE纤维的主要应用领域，单是单向织物（简称UD布）的生产就使用了UHMWPE纤维总量的45%以上，UD布是生产防弹衣、防刺服、防弹板、防弹装甲的核心材料，其中最主要的产品是软质防弹衣。UHMWPE纤维防护用品与芳纶、碳纤维防护用品，以及陶瓷、钢铁、合金防护用品相比，在保证防护性能的前提下，大大降低了防护用品的质量。例如，用于头盔可减重400g左右，相当于壳体重的30%~40%，可大大减轻使用人员的负担，所以深受欢迎。表1-16为各种头盔防弹性能的对比。在轻质装甲方面，UHMWPE纤维有很好的应用前景，如可用于直升机防护装甲、坦克装甲、装甲车装甲等。另外，UHMWPE纤维防护用品的使用温度可低至零下150℃，已经超出地球低温极限，因此在高寒地区，UHMWPE纤维产品是防护用品的首选。

表1-16 各种军用头盔的防弹性能

头盔结构类型	质量（g）	V_{50}值（m/s）	能量吸收 [J/（kg·m²）]
Dyneema SK66	850	580	26
Dyneema SK66/钢	1280	625	21
USPASGT 芳纶	1300	620	19
US 试验芳纶 HT	1020	610	25
UK 纯尼龙	900	350	10
传统钢盔+衬垫	1470	430	8

注 V_{50}为穿透概率为50%时模拟弹片或特定弹丸的平均着靶速度。

3. 航空航天 由于UHMWPE纤维复合材料轻质高强和抗冲击性能好，在航空航天工程中应用广泛，适用于各种飞机驾驶舱内壁、飞机座舱防弹门、飞机的翼尖结构、飞船结构和浮标飞机等。以其制成的武装直升机和战斗机的壳体材料还具有优异的防弹性能。

4. 体育器材用品 UHMWPE纤维可用于制作各类球拍、安全帽、滑雪板、帆板、钓竿、冲浪板、自行车骨架、安全防护罩和击剑服等。由于UHMWPE纤维复合材料比强度、比刚度高，加之韧性和损伤容限好，因此制成的运动器械既轻又耐用。

5. 生物医用材料 UHMWPE纤维的生物相容性和耐久性都较好，化学稳定性好，不会引起人体的过敏反应和生物排斥反应，作为生物医用材料已成功应用于牙托材料、医用移植物、医用缝合线及人造器官。目前，UHMWPE纤维还可以制备形状复杂且具有多孔的支架材料，例如，现在已经成功开发出熔融堆积方法生产的人耳组织支架。将UHMWPE纤维作为血液泵的材料，经测试无生物毒性并且可以长期使用。UHMWPE 纤维与乙烯、丁烯和苯乙烯弹性体共混作为血液袋可以耐 −196℃ 的低温，并且在低温下保持良好的塑性。

6. 纺织行业 由于 UHMWPE 纤维具有良好的纺织加工性能，故可以加工成二维机织物、针织物和非织造布。针织物主要用于防切割产品，机织物和非织造布主要用于防刺产品。根据使用要求，有些直接叠合使用，有些则制成复合材料使用。UHMWPE 纤维也可以根据使用要求加工成三维织物，作为复合材料的增强体。

7. 建筑材料 UHMWPE 纤维可以替代钢筋用于建筑材料，其复合材料可用作墙体、隔板结构等。以 UHMWPE 短纤维增强的水泥复合材料，可以改善水泥的韧度和强度，提高水泥的抗冲击性能，综合性能远远优于普通的钢筋水泥材料。此外，由于 UHMWPE 纤维复合材料具有轻质、高强、抗腐蚀、耐疲劳等特点，优于建筑钢材，因此，在土木建筑工程结构加固中采用此纤维复合材料比采用钢板或其他传统加固方法具有非常明显的优势，例如，在桥梁、隧道、房屋等结构抗震加固补强方面有很广阔的应用前景。

8. 其他行业 由于 UHMWPE 纤维的抗拉强度高，抗化学腐蚀和抗溶解性能好，以其为原料通过缠绕或手糊的方式制成的复合材料可制成耐压容器，适用于存储各种气体或液体介质。UHMWPE 纤维的介电常数低，介电损耗值低，电信号失真小，是制作高性能轻质雷达罩的首选材料，以其复合材料制成的各种类型的雷达罩可应用于不同场合。UHMWPE 纤维可用于制作防洪抢险用的高强塑料网石兜、传送带、过滤材料、光缆包覆线、光纤电缆加强芯、X 光室工作台、扬声器材、声呐装置等。

五、UHMWPE 纤维的改性

UHMWPE 纤维的聚合物分子结构单元不含极性基团，分子间作用力弱，分子容易内旋转，因此玻璃化温度及熔点低，耐高温性差，抗蠕变性也差。又由于 UHMWPE 纤维的化学组成只含有亚甲基，无极性基团，难与树脂基体形成化学键，同时，其所具备的低表面能和化学惰性的特点，也使其很难润湿，难与树脂结合，这就导致其表面黏结性差，集中表现在与树脂基体制成复合材料后，界面结合力很低，复合材料的层间剪切强度较差，造成复合材料在使用过程中出现层间破坏现象。

针对以上这些缺陷，对 UHMWPE 进行改性处理变得尤为重要。目前，国内外已经出现了多种对 UHMWPE 纤维进行表面改性处理的方法，主要的方法有以下几种。

1. 低温等离子体处理法 与一般处理方法相比，等离子体处理具有高效、可靠、无污染、对纤维损伤小等优点。等离子体处理法可分为低压与高压等离子体处理法、低温与高温等离子体处理法、表面形成聚合物与表面不形成聚合物等离子体处理法等处理方式。

UHMWPE 纤维的表面改性采用低温等离子体处理法，对纤维产生多方面的作用。

（1）刻蚀作用，增加了纤维的比表面积，有利于纤维与基体树脂产生机械锚合作用。

（2）氧化作用，使纤维表面产生含氧活性基团，可与基体树脂发生化学反应，形成化学键。

（3）浸润作用，提高了纤维的表面能，增强了纤维对基体树脂的亲和力。

等离子处理的这些作用，有效地增强了纤维与基体树脂的界面结合，提高了复合材料的层间剪切强度。

吴越等用空气等离子体法对 UHMWPE 纤维的表面处理进行了研究，结果发现，等离子体处理使纤维表面产生了大量的自由基和含氧基团，使纤维复合材料的剪切强度从未处理的 5.98MPa 提高到了 18.1MPa。

2. 化学试剂处理法　处理 UHMWPE 纤维的化学试剂多为强氧化剂，如铬酸、高锰酸钾溶液和双氧水等。纤维表面经这些试剂氧化浸蚀会产生含氧活性基团，与基体形成化学键。同时，化学试剂对纤维表面产生的化学刻蚀，使纤维表面形成不规则的条纹，粗糙度增加，提高了纤维与基体树脂的接触面积，有利于纤维和树脂间的力学啮合，从而提高其黏结性能。

3. 辐射引发表面接枝处理法　辐射引发表面接枝是在 UHMWPE 纤维表面通过辐射引发第二单体，如丙烯酸类单体丙烯酸（AA）、丙烯酰胺（AM）、甲基丙烯酸缩水甘油酯（GMA）等进行接枝聚合，从而在纤维表面覆盖一层与 UHMWPE 纤维化学性质不同的涂层，以此来改善 UHMWPE 纤维与基体间的黏接性能。通常辐射源为 ^{60}Co、γ 射线、电子束、紫外线等。其中紫外线引发接枝是先引发光敏剂（如二苯甲酮），再由光敏剂引发单体接枝到 UHMWPE 纤维表面。

4. 电晕放电处理法　20 世纪 80 年代以后，电晕放电处理法被应用到非极性纤维材料的表面处理上。该方法是让 UHMWPE 纤维通过电晕放电装置氧化产生微坑、表面交联、链断裂，以及消除弱边界层，使表面能增大，以改善 UHMWPE 纤维与基体树脂间界面的黏接性。

5. 其他改性方法　对 UHMWPE 纤维进行改性处理的方法还有很多，如本体改性法、压延法、涂层法、溶胀法和激光法等，这些方法在一定程度上都能增加 UHMWPE 纤维与基体的黏结强度。

第三节　聚苯并杂环类纤维

一、聚苯并噁唑（PBO）纤维

聚对亚苯基苯并双噁唑（poly - p - phenylenebenzobisthiazole，PBO），简称聚苯并噁唑。PBO 纤维集高强度、高模量、高耐热性和高阻燃性等于一身，是目前所发现的有机纤维中性能最好的纤维之一，被誉为 21 世纪超级纤维。图 1 - 17、图 1 - 18 为 PBO 纤维外貌。

图 1-17　PBO 长丝

图 1-18　PBO 短纤

1. PBO 纤维的发展简史

（1）国外 PBO 纤维的开发。20 世纪 60 年代初，美国斯坦福研究所（SRI）以 Wolfe 为首的研究小组为美国航空航天材料设计和制备耐高温、高性能的聚合物，申请了聚苯并双噁唑的基本专利。以后美国陶氏（DOW）化学公司得到授权，对 PBO 进行了工业性开发，期间曾因得不到高分子量的产物在 20 世纪 70 ~ 80 年代有所停滞。后经 Wolfe 的努力以及 DOW 化学公司的加盟研究，在单体合成和纯化方面取得进展，PBO 的研究又现曙光，改进了原来单体合成的方法，新工艺几乎没有同分异构体副产物生成，提高了合成单体的收率，打下了产业化的基础。

1990 年日本东洋纺（Toyobo）公司从美国 DOW 化学公司购买了 PBO 专利技术。1991 年由道－巴迪许化纤公司在日本东洋纺公司的设备上开发出 PBO 纤维，使 PBO 的强度和模量大幅度上升，达到对位芳纶的两倍。1994 年，日本 Toyobo 公司得到道－巴迪许化纤公司的准许，斥 30 亿日元巨资建成了 400 吨/年 PBO 的单体和 180 吨/年纺丝生产线，并于 1995 年春开始投入部分机械化生产。1998 年开始商业化生产，同年 Toyobo 公司与 DOW 化学公司联合推出 PBO 纤维，生产能力达到 200 吨/年，其商品名为 Zylon，有 Zylon - AS 纤维（原丝）和 Zylon - HM 纤维（高模丝）两种类型，Zylon - HM 纤维是 Zylon - AS 纤维在一定条件下热处理而成的。截至目前，日本东洋纺仍然是世界上唯一一家可以进行商业化生产 PBO 纤维的公司。

20 世纪 90 年代，东洋纺的 PBO 纤维专供美国，主要用于武器装备、航空航天事业、太空资源的开发以及其他尖端科技领域。21 世纪初期，PBO 纤维用于抗冲击防护服产品开发出现挫折，PBO 纤维的耐老化问题引起应用领域的关注。美国和欧洲将应用领域的技术开发作为重点，就如何降低 PBO 纤维的老化速率开展了多项技术协作攻关，包括对 PBO 纤维的化学改性（M5 纤维）、后处理（高温热定型）、表面处理、纺织加工技术等，取得了令人鼓舞的成效。同时，从扩展产品市场应用范围的角度，从原先较单一用于抗冲击防护服产品逐步扩展到特殊民用（耐温、抗辐射、高强绳索、体育），产业用（增强工程材料、特殊电缆增强）等领域，并且取得工业化的实际效果。

（2）国内 PBO 纤维的开发及研究现状。华东理工大学于 20 世纪 90 年代在国内率先开展了 PBO 纤维的研究工作，对单体合成、聚合工艺、PBO 纤维液晶纺丝和高温热处理等进行了全方位系统的研究，仅在实验室得到了少量 PBO 聚合物。由于合成 PBO 的原料 4，6－二氨基－1，3－间苯二酚（DAR）国内没有生产，进口试剂价格昂贵，在一定程度上也限制了PBO 研究，90 年代后期该项工作有所停滞。

20 世纪 90 年代末，东洋纺宣布获得高性能 Zylon 时，国内的高校、科研院所和相关单位开始重视这一课题，华东理工大学、浙江工业大学对合成 PBO 的原料 DAR 进行了研究；东华大学、上海交通大学、哈尔滨工业大学、西安交通大学、同济大学、中国航天科技集团四院四十三所和哈尔滨玻璃钢研究所等对 PBO 的合成工艺、PBO 纤维的制备与性能、PBO 纤维增强复合材料的性能和应用进行了研究。1999 年起，中国石化与东华大学合作开始 PBO 聚合、纤维成形的研究，在小试研究的基础上，进行了 PBO 中试聚合研究工作。在 PBO 纤维项目开发过程中发明了新的聚合工艺，设计制造了适用于高黏度聚合体系的特殊搅拌器，发明了PBO 的反应挤出—液晶纺丝一体化工艺，在此基础上制得了高分子量的 PBO 聚合物（［η］＞25dL/g），利用螺杆挤出机在国内首次成功纺制出了性能优良的 PBO 纤维。PBO 初生纤维强度达 5GPa 以上，热分解温度达 600℃，伸长在 3% 左右（表 1－17）。

表 1－17　国内自制 PBO 纤维与 Zylon 纤维力学性能对比

项目	平均断裂强度（cN/dtex）	伸长（%）	模量（cN/dtex）
石化 PBO－1	35.37	3.67	983.54
石化 PBO－2	32.43	4.28	740.10
Zylon－AS－1	22.88	2.39	1060.3
Zylon－AS－2	31.31	3.71	891.7
Zylon－HM	37	2.5	1720

"十一五"期间，中蓝晨光化工研究院有限公司和华东理工大学联合，成功进行了 PBO纤维的小批量制备，纤维的主要性能指标已接近国外先进水平。

2. PBO 纤维的制备

（1）PBO 单体的选择。PBO 是由对苯二甲酸或对苯二甲酰氯与 4，6－二氨基－1，3－间苯二酚盐酸盐（DAR）缩聚而得到的高分子聚合物，其中 DAR 是 PBO 的重要单体，从 20 世纪 60 年代到 80 年代的二十多年时间里就是因为 DAR 纯度问题导致 PBO 纤维进展缓慢。如何得到高纯度低成本的 DAR 一直是科研工作者需要解决的问题。到目前为止，DAR 的合成工艺路线有 13 条之多，国内已经实现工业化的工艺路线有三氯苯法和二氯苯法。三氯苯法合成步骤少、收率高、产品纯度好，但三氯苯毒性大，合成过程中因为利用混酸硝化，"三废"

产生量大，环境压力大；二氯苯法也存在相似的问题，因此，研究人员致力于发展非硝化工艺。华东理工大学利用间苯二酚酰化、肟化重排和还原的方法得到DAR，避免了硝化对环境的污染，但该法原料成本高、产品收率低，未实现工业化。从目前市场调研来看，国内实现工业化生产的厂家少、规模小、产量少、价格贵，严重制约着国内PBO纤维制备的工业化进程。

（2）PBO的合成。PBO的聚合有多种方法，有对苯二甲酸法、对苯二甲酰氯法、三甲基硅烷基化法和中间相法。而对苯二甲酸法中又演化出盐酸盐法、复合盐法、磷酸盐法和AB型单体法。已经实现工业化的工艺是对苯二甲酸法中的盐酸盐法，即由4,6-二氨基间苯二酚盐酸盐（DAR）与对苯二甲酸（TPA）在多聚磷酸（PPA）中进行溶液缩聚而得，反应式如下：

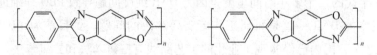

缩聚反应过程中，PPA既是溶剂，也是缩聚催化剂。缩聚过程中产生的 H_2O 会使PPA发生水解而影响聚合反应，因此，聚合时要补加 P_2O_5，保证最终 P_2O_5 的质量分数在82.5% ~ 84%之间，TPA在PPA中的溶解度很低，为了增加它的溶解性，需对其进行微化处理，使TPA粒径在 $10\mu m$ 以下。

（3）PBO纤维的纺丝。PBO纤维的纺丝方法采用干喷湿纺法。纺丝溶剂可选用多聚磷酸（PPA）和甲磺酸MSA）。Allen S R, Choe E W等发现，用MSA为纺丝溶剂制得PBO原丝的相对分子质量很低，且有大量的孔洞，因而纤维的力学性能很差。当用PPA为溶剂时，纤维具有优异的力学性能。因此，东洋纺是将对苯二甲酸（TPA）和4,6-二氨基间苯二酚盐酸盐（DAR）在多聚磷酸（PPA）介质内先脱氯化氢使单体活化，然后再聚合，得到一定相对分子质量和质量分数约为14%的聚合物溶液，经过双螺杆挤出机，于180℃左右经喷丝板挤出，通过 0.5 ~ 25cm 的空气层后进入水或质量分数小于30%磷酸溶液的凝固浴中，拉伸比控制在 15 ~ 20，经碱洗和水洗后得到原纤。若要制备高抗拉模量纤维，可将初生丝在张力下 500 ~ 600℃进行热处理。

3. PBO 纤维的结构　PBO纤维的分子结构单元如下：

顺式聚对亚苯基苯并双噁唑　　　　反式聚对亚苯基苯并双噁唑

通过 PBO 分子链构象的分子轨道理论计算表明，PBO 分子链具有线性的分子结构，其中的苯环和噁唑环几乎与链轴共平面，是左右对称的刚棒状分子结构。由于共平面的原因，PBO 分子链各结构成分间存在高度的共轭性，这种结构是能量最低的一种形式，导致其分子键能高，稳定性好，并使分子链有很高的刚性。从空间位阻效应和共轭效应角度分析，纤维分子链之间可以实现非常紧密的堆积，增加了主链上的共价键结合能，并使分子链在液晶纺丝时形成高度取向的有序结构。由于使用了液晶纺丝技术，刚棒状 PBO 大分子在纤维中易于获得高取向及高规整度的二维和三维有序结构。上述结构因素奠定了 PBO 纤维具有超高性能的基础。

PBO 具有线型的分子结构，其纤维直径一般为 10～15μm。Tooru Kitagawa 等在前人研究工作的基础上，通过 X 射线衍射和透射电镜、WAXS 等对 PBO 纤维的结构进行表征，推断出 PBO 纤维的结晶结构模型，见图 1-19。

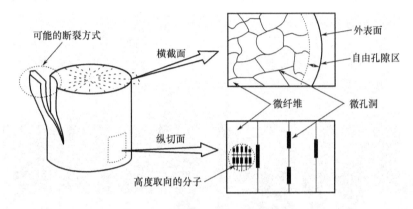

图 1-19　PBO 纤维结晶结构模型

PBO 的晶胞结构如图 1-20 所示，其晶胞结构属单斜晶系，晶胞呈互相重叠的扁平板状，晶胞参数见表 1-18。

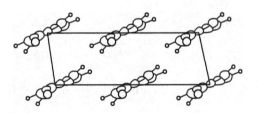

图 1-20　PBO 的结晶结构

表 1-18　PBO 的晶胞参数

晶系	a（nm）	b（nm）	c（nm）	α（°）	β（°）	γ（°）	单位晶胞中的分子数	结晶密度（g/cm³）
单斜	1.120	0.354	1.205	90	90	101.3	1	1.66

　　PBO 纤维的纺丝原液具有向列性质和液晶性质，在凝固形成时，其结构变化如图 1-21 所示。PBO 初生丝的密度为 1.57g/cm^3，热处理后由于结构的完善，密度增加到 1.60g/cm^3，而晶区密度可达 1.69g/cm^3。

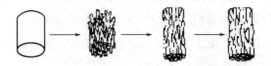

图 1-21　PBO 纤维构造形成模型图

　　纺丝所得的 PBO 纤维主要由直径为 8~10nm 的原纤组成，其最显著的特征是大分子链沿纤维轴向呈现几乎完全取向排列，具有极高的取向度。据报道，日本东洋纺公司生产的 Zylon 取向参数高达 0.99，抗张强度和杨氏模量分别达到 5.8GPa 和 280GPa，是目前抗张强度最高的合成纤维。

　　PBO 纤维的形态结构见图 1-22。其形态不仅与凝固速度有关，而且与纺丝溶剂有关。以 PPA 为溶剂时，纤维中只有极少数的孔洞，而以 MSA 为溶剂时，孔洞多达 5%~20%（体积分数）。

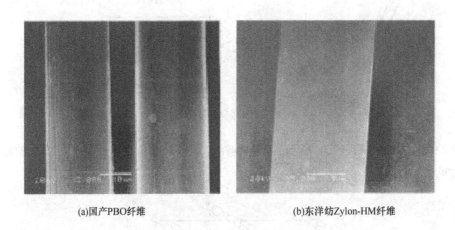

(a)国产PBO纤维　　　　　　　　(b)东洋纺Zylon-HM纤维

图 1-22　国产 PBO 纤维与 Zylon-HM 纤维的表面形貌

　　PBO 纤维具有皮芯结构，在约小于 $0.2\mu\text{m}$ 的光滑皮层下是由微纤构成的芯层，微纤是由沿着纤维方向以高度取向的 PBO 分子组成的，微纤的直径在 10~50nm，微纤之间是毛细管状的微孔，微孔通过裂缝或微纤的开口连接起来。通常纤维的次级结构又含有微纤、小微纤和分子链三个层次。微纤由 $5\mu\text{m}$ 的大微纤、$0.5\mu\text{m}$ 的微纤、50nm（500Å）的小微纤和几条分子链结合在一起构成，微纤间则由更弱的分子间力结合在一起构成纤维，因此 PBO 纤维比较容易原纤化。

　　4. PBO 纤维的性能　PBO 纤维与其他几种高性能纤维性能指标的比较见表 1-19。

表1-19 PBO纤维与其他几种高性能纤维性能指标的比较

纤维品种	性能指标						
	断裂强度（N/tex）	模量（GPa）	断裂伸长率（%）	密度（g/cm³）	回潮率（%）	LOI（%）	裂解温度（℃）
Zylon - AS	3.7	180	3.5	1.54	2	68	650
Zylon - HM	3.7	280	2.5	1.56	0.6	68	650
对位芳族聚酰胺	1.95	109	2.4	1.45	4.5	29	550
间位芳族聚酰胺	0.47	17	22	1.38	4.5	29	400
钢纤维	0.35	200	1.4	7.8	0	—	—
碳纤维	2.05	230	1.5	1.76	—	—	—
高模量聚酯	3.57	110	3.5	0.96	0	16.5	150
聚苯并咪唑	0.28	5.6	30	1.40	1.5	41	550

（1）热学性能。

①耐热性。分子链的共轭芳杂环结构赋予了PBO纤维优异的耐热性能，PBO纤维没有熔点，其分解温度高达650℃，比芳纶的分解温度高约100℃，在1000℃仅分解28%，在316℃下经100h仍能保持其质量不变，工作温度可达330℃左右，即便在400℃还能保持在室温时强度的40%，模量的75%。同时，其密度仅为1.56g/cm³，热膨胀系数为3×10^{-6}m/k，主要性能指标均属目前有机和无机纤维之最。PBO纤维可在300℃下长期使用，是迄今为止耐热性最高的有机纤维。

②阻燃性。PBO纤维阻燃性能优异，极限氧指数（LOI）为68%，在有机纤维中仅次于聚四氟乙烯纤维（LOI为95%）。纤维在火焰中不燃烧、不皱缩，并且非常柔软，接触火焰之后炭化很慢，安全性很高，在燃烧过程中几乎不产生有毒气体。

（2）力学性能。

①拉伸性能与压缩性能。PBO分子中有很强的共价键作用力，但由于分子间力较弱，纤维在变形过程中，分子链容易相互滑移，初始时分子链滑移发生在无序区，随着应力的增大会传递到整个纤维中。因此，PBO纤维的损伤机理主要是分子间的次价键作用力的断裂，纤维多为撕裂，而不是沿着纤维轴向上的键的断裂造成的，所以PBO纤维的拉伸强度高而抗压性能差。PBO纤维的拉伸强度为5.8GPa，拉伸模量最高可达280～380GPa，抗压强度仅为0.2～0.4GPa，与其拉伸强度相差甚远。研究表明，造成这种现象的原因是PBO的微纤结构在压应力的作用下，产生纠结带使纤维变弯曲。已有人在增强PBO纤维抗压性能这一领域展开研究。如采用交联法、涂层法以及引入取代基，都是有效提高抗压性能的方法。

②耐冲击性能。PBO纤维在受冲击时纤维可原纤化而吸收大量的冲击能，是十分优异的耐冲击材料，PBO纤维复合材料的最大冲击载荷和能量吸收均高于芳纶和碳纤维，在相同的条件下，PBO纤维复合材料的最大冲击载荷可达到3.5kN，能量吸收为20J；而T300碳纤维

复合材料的最大冲击载荷为 1kN，能量吸收约 5J，高模芳纶复合材料的最大冲击载荷约为 1.3kN，能量吸收略大于碳纤维。因此，PBO 纤维无论在结构复合材料还是在防弹复合材料上都具有广阔的应用前景。

③尺寸稳定性。PBO 纤维在 50% 断裂载荷下 100h 的塑性形变不超过 0.03%，在 50% 断裂载荷下的抗蠕变值是同样条件下的对位芳纶的 2 倍。在一定载荷下，一定时间后，纤维会发生断裂，使用外推法，得到在 60% 断裂应力水平下其断裂时间为 $1.7 \times 10^5 h$，PBO 纤维在吸脱湿时尺寸和特性变化小。

④耐磨和耐弯曲疲劳性能。PBO 纤维比对位芳纶的耐磨性优良。对于线密度均为 1667dtex 的 PBO - AS、PBO - HM、对位芳纶和高模对位芳纶，在 135℃下弯曲 2000 次之后的强度保持率都约为 35%，而在 0.88N/dtex 初始张力下却有很大的差别，PBO 纤维远远高于芳纶，PBO - AS 和 PBO - HM 在此条件下磨断循环周期为 5000 次和 3900 次，而对位芳纶和高模对位芳纶分别为 1000 次和 200 次。

在超过 300℃高温下，更能体现 PBO 纤维的耐磨性。若在 PBO 纤维和对位芳纶制成的织物上，将温度为 350℃的钥匙片在一定荷重下作圆周状移动，接触摩擦 200min，结果 PBO 纤维织物颜色略变深，而重量不减少，并保持挺括和柔软性，而对位芳纶织物，由于热和摩擦的作用，中央有大洞出现。

（3）光电性能。苯并噁唑基团通过降低非放射烟灭速率常数增强发射量子场，产生共轭体系的荧光现象，具有显著的发色团效应。苯并噁唑有很强的发散荧光的能力，并且表现出与其各自的激光光谱呈镜像对称的发射光谱图形。

（4）化学稳定性。PBO 纤维具有优异的耐化学介质性，在几乎所有的有机溶剂及碱中都是稳定的，但能溶解于 100% 的浓硫酸、甲基磺酸、氯磺酸、多聚磷酸。此外，PBO 对次氯酸也有很好的稳定性，芳纶在漂白剂中 10h 内就完全分解，而 PBO 纤维在漂白剂中 300h 后仍保持 90% 以上的强度，因此，洗涤时即使采用漂白剂也不会损伤 PBO 的特性。

（5）吸湿性。PBO 纤维的吸湿率比芳纶小，PBO - AS 的吸湿率为 2.0%，PBO - HM 的吸湿率仅为 0.6%，而对位和间位芳纶的吸湿率都为 4.5%。

（6）表面粘接性能。尽管 PBO 纤维有上述优越的性能，但因其大分子规则有序的取向结构使得纤维表面非常光滑，大分子链之间缺少横向连接，且分子链上的极性杂原子绝大部分包裹在纤维内部，纤维表面极性也很小。纤维表面光滑且活性低，不易与树脂浸润，致使纤维与树脂基体结合的界面性能差，界面剪切强度低。为使其能很好地用作复合材料的增强材料，可以对其采取化学法、共聚法、辐射法、低温等离子处理等方法进行表面改性。

（7）耐光性。PBO 的噁唑环容易在紫外光照射下发生开环、断裂，从而导致纤维强力下降。PBO 纤维耐日晒性能较差，暴露在紫外线中的时间越长，强度下降越多。经 40h 的耐日晒实验，芳纶的拉伸断裂强度值还可以稳定在原值的 80% 左右，而 PBO 纤维的拉伸断裂强度值仅为原来的 37%。PBO 纤维耐光性差，严重影响了其在户外品如防弹衣中的应用。

（8）染色性。PBO 纤维分子非常刚直且密实性高，染料难以向纤维内部扩散，所以染色性能差，一般只可用颜料印花着色。有报道用多聚磷酸对 PBO 纤维进行预处理，之后用分散染料在高温高压条件下进行染色，可以得到满意的染色深度和牢度。

5. PBO 纤维的应用　　有超级纤维之称的 PBO 纤维在军用及民用领域具有重要应用价值和广阔前景，它涵盖了航空航天、国防军工、高温过滤、安全防护材料、电子电气、合成材料、交通运输、桥梁工程、建筑建材、体育器材等二十多个领域。图 1 - 23 是一些实例图片。

  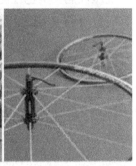

PBO 长丝产品　　　　　　　　　PBO 纱线产品　　　　　　　　PBO 短纤和浆粕产品

图 1 - 23　PBO 纤维产品应用实例

（1）阻燃材料。PBO 纤维优良的阻燃性，使之适于用作高性能的消防服、炉前工作服、焊接工作服等处理熔融金属现场用的耐热工作服、安全手套、安全靴等的衣料。

利用 PBO 纤维耐热的特点，可将其制成温度超过 350℃的耐热垫和高温滚筒；用 PBO 纤维制成高温过滤袋和过滤毡，高温下长期使用仍可保持高强度、高耐磨性。

（2）增强材料。利用 PBO 纤维高模量的特性，可用于光导纤维的增强，可减小光缆直径，使之易于安装，并减少通信中的噪声，还可用作扩音器的低频扩音部分。在橡胶增强领域，PBO 纤维可代替钢丝作为轮胎的增强材料，使轮胎更轻，有助于节能。PBO 纤维也可在密封垫片、胶带（运输带）、混凝土抗震水泥构件和高性能同步传动带中作为增强纤维。PBO 纤维还可做电热线、耳机线等各种软线的增强纤维以及弹道导弹和复合材料的增强组分。PBO 纤维可用于绳索和缆绳等高拉力材料、光纤电缆承载构件、纤维光缆的受拉件、桥梁缆绳、航海运动帆船的主缆以及赛船用帆布。

（3）体育用品。PBO 纤维可用作赛车服、骑手服等各种运动服和活动性运动装备以及其他体育用品，如羽毛球、网球拍、高尔夫杆及钓鱼竿，运动鞋、跑鞋、钉鞋、溜冰鞋等。已有体育用品公司开发出全 PBO 纤维增强复合材料的运动自行车轮辐和网球拍。另外，在赛艇建造方面也已有应用。

（4）防弹抗冲击材料。PBO 纤维的耐冲击强度远远高于由碳纤维以及其他纤维增强的复合材料，能吸收大量的冲击能，利用其优异的抗冲击性能，应用于防弹材料，使装甲轻型化，也可用于导弹和子弹的防护装备，如警用的防弹衣、防弹头盔、防弹背心。

（5）航空航天及军事用材。PBO 纤维可用于军用飞机、宇宙飞船及导弹等的结构材料，在较大程度上降低发射成本。在航天领域可用于火箭发动机隔热绝缘燃料油箱、太空中架线、行星探索气球、宇宙轨道探测器的空气袋等，还可用于弹道导弹、战术导弹和航空航天领域使用的复合材料。目前 PBO 纤维已广泛用于各种武器装备，对促进装备的轻量化、小型化和高性能化起着至关重要的作用。

6. PBO 纤维的发展趋势　PBO 纤维具有突出的热学性能和力学性能，但其耐光性能、表面黏结性能、抗压性能及染色性能尚不尽如人意，业界仍在进行研究。

近年来，随着对 PBO 研究的深入，发现它具有较好的透波、吸波性能，正在进行应用开发，如美国最新战斗机采用 PBO 作为吸波隐形材料，采用 PBO 制作高档扬声器的锥形结构。此外，PBO 纤维也用于制作耐高压的橡胶手套、特殊缝纫线等。

当前，开发具有自主知识产权的高性能 PBO 纤维生产技术并逐步进行产业化，对于我国在国防、航空航天、经济建设等关键领域内的现代化进程以及综合国力的提升具有非常重要的意义。PBO 纤维的开发应注重从 DAR 单体合成、PBO 聚合、PBO 纤维的后处理和应用整条链的研究和发展，注重产学研的合作，加快进行 PBO 纤维产品的应用和市场开拓，加快 PBO 长丝、短纤在复合材料领域的应用研究，特别是在国防、航空航天等高科技领域的应用摸索。

二、聚苯并咪唑（PBI）纤维

聚苯并咪唑（polybenzimidazoles，PBI）是主链上含重复苯并咪唑环的一类聚合物，其分子式如下：

1959 年，Brinker 等用二元酸与四胺反应制备了第一种含脂肪链的 PBI。1961 年，美国伊利诺伊州立大学以间苯二甲酸二苯酯（DPIP）与 3，3′，4，4′-四氨基联苯胺（TAB）为单体合成的聚 2，2′-间亚苯基-5，5′-二苯并咪唑即是 PBI。聚苯并咪唑纤维最早由塞拉尼斯（Celanese）公司于 20 世纪 60 年代中期研制成功。1969 年，Celanese 公司与美国空军材料实验室签订合同，合作开发 PBI 纤维，促进了 PBI 纤维的研究与发展。自 1983 年开始，Celanese 公司以甲苯二胺（TDA）和 DPIP 为单体原料合成聚苯并咪唑，以二甲基乙酰胺（DMAc）为溶剂，采用溶液纺丝技术，开始了 PBI 纤维的商业化生产。1985 年，美国联邦贸易委员会将聚苯并咪唑纤维认定为由含咪唑结构单元的芳香族聚合物制成的纤维。除美国外，英国、日本及前苏联等也都相继开展了 PBI 纤维的研究工作，开发出一些类似的产品，但产量都不大。我国在 20 世纪 70 年代也曾经试制过这种纤维。

1. PBI 的合成方法 PBI 是由二元羧酸及其衍生物与四元胺及其衍生物缩聚而成，不同反应单体会引起 PBI 结构和性能上的一些变化。制备方法按反应种类区分，大致有熔融缩聚法、溶液缩聚法、母体法和亲核取代法，其中对熔融缩聚法和溶液缩聚法的研究较多。工业化生产通常是以 TAB 和 DPIP 为反应单体。

（1）溶液缩聚法。溶液缩聚法是将四元胺或四胺盐酸盐化合物加到非质子性溶剂中，在氮气保护下，加热搅拌使之完全溶解，然后加入二元酸或其衍生物，加热搅拌于高温条件下反应。反应结束后将反应混合物倒入过量的水中沉析出预聚物，再经洗涤干燥、高温环化处理得目标产物。

（2）熔融缩聚法。熔融缩聚法分为一步法和两步法。

一步法熔融缩聚是将四胺、二元酸或其衍生物一起放入反应器中，从 200℃升温至 310℃，此过程中搅拌速度随黏度增加而减缓。保温 45min 后再升温至 415℃左右，保温 1h，即得到 PBI 产物。

二步法熔融缩聚是将四胺、二元酸或其衍生物在氮气保护下于 220℃左右反应，250℃以上产物开始发泡，将发泡物在 290℃左右保温约 1.5h，得到预聚物。将所得到的发泡状预聚物冷却至室温、磨碎，重新放入反应器中，于 380℃下反应 3h，得到高分子量的 PBI。

以 TAB 和 DPIP 为反应单体进行熔融缩聚反应的合成式如下：

（3）母体法。母体法的合成工艺是指在四胺单体合成未进行到最后一步之前，即得到二元硝基和二元氨基取代产物时，直接用二元酸与此中间体反应，得到 PBI 母体之后，对该母体进行还原和高温热处理，最终得到 PBI 目标产物。由于该方法合成母体的条件比较苛刻，而且进行热处理时需要较高的温度，使用并不广泛。

（4）亲核取代法。亲核取代法的反应过程与溶液缩合法类似，区别在于所用单体不同。用含有反应性官能团的单酸类芳香族化合物，如对氯苯甲酸等替代了传统的二元羧酸或衍生物，将合成的含有苯并咪唑结构单元的中间体与含有—F、—Cl、—NO$_2$ 等官能团的化合物在碱性条件下反应得到高聚合度的 PBI。亲核取代法的优点是反应单体较易制备，扩大了可得到的 PBI 种类，但对反应过程中生成的小分子物质的去除要求较为严格。

2. PBI 纤维的纺丝方法

（1）制备纺丝原液。调制纺丝原液时，将粒状 PBI 溶解在 DMAc 中，边搅拌边加热，用氮气保护隔绝氧气。250℃左右聚合物全部溶解，配制成质量浓度约为 25%、室温下黏度约1500Pa·s 的纺丝原液。

（2）浆液过滤。采用 50～100μm 细孔过滤并脱泡，除去原液中的杂质、凝胶状物质和气体。

（3）纺丝工艺。有湿纺和干纺两种，目前趋向于干法纺丝。纺丝工艺参数如下：

喷丝速度：120～180m/min；

甬道温度：200～230℃；

水洗：压洗 2～50h 或连续水洗 4～15min，使溶剂含量小于 0.1%；

烘干：150℃，1～2h；

拉伸：第一级拉伸温度 300～450℃，拉伸比 1∶（1.5～3.5），第二级拉伸温度 200～500℃，拉伸比 1∶（1.05～1.5），拉伸需在高温氮气环境下进行；

酸处理：稀硫酸 1%～5%。

干法纺丝装置如图 1-24 所示，纺丝原液经计量泵、烛形过滤器进入喷丝头，在喷丝孔道中发生剪切流动后进入充满逆行循环热氮气（或二氧化碳）流的纺丝甬道，纺丝细流中的溶剂被氮气带走冷凝回收，纺丝细流本身被浓缩并固化成型，在纺丝甬道底部卷绕得到初生纤维。由于初生纤维的强度低而伸长大，不能满足实用要求，还需进行必要的拉伸等后加工处理。高温拉伸时残存在 PBI 初生纤维中的溶剂容易气化而产生爆米花状纤维等，所以拉伸

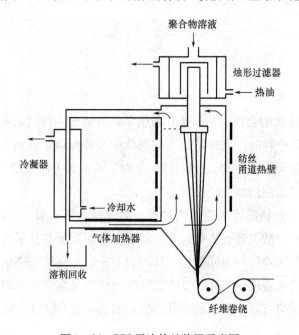

图 1-24　PBI 干法纺丝装置示意图

前必须对纤维进行水洗和干燥，除净残存的溶剂和水。

3. PBI 纤维的结构　用于合成聚苯并咪唑的单体种类繁多，因此聚合所得 PBI 的结构也有很大差别。目前已有研究结果显示，PBI 的结构主要有如下四类：

（其中，R_1、R_2、R_3 和 R_4 为与聚合单体相对应的相关取代基团）

通常的 PBI 是无定形聚合物，但在高温下用苯酚或苯酚水溶液加压以及室温下用甲酸水溶液处理时均可发生结晶，结晶度随温度升高或苯酚浓度增大而增大。拉伸取向后的 PBI 纤维，即使用苯酚水溶液处理后仍能保持原有的取向度，但若用纯苯酚处理，则纤维的取向度明显降低。随着纤维取向度增大，纤维的强度和模量都相应提高。

此外，高聚物的结晶度还与分子链刚性、对称性、分子间力有关。PBI（Ⅲ）的结晶性优于 PBI（Ⅰ），这是由于（Ⅲ）的分子链刚性比（Ⅰ）大，PBI（Ⅰ）中引入的脂肪链降低了分子链刚性。在 PBI（Ⅰ）结构中，R_1 为对位亚苯基或对位联亚苯基时聚合物是结晶的，R_1 为间位亚苯基或 2，2′ 位联亚苯基时聚合物是无定型的。这是由于前者的对称性比后者好，链段运动空间位阻小。R_1 为吡咯或呋喃的 PBI（Ⅰ）聚合物是结晶的，这是由于 N 或 O 原子上的孤对电子含有极性，使分子间力上升，从而提高了结晶度。

4. PBI 纤维的性能

（1）力学性能。聚苯并咪唑的刚性分子结构赋予了 PBI 纤维良好的机械性能、优越的尺寸稳定性和耐磨性，但目前对于不同结构 PBI 力学性能的研究比较少，只有已商品化的聚 2，2′ - 间亚苯基 - 5，5′ - 二苯并咪唑，其主要性能指标如表 1 - 20 所示。

表 1 - 20　PBI 纤维的主要性能指标

线密度 （dtex）	抗张强度 （cN/dtex）	初始模量 （cN/dtex）	断裂伸长率 （%）	卷曲度 （短纤）（%）	含油率 （%）	密度 （g/cm³）
1.7	2.4	28.0	28.0	28.0	0.25	1.43

（2）阻燃性能。PBI 纤维在空气中不燃烧，也不熔融或形成熔滴，LOI 达到了 41%，显示出了优异的阻燃性能，属于不燃纤维。在 600℃ 火焰中，纤维收缩率为 10%，在火焰中暴露较长时间，也没有进一步的收缩，其织物仍保持完整及柔软。

（3）热稳定性能。PBI分子链主要是由含有杂环的芳香族链区构成，其结构由于共振而稳定，熔融温度较高（大多数超出分解温度），强度和刚度较大，纤维含氢量低，因此，PBI纤维具有突出的耐高温性能。如将PBI纤维在500℃氮气中处理200min，由于相对分子质量增大及发生交联等，其玻璃化温度（T_g）可提高到500℃左右；即使在−196℃时，PBI纤维仍有一定韧性，不发脆。PBI纤维的热收缩率较小，沸水收缩率为2%，在300℃和500℃空气中收缩率分别为0.1%和5%~8%，这使其织物在高温下甚至炭化时仍保持尺寸稳定性、柔软性和完整性。

（4）耐酸碱性能。PBI纤维具有良好耐化学试剂性能，包括耐无机强酸、强碱和有机试剂。研究表明，将PBI纤维放置在75%浓硫酸蒸气中3h后，即使经400℃以上高温硫酸蒸气处理，PBI纤维的强度仍可保持初始强度的50%左右。另外，PBI纤维耐蒸汽水解性很强，如将纤维在182℃高压蒸汽中处理16h后，其强度基本不变。用无机酸、碱处理PBI纤维后，其强度保持率在90%左右，而一般有机试剂对其强度无影响。

（5）染色性能。PBI纤维为金黄色，其化学结构和形态结构类似于羊毛，可采用分散染料和酸性染料进行染色。由于该纤维的玻璃化转变温度（T_g）很高，约在400℃以上，加之大分子上存在氢键，使其自身有强的联结，因此染料扩散时所需的聚合物链段的活动受到了严格的限制，所以用常规方法染色效果差。目前广泛采用的是原液染色法，但色谱不全。

此外，19世纪80年代，Rhone发展了STX溶剂染色体系，这个工艺发展的关键是离子染色，如活性染料和酸性染料在聚氯乙烯—甲醇（体积比为90:10）中是可溶的，而这些染料在100%的聚氯乙烯中几乎是不溶的。当甲醇从染液蒸发出来，染料被全部吸入纤维，而不是简单从聚氯乙烯中析出。STX溶剂染色体系对于PBI染色是切实可行的，然而，STX溶剂染色体系要求PBI染色后通过煮练除去织物表面的浮色，并保持其阻燃性能及干、湿摩擦牢度不受影响。

（6）其他性能。PBI纤维具有较高的回潮率，在65%的湿度下，20℃时吸湿达15%，吸湿性强于棉、丝及普通化学纤维，因而在加工过程中不会产生静电，具有优良的纺织加工性能，其织物具有良好的服用舒适性。

当然，PBI纤维也有其自身的缺点：咪唑环能吸收可见光并发生光降解，特别是在氧存在时这种现象更加明显，所以PBI纤维耐光性较差。

5. PBI纤维的应用　PBI纤维的耐热、阻燃性能突出，使其在航空航天、消防服和防护服装、工业等领域都有一定的应用。

（1）在航空航天领域中的应用。PBI纤维在高温环境下不燃烧，不会产生有害气体，产生的烟雾也比较少，能满足航空航天人员在特殊外界条件下对自身的保护要求。美国研究人员研发了一系列用于航天服与航天器的PBI纺织品，如阿波罗号和空间试验室宇航员的航天服、内衣，以及驾驶舱内的阻燃材料。PBI纤维还可用于制作航天器重返地球时的制动降落伞及喷气飞机减速用的减速器、热排出气的储存器等。

（2）在消防服及防护服装中的应用。消防服的外层织物由于直接面对热源，其性能对消防服的热防护性能有重要影响。PBI 纤维优良的阻燃、耐高温性能，使其在高质量消防服装上有了一定的应用。1978 年，PBI 纤维材料被推广到美国消防系统中用于消防员装备的外部防护材料，取名 PBI Gold，由 40% 耐高温的 PBI 纤维材料和 60% 高强度芳香族聚酰胺纤维材料构成。这种复合纤维在极高温度环境以及暴露在火焰中等情况下，都不收缩不变脆不断裂。同时，PBI 纤维也可以用于飞行服、赛车服、救生服以及钢铁、玻璃等制造业的工作服。

（3）在工业上的应用。在工业上，利用 PBI 纤维的耐热抗燃、耐化学试剂等特点，制成的滤布或织物可用于工业产品过滤、废水及淤泥类过滤、粉土捕集、烟道气和空气过滤、高温或腐蚀性物料的传输等。此外，该纤维制成的织物，还可用于阻燃等级要求较高的高速列车及潜艇等的内饰材料，制作飞机、汽车等的内装饰材料和家用防火材料如帘布、地毯、装饰品、带状纺织品等。

6. PBI 纤维目前存在的问题及发展趋势　经历多年的研究发展，PBI 纤维性能得到很大的提高，但也面临着一些问题，例如，成本昂贵、制备工艺复杂、聚合物成型加工困难、综合性能不够全面等。采用价廉易得的单体原料降低成本；研究单体聚合新工艺，提高相对分子质量；在结构中引入柔性基团，改善溶解性或提高热稳定性；采用共聚法提高综合性能等都是聚苯并咪唑纤维研究发展的方向。随着化学工业的发展和纺丝工艺的不断改进，以及航天、军工等特殊行业对 PBI 纤维的需求与重视，PBI 纤维的生产工艺将会不断地得到改善，将会是阻燃耐热材料发展中不可缺少的高性能纤维。

第四节　聚吡啶并咪唑（PIPD）纤维

20 世纪 90 年代，人们研制出了比对位芳纶具有更好拉伸性能的纤维，其中最具代表性的就是聚苯并噁唑（PBO）纤维。PBO 纤维的诸多优点为其赢得了"21 世纪的超级纤维"的美誉，但是由于 PBO 分子结构共轭程度高，π 电子离域性强，纤维耐紫外线能力较差，经日晒后强度明显降低。另外，其分子上没有极性基团，分子间作用力较弱，纤维的表面黏结性能和轴向压缩性能比较差。因此，如何在保留 PBO 纤维高强度、高模量、高耐热性和高阻燃性的基础上克服其弊端就成为业界重点关注的热点。除了采用各种物理、化学手段对 PBO 纤维进行改性之外，人们在 PBO 的基础上又开发了新的高性能纤维品种，聚对亚苯基吡啶并双咪唑纤维就是其中之一，被称为超高性能纤维。

聚吡啶并咪唑纤维是 20 世纪末开发的一种新型芳香族杂环刚性棒状高聚物纤维。荷兰阿克苏·诺贝尔（Akzo Nobel）公司在 PBO 分子链设计的基础上，加强了链间氢键作用的设计，于 1998 年开发成功了一种新型液晶芳环聚合物纤维——聚 2，5 - 二羟基 - 1，4 - 亚苯基吡啶并双咪唑纤维，商品名称为 M5 纤维，英文缩写为 PIPD，是 Poly（diimidazo Pyridinylene - Dihydroxyphenylene）的英文缩写（注：此英文名称源于 PIPD 纤维的发明者——荷兰 Akzo

Nobel 公司的 Doetze Sikkema 教授）。PIPD 纤维与 PBO 纤维相比更具有发展前景。

一、PIPD 纤维的制备

1. PIPD 的合成工艺　PIPD 缩聚线路有如下两条：

（1）将 2，3，5，6 - 四氨基吡啶盐酸盐（TAP·3HCl·H_2O）与 2，5 - 二羟基对苯二甲酸（DHTA）按一定物质的量比例投入多聚磷酸溶液中，采用惰性气体鼓泡、加压或者减压等方法脱除 TAP·3HCl·H_2O 上的 HCl 使氨基活化之后进行程序升温完成缩聚反应，简称脱 HCl 缩聚工艺，具体的反应方程式如下：

（2）将 TAP·3HCl·H_2O 溶解于脱氧水中，将 DHTA 溶解于 NaOH 溶液中，再使两者反应生成 2，3，5，6 - 四氨基吡啶 - 2，5 - 二羟基对苯二甲酸络合盐（TD 盐），然后再将 TD 盐置于多聚磷酸溶液中经程序升温完成反应，简称 TD 盐缩聚工艺，具体反应方程式如下：

TD 盐缩聚反应式

两种方法相比较，前者在聚合过程中要进行脱除 HCl 的反应历程，延长了聚合反应的时间，降低了反应效率，被脱除的 HCl 气体具有腐蚀性，会造成实验设备的损伤，脱除 HCl 后的 2，3，5，6 四氨基吡啶单体很容易氧化，难以得到较高聚合度的预聚物。而络合盐形式的聚合反应有更为准确的等摩尔比投料的优点，为得到高分子量的聚合物提供了一个保证，而且 TD 盐进行缩聚反应时其低聚物相较于前一种聚合方法存在不易氧化的优点。

2. PIPD 纤维的纺丝　PIPD 纤维的纺制与 PBO 类似，采用液晶纺丝方法通过干喷湿纺技术制成。纺丝浆液中 PIPD/PPA（多聚磷酸）溶液质量分数为 18%～20%，在 160℃下进行干喷湿纺，经过 5～15cm 空气层，到达低温凝固水浴，再经过水洗、干燥得到初生丝。为了进一步提高初生纤维的取向度和模量，对初生纤维一般在氮气环境下于 400℃以上进行大约 20s 的定张力热处理。在这一过程中，纤维的取向度将随大分子链在张力作用下进一步提高，最终可得到高强度、高模量的 PIPD 纤维。

二、PIPD 纤维的结构

PIPD 和 PBO 纤维分子结构对比如下：

PBO   PIPD

可以看出，PIPD 分子与 PBO 分子几何形状相似，都具有刚性棒状结构，所不同的是 PIPD 大分子链上存在着大量的—OH 和—NH 基团，因此，在棒状的 PIPD 纤维分子间可形成强烈的氢键作用。图 1-25（a）为热处理后 PIPD-HT 单斜晶胞的双向氢键网络晶体结构示意图，图 1-25（b）为热处理后 PIPD 单斜晶胞沿 C 轴的分子结构示意图。图中显示了热处理后 PIPD 纤维的微观二维结构，在大分子间和大分子内分别形成了 N—H—O 和 O—H—N 的氢键结合，这种双向氢键的网络结构极大地增强了 PIPD 纤维的耐扭曲性能、抗压缩性能和界面黏结性能。

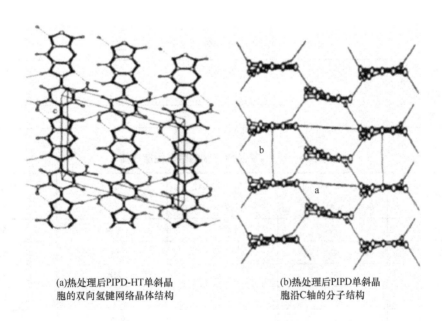

(a)热处理后PIPD-HT单斜晶　　　　　(b)热处理后PIPD单斜晶
胞的双向氢键网络晶体结构　　　　　胞沿C轴的分子结构

图 1-25　热处理后 PIPD 纤维微观结构示意图

三、PIPD 纤维的性能

1. 力学性能　PIPD 纤维的力学性能与对位芳纶、碳纤维、PBO 纤维的比较见表 1-21 所示，其中的力学性能包括拉伸强度、断裂伸长率、初始模量、压缩强度及压缩应变等。

表 1-21 PIPD 纤维与其他高性能纤维的力学性能比较

纤维类型	拉伸强度 （GPa）	断裂伸长率 （%）	初始模量 （GPa）	压缩强度 （GPa）	压缩应变 （%）
Twaron-HM[①]	3.2	2.9	115	0.48	0.42
C-HS[②]	3.5	1.4	230	2.10	0.90
PBO	5.5	2.5	280	0.42	0.15
M5	5.3	1.4	350	1.60	0.50

①是帝人公司的高模量 PPTA 纤维。

②是高强型碳纤维。

相比之下，虽然 PIPD 纤维的拉伸强度稍低于 PBO 纤维，但远远高于芳纶和碳纤维，模量达到了 350GPa，而且其压缩强度为 1.6GPa，远远高于芳纶和 PBO 纤维。由表中数据也可看出，PBO 纤维的压缩强度和压缩应变是几种高性能纤维中最低的，可见其抗压能力相对 PIPD 纤维来说是比较差的。因此，PIPD 纤维的力学综合性能居有机高性能纤维之首。

2. 热性能及阻燃性能 表 1-22、表 1-23 列出了几种高性能纤维的热性能以及阻燃性能数据。

表 1-22 几种纤维的分解温度及 LOI 值

纤维	芳纶	碳纤维	PBO	PIPD
分解温度（℃）	450	800	550	530
LOI（%）	29	—	68	>50

表 1-23 几种阻燃纤维的阻燃性能对比

纤维类型	点燃所需时间 （s）	热量释放最大速率 （kW/m²）	释放烟尘 （m³/kg）	残留率 （%）
阻燃 PIPD（FR）	77	44	224	61
高强 PIPD（HT）	48	54	844	62
PBO	56	48	2144	72
Twaron	20	205	70816	11
Nomex	14	161	3867024	—

注 Twaron 纤维是帝人公司的对位芳纶产品牌号。

PIPD 纤维的棒状刚性分子结构决定了它具有良好的耐热性和热稳定性。PIPD 在空气中的热分解温度为 530℃，与 PBO 相差不大，而超过了芳纶。从阻燃性能来看，PIPD 纤维极限氧指数值（LOI）超过 50%，不熔融，不燃烧。在衡量阻燃性能时，一般来讲，点燃纤维所需的时间越长，热量释放最大速率越小，释放烟尘越少，残留率越大，则阻燃性能越好。由表 1-23 可以看出，PIPD 纤维与 PBO 纤维具有相似的阻燃性能，但 PIPD 纤维在燃烧过程中更不容易产生烟尘。芳纶燃烧后的残留率比 PIPD 纤维和 PBO 纤维要低很多。

3. 耐压缩性能及表面黏结性能　PIPD 纤维的关键性突破是对双向氢键结构的发展研究，最终使得纤维的抗压强度提高。其分子链之间是双向氢键网络结构，像蜂巢一样，增强了链间的相互作用。双向氢键网络结构使聚合物具有很高的耐压缩和剪切性能。在复合材料纵向压缩强度测试中，PIPD 纤维的压缩强度为 PBO 纤维的 4 倍，是当前所有聚合物纤维中最高的。由于 PIPD 大分子链上含有羟基、亚氨基等极性基团，使其与聚合物基体间具有优良的黏合能力，PIPD 与环氧树脂复合材料的结构效率（即结构材料的性能与材料质量的比值）高于碳纤维、UHMWPE 纤维、高模芳纶、玻璃纤维、钢增强复合材料。

4. 吸湿性能　PIPD 纤维的吸湿率是 2.0%，PBO 纤维的吸湿率是 0.6%，芳纶的吸湿率是 3.5%。由 PIPD 的分子结构看出，其分子链上含有亲水性基团。有研究表明，水和乙醇在 PIPD 纤维表面上的接触角均小于其在 PBO 纤维表面上的接触角，这说明 PIPD 纤维相对 PBO 纤维有更好的亲水性。

5. 抗紫外线性能　由表 1-24 可以看出，PIPD 纤维和碳纤维的抗紫外线性能要比芳纶和 PBO 纤维优异。这与 PIPD 纤维分子的同平面性及共轭程度不像 PBO 纤维那样高有关。

表 1-24　几种高性能纤维的抗紫外线性能对比

纤维	芳纶	碳纤维	PBO	PIPD
抗紫外线性能	-	+ +	-	+ +

注　" + +"表示优良，" -"表示一般。

四、PIPD 纤维的应用前景

PIPD 纤维特殊的分子结构决定其具有很多高性能纤维所无法比拟的优良的力学性能和黏合性能。PIPD 纤维与 PBO 纤维、芳纶相比，纤维本身具有一定的极性，使它更容易与各种基材粘接，在高性能纤维增强复合材料领域中具有很强的竞争力。与碳纤维相比，PIPD 纤维不仅有与其相似的力学性能，而且还具有碳纤维所不具有的高电阻特性，这使得 PIPD 纤维可在碳纤维不太适用的领域发挥作用。

PIPD 纤维良好的机械性能使其具有很强的竞争力，能应用于很多领域。尤其是 PIPD 纤维的抗冲击性和抗破坏性的提高，使其在航空工业、汽车工业以及运动器材方面都有广泛的应用。

PIPD 纤维的高抗拉伸强度、高抗压缩强度、高抗损伤性和超轻特性，使其在防弹器材领域有广阔的前景。PIPD 纤维还可用于制作防弹装甲、防护纺织品等。对比芳纶，在相同的防护水平下，PIPD 纤维做成的防弹材料可以显著减轻防弹组件的质量达 40% ~ 60%。应用 PIPD 纤维优良的韧性、抗紫外线特性和抗腐蚀性，可以用于重载绳索、救捞绳、钓鱼线等。

同时，PIPD 纤维具有优异的防火性能和化学稳定性，可以应用在消防领域。

PIPD 纤维目前还处于研究和试验阶段，虽然有很好的应用前景，但真正的实际使用还少见报道，并且还不能大规模的商业化生产。因此，PIPD 纤维要实现广泛应用还需时日。

第五节　聚芳砜酰胺（PSA）纤维

聚芳砜酰胺（polyarylsulphonamide，PSA）纤维，是我国具有自主知识产权的耐 250℃ 高温的合成纤维，国内商品名为芳砜纶，是高分子主链上含有砜基（—SO$_2$—）的芳香族聚酰胺纤维。它具有良好的耐热性、尺寸稳定性和电绝缘性。耐腐蚀、耐辐射和抗热氧老化性皆优于 Nomex 和 Kevlar 纤维。芳砜纶作为一种新型有机耐高温合成纤维，在航空航天、国防军事和现代化工业上有着重要的用途。

一、PSA 纤维的发展简史

我国有机耐高温纤维的研究起步并不晚，品种也不少，但大多数品种是跟在别人后面走，少有新意，终未能实现产业化。唯有芳砜纶是我国自行研制的，并已申请发明专利，拥有自主知识产权的高科技纤维新品种。早在 1973 年，上海市纺织科学研究院在大分子结构中引入对苯环和砜基，开发出具有独立知识产权的芳砜纶。20 世纪 80 年代，建成小试生产线。2003 年，上海纺织控股集团全面启动芳砜纶产业化项目，2004 年，上海市科委立项支持，并将其列入产业化关键技术重大专项。2005 年 12 月，上海市重点科技攻关项目"千吨级芳砜纶产业化关键技术研究"通过了由孙晋良院士、郁铭芳院士、姚穆院士和周翔院士等七位组成的专家组的验收，解决了间歇式小批量中试生产向大规模连续化生产的关键工艺。2006 年 7 月，上海特安纶纤维有限公司建成年产 1000t 的芳砜纶生产线，填补了我国耐 250℃ 等级高性能合成纤维的空白，打破了耐高温纤维制造技术的格局。芳砜纶的问世对打破目前我国耐高温纤维全部依赖进口的局面、满足市场需求和促进经济增长起到重要的作用。目前，类似的纤维只有少数几个发达国家才能生产，是国家科技水平和实力的象征。PSA 纤维是先进防护制品、高温烟气过滤制品、高档机电产品、军工产品的重要基础原料，可广泛应用于军事、石化、金属冶金、高温过滤材料、电绝缘等领域。尽管 PSA 纤维在综合性能上比较优异，但在力学性能上还存在许多不足，这在一定程度上制约了其作为高性能纤维的发展前景。

二、PSA 纤维的制备

芳砜纶属于对位芳纶系列，但也有间位的结构，大分子链上有砜基存在，其成纤聚合物是由酰氨基和砜基相互连接对位苯基和间位苯基所构成的线型大分子结构，是由 3，3′-二氨基二苯砜、4，4′-二氨基二苯砜和对苯二甲酰氯为主要原料，制得三元无规共聚物后再经湿纺工艺加工而成的米黄色且富有光泽的纤维。

我国科技人员在研制芳砜纶时，改变了国际上其他公司所采用的以间苯二胺为第二单体的传统工艺路线，创造性地引入了对苯结构和砜基，使酰氨基和砜基分别连接对位苯基或间位苯基构成线型大分子。PSA 纤维生产工艺流程如下：

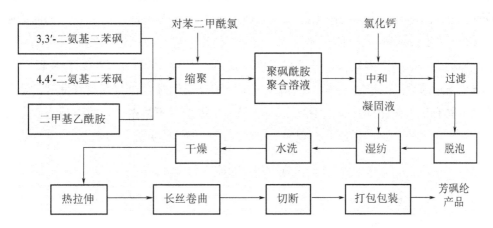

三、PSA 纤维的结构

芳砜纶的分子结构是由酰氨基（—CONH—）、砜基（—SO$_2$—）和苯环键接而成，单体具有 25% 的间位结构和 75% 的对位结构，其结构式如下：

$$\left[\begin{array}{c} H \\ N \end{array} - \bigcirc - \begin{array}{c}O\\S\\O\end{array} - \bigcirc - \begin{array}{c}H\\N\end{array} \begin{array}{c}O\\C\end{array} - \bigcirc - \begin{array}{c}O\\C\end{array}\right]_{0.75n} \left[\begin{array}{c} H \\ N \end{array} - \bigcirc - \begin{array}{c}O\\S\\O\end{array} - \bigcirc - \begin{array}{c}H\\N\end{array} \begin{array}{c}O\\C\end{array} - \bigcirc - \begin{array}{c}O\\C\end{array}\right]_{0.25n}$$

由于在高分子主链上引入对苯结构和极强的吸电子基团砜基（—SO$_2$—），通过苯环的双键共轭系统，使酰氨基上氮原子的电子云密度显著降低，从而获得了抗热氧老化的稳定性，使芳砜纶具有与其他耐高温纤维相比更优越的阻燃、耐热性能。芳砜纶分子结构具有高度规整性和紧密性，大分子主链上具有强吸电子基团，大分子及其聚集体之间的相互作用力较强，具有较高的玻璃化转变温度（275℃）、较高的取向度和结晶度。常规 PSA 纤维纵向表面带有细微的菱形刻蚀，横截面形状主要为圆形，也有少量的椭圆形，如图 1－26 所示。

(a) 纵向形态结构　　　　　(b) 截面形态结构

图 1－26　芳砜纶形态结构图

四、PSA 纤维的性能

1. 物理性能　从纤维分子结构角度分析，纤维大分子中亲水基团的多少和基团极性的强弱对纤维的吸湿性有很大影响。芳砜纶、Nomex、Kevlar 中都含有较强的亲水基团酰氨基（—CONH—），因而都具有一定的吸湿性，芳砜纶的回潮率为 6.28%。芳砜纶的断裂强度较低，断裂伸长不到 Nomex 断裂伸长的 1/2，芳砜纶的这种较差的强伸性能，也是造成其可纺性能差的原因之一，对芳砜纶应用于防护织物带来不良影响。芳砜纶的初始模量低于 Kevlar，但和 Nomex 相比要稍高一些。芳砜纶最初被应用于耐高温绝缘电极，其具有良好的电绝缘性能。芳砜纶具有良好的阻燃性，极限氧指数为 33%，燃烧时不熔融、不收缩或很少收缩，离开火焰后，立即自熄，无阴燃或余燃现象。芳砜纶的物理性能见表 1 – 25。

表 1 – 25　芳砜纶的物理性能

拉伸强度（cN/dtex）	2.8 ~ 3.0
拉伸模量（cN/dtex）	52.8
断裂伸长率（%）	20 ~ 25
密度（g/cm³）	1.416
软化温度（℃）	367
熔点（℃）	无
起始分解点（℃）	>400
LOI（%）	33
回潮率（%）（20 ~ 25℃，RH65%）	6.28

2. 化学性能　优良的阻燃防护织物对耐化学药品性能也有一定的要求，如消防人员在救火时会遇到化学药品泄漏的情况，腐蚀消防人员穿着的衣物，威胁人员的生命和健康。PSA 纤维具有良好的耐化学药品性能，除了极性很强的二甲基甲酰胺（DMF）、二甲基乙酰胺（DMAC）、二甲基亚砜（DMSO）等有机溶剂和浓硫酸外，在常温下，PSA 纤维对各种化学物品均能保持良好的稳定性。

3. 耐热性能　芳砜纶属于热塑性纤维，其玻璃化温度为 257℃ 左右，软化温度为 367 ~ 370℃，没有明显熔点，在 400℃ 以上开始分解。PSA 纤维为芳香族聚酰胺纤维，且含有强吸电子基——砜基（—SO₂—），通过苯环的共轭体系，使酰氨基上的氮原子的电子云密度显著降低，因此 PSA 纤维具有稳定的抗热老化性。芳砜纶与 Nomex 的耐热性能见表 1 – 26。从表中可以看出，芳砜纶在 250℃ 和 300℃ 时的强度保持率分别为 70% 和 50%，比芳纶 1313 高，即使在 350℃ 的高温下，依然保持 38% 的强度，而此时芳纶 1313 已遭破坏。芳砜纶在 250℃ 和 300℃ 热空气中处理 100h 后的强度保持率分别为 90% 和 80%，而在相同条件下芳纶 1313 仅 78% 和 60%。可见，芳砜纶的耐热性和热稳定性优于芳纶 1313，它可在 250℃ 的温度下长期使用。芳砜纶在沸水和300℃空气中的热收缩率分别为0.5%~1%和2%，其高温尺寸稳定性比芳纶1313好得多。在制做消防服和特种军服时，采用DuPont公司的Nomex时，往往要加入另一种价格更贵的低收缩纤维，以保持受热时服装平整，而芳砜纶则无需添加其他组分。

表1-26 芳砜纶与芳纶1313的耐热性能

项目	处理方式	芳砜纶	芳纶1313
热空气中强度保持率（%）	250℃（100h）	90	78
	300℃（100h）	80	50~60
	350℃（50h）	55	破坏
	400℃（50h）	15	破坏
高温强度保持率（%）	200℃	83	90
	250℃	70	65
	300℃	50	40
	350℃	38	破坏
失重率（%）	分解温度	1.0	1.5
	400℃	0.3	0
	500℃	12.4	15.75
热收缩率（%）	沸水	0.5~1.0	3.0
	300℃空气	2.0	8.0

4. 染色性能 由于芳砜纶大分子结构的立体规整性高，大分子及其聚集体之间的相互作用力强，使芳砜纶具有很高的玻璃化温度，因此，在常规条件下难以上染。要使芳砜纶获得必要的染色深度和较好的色牢度，只能借助于一定的工艺条件，如温度、膨化剂或溶胀剂预处理、载体处理等，使纤维膨胀，降低玻璃化温度，增大染料分子在纤维内部的扩散和吸附，从而提高芳砜纶染色性能。

虽然芳砜纶结构中含有极性砜基和酰胺基，但仍属于疏水性纤维，可用分散染料染色。由于分散染料没有离子性基团，靠氢键和范德瓦耳斯力上染，且其相对分子质量小，扩散系数大，因此，在高温高压条件下，染料容易对芳砜纶进行染色。但上染率低，着色量、颜色和色泽因染料品种不同而差别较大，特别是对带红光的染料染色后会出现色光变化，色牢度不理想。采用酸性染料染色，虽然也可以上染，但和羊毛的得色量比较则相差很远。和分散染料染色情况相比，酸性染料染色也要稍差一些。

芳砜纶大分子链端有氨基（—NH$_2$）和羧基（—COOH），且砜基（—SO$_2$—）为强吸电子基，使得该基团显负电荷，故芳砜纶可以用阳离子染料染色。实际中，通常要加入一定的载体在高温高压下才能染得一定深度的色泽。总之，与芳纶相比，芳砜纶染色性能较好。

5. 其他性能 与目前常用的其他耐高温纤维相比，芳砜纶具有独特的优点。芳砜纶具有较好的耐辐射稳定性。在 ^{60}Co 丙种射线照射下，纤维经 $5 \times 10^4 \sim 1 \times 10^5$Gy 的剂量辐照后，强力、伸长均无明显变化。在 10^6Gy 时，强力稍有下降。而在 10^7Gy 时，纤维强力显著下降，且纤维色泽也发生明显变化。

此外，芳砜纶还具有良好的舒适性、自润滑性、耐磨性、抗冲击性、回弹性及良好的加工性能等。芳砜纶与其他主要芳香族耐高温纤维的性能比较见表 1-27。

表 1-27　芳砜纶与其他主要芳香族耐高温纤维的性能比较

品种	纤维强度 （cN/dtex）	断裂伸长率 （%）	长期使用温度 （℃）	LOI （%）	高温下断裂强力保持率（%）		
					200℃	230℃	250℃
间位芳纶 （Nomex）	4.9	22	204	28.5~30	80.54	76.5	59.49
对位芳纶 （Kevlar）	21~27	2.5~4.0	230	26	—	—	—
聚苯硫醚纤维 （PPS）	4.3	25~35	190	34	89.72	78.98	62.82
聚酰亚胺纤维 （PI）	3.5~3.8	30	260	38	93.1	93.1	64.68
聚苯并咪唑 纤维（PBI）	2.6~3.0	25~30	315	38	—	—	—
聚对亚苯基苯 并双噁唑（PBO）	40	2.5~3.5	330	68	—	—	—
芳砜纶 （PSA）	2.9~3.0	25	250	33	113.03	116.59	112.56

五、PSA 纤维的应用

芳砜纶的问世填补了我国耐 250℃ 等级合成纤维的空白，打破了耐高温纤维制造技术的格局。芳砜纶在国防军工和现代工业上有着重要的用途，是我国急需的高科技纤维。芳砜纶新型防护制品不仅可作为特种军服被大量使用，也是先进防护制品、高温烟气过滤制品、高档机电产品、军工产品的重要基础原料，可广泛应用于军事、石化、金属冶金、高温过滤材料、电绝缘、机械、化工等领域。

1. 防护服装 采用芳砜纶特种纤维加工而成的面料、服装，具有永久的防火隔热功能，在高温高湿等恶劣气候条件下始终能保持足够的强度和服用性能；遇火及高温下不会产生融滴，面料尺寸稳定，不会强烈收缩或破裂；具有耐磨损、抗撕裂、重量轻和穿着舒适等综合特性。因此，芳砜纶新型防护制品不仅可作为特种军服被大量使用，更被广泛使用于各类宇航服、消防服、警用防暴服、赛车服、石油化工防火工作服、森林工作服和电工服等众多行业的专业服装及其配套产品，同时也在宾馆用纺织品及救生通道、防火毯、防火手套、儿童睡衣及床上用品等一般民用市场上占据一席之地。

2. 高温过滤材料　在化学、石油、冶金、电力等工业生产中，都会产生高温含尘气体。如化学合成用原料气、炉窑气、反应器烧焦及煤燃烧所产生的高温烟气等，对于温度高于200℃的烟气，通常利用余热锅炉等方式回收余热，对这些高温含尘气体除尘成了棘手的问题。芳砜纶是制作袋式除尘器配套滤袋的优良材料，其不仅具有良好的耐热性，而且还具有优良的抗热氧老化的稳定性，并在270℃以内能保持良好的尺寸稳定性和良好的抗酸性能，尤其适用于耐高温滤材。芳砜纶制成的耐高温滤材能进行200~250℃高湿烟气净化和稀有金属的回收利用，其除尘效率达99.5%以上。

3. 衬垫、密封材料　芳砜纶除了不耐几种强极性溶剂以外，一般在常温下，对各种化学物品均能保持良好的稳定性。因此，可以用它制成各种过滤织物，在化工生产中用以过滤各种液体。经初步试验表明，在合成氨生产中，可以制作反应釜垫圈、密封圈等。

芳砜纶特种摩擦密封材料，比传统使用的橡胶、皮革、石棉和膨胀石墨等密封材料具有更好的柔软性、压缩回弹性、可塑性和使用寿命长等优点。与国际上开发的碳纤维、聚四氟乙烯纤维等耐高温、高压特种密封材料属同一档次。

4. 绝缘材料　绝缘纸是芳砜纶材料的另一个主要应用方面。芳砜纶绝缘纸具有耐热、绝缘、高强度、耐辐射、阻燃、耐化学腐蚀和尺寸稳定等许多优点。适用于制造电机的绝缘纸，在180℃的工作温度下，预期寿命可达 $4 \times 10^4 \sim 6 \times 10^4$ h。

5. 蜂窝结构材料　芳砜纶的蜂窝结构材料可在飞机夹层材料、赛艇夹层材料、隔音隔热和自熄材料、护墙材料、复合材料等方面广泛应用。蜂窝结构具有良好的经强度和比刚度，同时具有热交换作用、隔热作用和冲击吸收作用。芳砜纶蜂窝材料是由芳砜纶纸浸酚醛树脂制成，在航空航天结构、船舶制造中拥有广泛的应用领域。与铝蜂窝相比，芳砜纶蜂窝材料发生局部屈曲的概率要小得多，因为蜂窝的壁相对要厚一些。另外，因为芳砜纶材料不导电，不存在接触腐蚀的问题。

6. 其他应用　PSA 纤维在其他工业领域还有广泛用途，如可用于造纸毛毯、转移印花毛毯、熨烫台布。芳砜纶还可应用于200~250℃高温下的输送带和牵引绳、扬声器的音膜片、复印机清洁毡、体育用品、装饰材料、缆绳与涂层织物等。

六、PSA 纤维的发展展望

耐高温纤维是高科技纤维的重要组成部分，其在产业用领域获得广泛应用，随着品种增多、产能扩大、成本下降，其应用范围将越来越广。由于长期以来此类纤维材料一直被国外技术垄断，价格十分昂贵，制约了我国相关下游产业的发展。耐高温纤维在军工和民用方面用途广泛，市场持续看好，是很有发展前景的高科技产品。目前，我国耐高温纤维的应用已进入高速增长期，有很大的潜在市场。尽快实现芳砜纶的产业化，以满足国内军民两用之需，这不仅具有较好的经济效益，而且对打破国外垄断、发展我国高科技产业用纤维具有重大而深远的战略意义。

第六节 聚苯硫醚（PPS）纤维

聚苯硫醚全称为聚亚苯基硫醚（polyphenylene sulfide，PPS），是一种具有芳香环醚键的高分子化合物。PPS 树脂结构有线型、交联型和直链型三种。目前，世界 PPS 树脂生产技术已由交联改性的低分子量向直接合成直链高分子量发展，根据 PPS 树脂相对分子质量低、中、高的不同，可以分为涂料级、注塑级、纤维级和化学改性级。聚苯硫醚纤维是一种新型的高性能合成纤维，主要由高分子量的线型聚苯硫醚树脂纺丝制得。PPS 纤维具有良好的热稳定性、耐化学腐蚀性、阻燃性、绝缘性，且易于加工，使其在环保、纺织、电子、汽车、航空航天等领域得到广泛应用。

一、PPS 纤维的发展简史

由于 PPS 树脂熔点高达 285℃，是目前熔纺纤维中熔点最高的，且结晶快、难控制，加上树脂合成技术的不稳定性等都对纺丝造成很大困难，所以对 PPS 的研究主要在工程塑料方面。

国外 PPS 纤维的研究已有较长的发展历史。早在 1975 年，Bartlesville 等就开始研究 PPS 的纺丝。直到 1979 年美国菲利普（Phillips）公司合成出适于纺丝的高分子线型 PPS 树脂并实现了工业化，才打开了 PPS 作为纤维用途的大门。Phillips 公司生产出商品名为"Ryton"的 PPS 纤维，受到各国的高度重视。1985 年，Phillips 公司专利保护失效后，美国、日本及西欧一些发达国家也相继研究和开发 PPS 纤维，纷纷建设 PPS 树脂生产装置，并进行了 PPS 纤维的开发，同时日本东洋纺的 Procon、东丽的 Torcon、塞拉尼斯（Celanese）的 Fortron 等 PPS 纤维产品相继问世。

在 1987~1991 年间，美国与日本共有五家公司投入 PPS 纤维的生产与销售，例如，1988 年日本吴羽化学开发出第二代线型 PPS 树脂（Fortron）；而东丽公司进一步开发 PPS 纤维（Torcon），属保温纤维。目前，全球范围内只有少数几家大型化学公司在生产 PPS 纤维，21 世纪初，日本东丽工业公司收购了美国 Phillips 公司的 PPS 纤维事业部，使东丽公司成为世界 PPS 纤维的最大生产厂。目前整个 PPS 纤维的历史几乎掌握在美国 AFY、美国 Amoco F&F、日本东丽、日本东洋纺等少数几家厂商手中。国外一些公司 PPS 纤维的生产开发及应用概况见表 1-28。

表1-28 国外 PPS 纤维开发概况与市场应用

公司名称	开发概况	产品性能	市场应用
荷兰 Diolen 工业纤维公司	世界上首次开发出基于 PPS 的高韧性多纤维纱	具有较好的韧性与极好的抗化学性、耐高温和阻燃性	适用于热气体或液体过滤等苛刻环境下的高端应用场合
美国纤维技术革新公司（FIT）	用直链型 PPS 树脂制成 PPS 纤维，产品种类齐全，除了标准的圆形截面以外，还有其他各种形状、尺寸和长度的纤维	具有优良的防化学特性、阻燃特性和防水解特性，即使是暴露在氧化剂和有机溶剂中，也非常稳定	适用于高温场合，也能在各种化学环境下使用。在控制工业污染方面，是良好的过滤材料，既能过滤高温气体，也能过滤高温液体
日本东丽工业公司（Toray）	1985 年开始开发用作衣料的 PPS 纤维，1988 年宣布研发成功	具有良好的热遮蔽特性，传热系数低，可抑制身体的放热，保温性较原来聚酯材料提高 30%～40%	使用 PPS 复合丝制作保温衣料可以使穿衣时的冷触感减低 16%，从而缓和冬季寒冷时的不舒适感
日本东洋纺工业公司（Toyobo）	东洋纺是日本生产 PPS 纤维的大厂之一，1996 年所推出产品名为 Procon，年产能约 600 吨，长短纤维皆有，但实际年产 250 吨	不断尝试研发各种异形断面纤维来提高过滤效果，能长时间在 180～200℃高温下使用	其 Procon 纤维几乎全部用来制作焚化炉袋状过滤材料
德国 Rhodia Polyamide 公司	以 PPS 聚合物为原料，开发成功 PPS 短纤维，成为欧洲首家 PPS 短纤维生产厂家	PPS 纤维的耐热性、耐药品性、坚牢度、强度、尺寸稳定性优良	主要用于发电厂、焚烧炉、石油沥青和钢铁工厂等行业的耐热袋滤器

国内 PPS 纤维最早于 20 世纪 90 年代初开始研究。早在 1990～1996 年，四川省纺织工业研究所与四川大学等单位合作，结合国家 863 计划研究开发 PPS 纤维，2004 年，取得中试研究成果，并获得两项发明专利。清华大学在 20 世纪 90 年代对进口 PPS 树脂与聚酯共混纺丝机理以及纺丝动力学等进行了研究。天津工业大学的"国产聚苯硫醚纤维的开发研究"项目于 1999 年 6 月通过了天津市科委组织的验收。

长期以来，纺丝用高纯度 PPS 树脂的合成技术被国外少数集团所垄断，诸多技术难题阻碍了国内产业化和工程化技术的进程。2004 年年底，中国纺织科学研究院与国内已实现规模化生产的 PPS 原料制造商四川得阳科技股份有限公司合作，利用国产的 PPS 树脂，进行纤维级 PPS 树脂的研制及其纤维产品和纺丝技术的开发，批量试制出 PPS 短纤维，成功完成了 PPS 纤维纺丝关键设备和成套技术的开发，较好地纺制出 PPS 短纤维，并加工成过滤袋，应用于烟道过滤系统，经两年多的生产实际运行，得到了用户好评。经检测，产品在力学性能和耐热、耐腐蚀性能等方面接近或超过日本进口产品。

2006 年，四川省纺织工业研究所将 PPS 短纤维生产技术转让到江苏瑞泰科技有限公司。其后，浙江东华纤维公司、四川安费尔高分子材料有限公司、江苏吴江中晟科技有限公司、广东佛山斯乐普公司等也陆续投产了 PPS 纤维。目前，PPS 纤维在我国已成功实现产业化生产，产品质量可与进口 PPS 纤维媲美，国内 PPS 纤维的总装备能力已超过了目前的年使用量。但与国外聚苯硫醚纤维相比，仍存在很大差距，主要有：低聚物和金属离子杂质较高；聚苯硫醚纺丝工程技术及工业化生产能力不够；树脂及纤维色相偏深，树脂的耐氧化、耐降解技术需进一步提高。

二、PPS 纤维的制备

PPS 聚合物是将硫化钠溶解于 N – 甲基吡咯烷酮极性溶剂中，与对二氯苯进行缩聚反应制取的。其反应式如下：

$$n\text{Na}_2\text{S} + n\text{Cl}\text{—}\!\!\left\langle\!\!\bigcirc\!\!\right\rangle\!\!\text{—}\text{Cl} \longrightarrow \left[\!\!\left\langle\!\!\bigcirc\!\!\right\rangle\!\!\text{—}\text{S}\right]_n + 2n\text{NaCl}$$

PPS 树脂为热塑性材料，熔点为 285℃，由于 PPS 在 200℃以下几乎不溶于任何溶剂难以进行湿法纺丝，因此选择熔融纺丝的方法。以线型纤维级 PPS 树脂为原料，经熔融纺丝技术生产的聚苯硫醚纤维，其产品质量的优劣通常与所选原料及加工技术有着密切的关系。PPS 纤维一般为米黄色，添加增白剂可制得纯白纤维。其生产工艺流程如下：

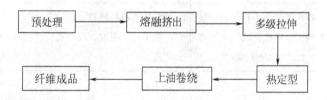

三、PPS 纤维的结构

PPS 纤维的化学结构如下：

$$\left[\!\!\left\langle\!\!\bigcirc\!\!\right\rangle\!\!\text{—}\text{S}\right]_n$$

其分子主链由苯环和硫原子交替排列，几何形状结构对称，流动性在聚芳醚系列中最佳，易于加工成高性能的纤维。PPS 纤维的形态结构一般为纵向光滑，横截面为规整的圆形；纤维的整体外观效果较好，表现为毛羽很少，粗细均匀。

对于 PPS 纤维，其长度、细度以及纤维表面粗糙度等对其性能的影响与常规纤维基本相同。常规纤维在考虑纤维截面形状的结构特征时，往往与纤维的光泽度、手感以及纱线强度等性能联系在一起，而 PPS 纤维作为高性能纤维在考虑上述性能的同时还应考虑的是其特殊的应用性能——过滤性能，PPS 纤维的截面形状对其过滤性能的影响较为显著。作为过滤用的 PPS 纤维，国内目前纺丝得到的纤维截面基本上为圆形，国外主要是三叶形。三叶形纤维的比表面积比圆形截面的比表面积大得多，所以其过滤性能更高。

PPS 纤维是以苯环在对位上连接硫原子而形成大分子主链，具有半结晶性，一般的 PPS 纤维的结晶度为 50% ~60%。在聚苯硫醚的分子结构中，结构上含有大 π 键，所以聚苯硫醚为刚性主链，熔融挤出后的聚苯硫醚切片为结晶性聚合物。PPS 切片纺丝后，其结晶结构发生变化，由结晶结构转变为半结晶结构。

四、PPS 纤维的性能

1. 物理性能　PPS 纤维具有较高的结晶度，力学性能较好，与 Nomex 相当，而且尺寸稳定，在使用过程中形变小，适合在高温和高湿的环境下使用。PPS 纤维的纺织加工性能与多数常规纺织纤维相仿，易于织造加工；PPS 纤维吸湿率低，在相对湿度为 65% 时，吸湿率为 0.2% ~0.3%，几乎全部是表面水分的作用，因而纤维的回潮率极低；PPS 纤维阻燃性能较好，在火焰上能燃烧，且离火自熄，燃烧时呈黄橙色火焰，生成微量的黑烟灰，燃烧物不滴落，形成残留焦炭，表现出较低的延燃性和烟密度，发烟率低于卤化聚合物。无需添加阻燃剂就可达到 UL - 94V - 0 级阻燃标准，在正常大气条件下不会燃烧，着火点为 590℃；PPS 纤维的电学性能良好，它的介电强度（击穿电压强度）为 13 ~17kV/mm，在高温、高湿、变频等条件下仍能保持良好的绝缘性。PPS 纤维的基本性能见表 1 - 29。

表 1 - 29　PPS 纤维的基本性能

密度 （g/cm³）	回潮率 （%）	LOI （%）	断裂强度 （cN/dtex）	断裂伸长率 （%）	熔点 （℃）	介电常数
1.37	0.6	34 ~35	3 ~4	15 ~35	285	3.9 ~5.1

2. 化学性能　PPS 纤维耐化学腐蚀性好，仅次于号称"塑料之王"的聚四氟乙烯（PTFE），能抵抗酸、碱、氯烃、烃类、酮、醇、醋酸等化学品的侵蚀。在 200℃ 下几乎不溶于任何化学溶剂。高温下，在不同的无机试剂中放置一周后其强度基本不损失，只有强氧化剂（如浓硝酸、浓硫酸、铬酸）才能使纤维发生剧烈降解。此外，PPS 纤维不水解，可暴露在热空气中。在压力为 0.01MPa、温度为 95℃ 的水浴中浸渍 1000h，PPS 纤维的断裂强度和伸长率几乎没有变化。

3. 耐热性能　PPS 的玻璃化转变温度（T_g）为 88℃，结晶温度（T_c）约为 125℃，熔点（T_m）约为 285℃，高于目前任何一种工业化生产的熔纺纤维。在氮气环境中，500℃ 以下时基本无失重。在高温下具有较高的强度保持率，在 1000℃ 惰性气体中仍能保持 40% 的质量；将复丝置于 200℃ 的高温炉中，54 天后断裂强度基本保持不变。PPS 纤维在高温下具有优良的强度、刚性及耐疲劳性，可在 200~240℃ 下连续使用，且在 204℃ 高温空气中存放 2000h 后可保留 90% 的强度、5000h 后保留 70%、8000h 后保留近 60% 的强度，在 260℃ 高温空气中存放 1000h 后，保留 60% 的原强度。目前，在承受高温作用方面，只有聚酰亚胺（PI）和 PTFE 可与之相提并论，而 PI、PTFE 在加工成型过程中往往会引起耐热性能的下降。

几种纤维的 LOI 及耐热性见表 1-30。

表 1-30　几种纤维的 LOI 及耐热性

纤维种类	LOI（%）	常用最高温度（℃）	热分解温度（℃）
PPS	35	190	450
间位芳纶	30	230	400
对位芳纶	28	250	550
Kemel	32	200	380
PBI	41	232	450
P84	40	260	550
Basofil	32	200	—
PBO	68	350	650
Teflon	95	250	327
棉	18	95	150
毛	24	90	150
涤纶	21	130	260
锦纶	21	130	220~225

4. 染色性　PPS 纤维的染色比较困难，首先是因为 PPS 纤维缺乏亲水性，在水中膨化度较低，且纤维分子结构中缺少像纤维素或蛋白质那样能和染料发生结合的活性基团，所以能用于纤维素或蛋白质纤维染色的染料不能用来染 PPS 纤维；其次 PPS 纤维分子排列紧密，纤维中只存在较小的空隙，即使采用分子较小的分散染料染色，也存在一些困难。所以经常采用苯甲酸苄酯、N-异丙基邻苯二甲酰亚胺、N-正丁基邻苯二甲酰亚胺等载体进行高温高压分散染料染色。

5. 其他性能　PPS 纤维耐磨性能优异，具有一定的自润性，1000r/min 时的磨耗量仅为 0.04g。PPS 纤维保温性能优良，其相对热传导率为 5（以空气 1），比用于毛毯的腈纶、羊毛和"天美龙"（日本制聚氯乙烯纤维）还低，PPS 纤维接触肌肤有暖感。玻璃纤维增强的 PPS 塑料成型收缩率仅为 0.2%，线胀系数也很小，故在高温下尺寸稳定性很好。

一般认为吸声系数 α 小于 0.20 的材料是反射材料，吸声系数 α 大于 0.20 的材料是吸声材料。PPS 纤维对中低频声波的吸声性能较差，对高频的吸声性能较好。聚苯硫醚非织造布的降噪系数为 0.25，可作吸声材料使用。PPS 纤维大分子中有硫原子存在，对氧化剂比较敏感，耐光性较差。PPS 纤维与其他纤维的性能比较见表1－31。

表1－31　PPS 纤维与其他纤维性能比较

项目	PPS 纤维	芳纶 1313	涤纶
密度（g/cm³）	1.37	1.38	1.38
拉伸强度（cN/dtex）	3～5	4.0～4.9	4.2～5.7
伸长率（%）	30～60	25～35	20～50
熔点（℃）	285	400～430	255～260
长期使用温度（℃）	190	210～230	80～120
耐酸性	○	×	▽
耐碱性	○	○	×
耐有机药品性	○	×	▽
LOI（%）	34	30	20～21
耐汽蒸性	○	×	×

注　○代表良，▽代表中，×代表差。

五、PPS 纤维的应用

由于聚苯硫醚纤维性能优异，因此具有十分广泛的用途。在国外，PPS 纤维被确认是主要的特种功能过滤材料，主要用于火力发电厂、燃煤锅炉、垃圾焚烧炉以及取暖燃煤锅炉粉尘滤袋的过滤织物；在国内，随着环境越来越受到重视，PPS 纤维发展迅速，在燃煤电厂、工业燃煤锅炉、垃圾焚烧炉等中得到了广泛应用，确立了该产品在环保行业的重要地位。PPS 纤维主要应用于以下方面。

1. 过滤除尘　PPS 纤维主要用于工业燃烧锅炉袋滤室的过滤织物，PPS 纤维九成消耗在这一方面。工业锅炉排放出的废热烟气中含有多种腐蚀性化学物，一般的材料使用寿命短，过滤效果差。PPS 纤维用于火力发电袋式过滤器时，暴露在非常严酷的环境中，受到高温（近170℃）、酸性气体（SO_x、NO_x）、粉尘、掸落粉尘冲击等的多重作用，使用寿命达三年左右。聚苯硫醚纤维在发达国家锅炉烟道气过滤中的应用远比我国要高，美国约占全球聚苯硫醚纤维消费的 30%，日本占 18%，而我国不到 5%。

近年来，我国高温袋式除尘的推广应用已取得较大进展，现已在钢铁厂、热电厂、垃圾焚烧炉、炭黑厂等领域得到应用，水泥厂的常温除尘已使用了袋式除尘。目前，国产的 PPS 短纤维已用于制作国内电厂使用的滤料。

由于 PPS 滤料独特的性价比优势、热稳定性和耐酸性，决定了其在耐高温过滤材料领域的无可替代的地位，作为高温耐腐蚀滤袋主导制造材料的 PPS 纤维在国内的市场已经形成并逐年扩大，其需求量保持着 20% 以上的年增长速度，市场前景广阔。

2. 化学品的过滤　PPS 纤维还可用于腐蚀性强、溶液温度较高的化学品的过滤，如各种有机酸和无机酸、各种酚类、各种强极性溶剂等。PPS纤维滤布用于高温磷酸的过滤，可避免传统的加强丙纶或涤纶滤布因耐酸和耐热性差、易老化发脆发脆的缺点，将滤布的使用寿命由2~3天提高到两个月以上；可用于生产烧碱的化工厂，对90℃左右、浓度为40%~50%的高温浓碱进行过滤；取代传统的PA针刺布，用作纸浆的滤网，可有效降低滤网的吸水率和变形率，提高滤网的耐用性、抗污性及透水率，应用于高速造纸机。

3. 高性能复合材料 PPS纤维具有耐高温、耐腐蚀、阻燃等性能，可在航天航空及军事等领域中用于绝缘、阻燃等用途。PPS纤维与碳纤维混织可作为高性能复合材料的增强织物和航空航天用复合材料，用作受力结构、耐热结构、隔热垫及耐腐蚀、耐辐射绝缘材料，如防辐射用军用帐篷、导弹外壳、隐形材料、特种纸、雷达天线罩、火箭的发动机套等。

4. 其他领域 聚苯硫醚纤维具有耐高温且不受汽车燃料中化学组分的腐蚀，比金属轻，价格相对某些合金便宜等优点，非常适合于汽车工业，其主要用来制作动力制动装置和动力导向系统的旋转式真空泵叶片、发动机活塞环、排气循环阀、点火开关零件、电磁线圈轴承、燃料喷射流量计电动窗、汽化器头阀、冷却水管和支撑架等。此外，PPS纤维还成功用于汽车空调机用塑料皮带轮，不但减轻了重量，还降低了造价，且报废的皮带轮可以回收利用。

PPS中空纤维膜可用于化学品过滤、精密过滤的隔膜分离、贵重金属的回收、电透析膜等，还可将PPS制成的非织造布用于干燥机用帆布、防护产品、耐热衣料、特种包装材料等。

六、PPS纤维的发展展望

高科技产业对高性能纤维的需求越来越大，要求也随之提高。在强度与模量、耐热性、化学稳定性以及超细、差别化等方面，在不同以及特殊环境下的适应性方面，环保、电子、消防、石油化工和航空航天等特殊产业，都对纤维材料提出了更高性能和更多功能的要求。PPS纤维在诸多领域发展前景良好，如果加快PPS纤维在超细、异形、改性、复合等方面的研发及应用，应用前景会更加广阔。如超细旦PPS纤维可大幅度提高滤料的过滤精度，获得更低的气体排放值；抗氧化PPS纤维可延长滤袋的使用寿命，适应高温有氧的苛刻环境；PPS纤维与其他纤维混纺，可增强防护服的穿着舒适性；PPS多微孔纤维膜，可截留空气和液体中的悬浮颗粒、尘埃、细菌、真菌，在反渗透、透析、超滤和气体分离等方面得到更广泛的应用。

第七节 聚酰亚胺（PI）纤维

聚酰亚胺（polyimide，PI）是指分子主链上包含酰亚胺环结构的一类聚合物材料，其基本结构如下：

聚酰亚胺纤维是一类高性能纤维。刚性的酰亚胺结构赋予了聚酰亚胺纤维高强高模的性能，还使它具有了很好的耐热性、耐辐射性及优异的力学性能、热稳定性和介电性等特点，是综合性能最佳的有机高分子纤维之一，目前已经广泛应用于航空航天、电气、通信及环保产业等领域。

一、PI 纤维的发展简史

第一次关于聚酰亚胺纤维的报道出现在 1966 年，美国杜邦公司在 1968 年发表第一个聚酰亚胺纤维的专利。20 世纪 70 年代，美国阿约翰公司成功纺制出聚酰亚胺 2080 纤维，简称 PIM2080，该纤维制造工艺简单，具有优异的耐高温、电绝缘和抗辐射性能。目前美国阿约翰公司只生产浓度为 35% 的纺丝液，输往日本三菱人造丝公司纺丝。

20 世纪 80 年代中期，奥地利 Lenzing AG 公司推出了世界上最早的商业化聚酰亚胺纤维——P84 纤维，它的化学结构和聚酰亚胺 2080 纤维相同，其断裂强度和初始模量较低，只能作为耐高温材料。随后，法国 Phone - Poulence 公司也制备出一种具有优异阻燃性能的聚酰亚胺纤维，命名为 Kermel - 235AGF，主要特征是不燃、不熔、受热不收缩，有很强的机械强力，耐酸，耐有机溶剂。

20 世纪 80 年代中期以来，以 6FDA 为代表的含氟聚酰亚胺中空纤维膜因对多数气体组分的分离效果而受到重视，日本德山曹达株式会社以及东洋纺绩株式会社对这方面的研究较为深入。20 世纪 90 年代中期，俄罗斯科学家在聚酰亚胺主链中引入吡啶环单元，使得聚酰亚胺纤维的强度和模量分别达到了 5.8GPa 和 285GPa，是目前世界上强度最高的化学纤维。

1995 年，Frank 等以 2，2′ - 二甲基 - 4，4′ - 联苯二氨（DMB）和 3，3′，4，4′ - 联苯四酸二酐（BPDA）为单体在对氯苯酚中一步法合成聚酰亚胺溶液，通过干喷湿纺得到聚酰亚胺纤维。

我国 1962 年开始生产聚均苯四甲酰亚胺，用于漆包线。1966 年后，与聚酰亚胺相关的薄膜、塑料、黏合剂、泡沫、纤维等相继被开发出来。20 世纪 70 年代，中国上海合成纤维研究所和华东化工学院率先采用干法纺丝工艺小批量生产聚酰亚胺纤维，后来由于市场原因停产。基于聚酰亚胺纤维的优异性能及相关领域发展的需要，国内在 70 年代中期又恢复了聚酰亚胺纤维的研究工作，目前中科院长春应化所、东华大学、四川大学、苏州大学等院校和研究机构都有对聚酰亚胺及其纤维的研究。2006 年，中科院长春应化所成功开发一种具有高强高模、耐辐射、耐高温、优异热氧化稳定性能的聚酰亚胺纤维，其断裂强度和初始模量都超过了 Kevlar - 49 水平。2010 年，中科院长春应化所与长春高崎聚酰亚胺材料公司合作开展了耐高温聚酰亚胺纤维的产业化工作，成为国内唯一具备从原料合成到最终制品全路线生产能力与自主研发能力的企业，所得到聚酰亚胺纤维综合性能已达到国际先进水平并具备了产业化生产的条件。2011 年，江苏奥神新材料有限公司联合东华大学采用干法纺丝技术自主开发聚酰亚胺纤维并成功试产，这一新型纤维可以在高温条件下高效捕捉 PM2.5 颗粒。

由于生产成本和技术原因，真正实现商业化生产并销售的耐高温聚酰亚胺纤维只有奥地利 Lenzing AG 公司于 20 世纪 80 年代中期推出的 P84 纤维和我国长春高琦聚酰亚胺材料公司自主研发设计的轶纶纤维。美国和日本均未见聚酰亚胺纤维的商业化产品，俄罗斯已有高性能聚酰亚胺纤维的研究报道和应用实例，但无法达到连续化生产。

二、PI 纤维的制备

聚酰亚胺纤维的制备主要有两种方法，第一种是以合成的聚酰胺酸进行纺丝，并进一步亚胺化聚合形成聚酰亚胺环；第二种是直接由聚酰亚胺溶液或熔体进行纺丝来获得聚酰亚胺纤维，第一种制备方法使用较为普遍。聚酰亚胺的纺丝工艺一般有溶液纺丝、熔融纺丝、静电纺丝和液晶纺丝等，而静电纺丝法是目前连续制备聚酰亚胺纳米纤维唯一有效的途径。

1. 溶液纺丝　聚酰亚胺纤维的溶液纺丝是以合成的聚酰亚胺中间体（聚酰胺酸）溶液或聚酰亚胺溶液进行纺丝。根据纺丝原液是聚酰胺酸还是聚酰亚胺，溶液纺丝法可分为一步法和两步法。

（1）一步法制备聚酰亚胺纤维。一步法纺制聚酰亚胺纤维是以聚酰亚胺溶液为纺丝原液，初生纤维就是聚酰亚胺纤维。将二酐和二胺加入高沸点的溶剂（苯酚、甲酚、对氯苯酚、邻二氯苯）中，在催化剂（异喹啉、三乙胺、碱金属或羧酸锌盐等）存在情况下进行高温（160～250℃）溶液缩聚，得到聚酰亚胺溶液。可溶性聚酰亚胺溶液一般采用酚类为溶剂，以醇类或醇与水的混合物为凝固浴，通过湿法或干湿法纺制聚酰亚胺纤维，纤维经初步拉伸后有一定的强度，去除溶剂后再进行热拉伸和热处理，可得到高强高模的 PI 纤维。

一步法的优点是纺制的聚酰亚胺原丝无需再进行亚胺化处理，步骤相对简单，能够保持纤维较高的力学性能。但只适合可溶性聚酰亚胺，而且采用酚类化合物作为溶剂，毒性较大，难以去除干净，环境污染严重。

（2）两步法制备聚酰亚胺纤维。两步法是以聚酰胺酸为纺丝溶液，经过湿法或干湿法喷丝得到聚酰胺酸纤维，然后对其进行化学亚胺化或热亚胺化处理得到聚酰亚胺纤维。纤维制备过程可概括为：首先将二酐和二胺溶于极性溶剂中（如 DMF、DMAc），在低温环境中搅拌数小时，缩聚得到前驱体——聚酰胺酸。以该前驱体溶液为纺丝原液进行纺丝，以乙醇、DMAc 与水的混合溶液为凝固浴，得到聚酰胺酸纤维，然后经过化学亚胺化或热酰亚胺化以后形成聚酰亚胺纤维，合成原理如下：

由于高温下热酰亚胺化往往引起侧基的交联，或因聚集态的变化而变得难溶，化学酰亚胺化可以保留材料的可溶性和良好的光学性能，因此，化学酰亚胺化是在功能性聚酰亚胺材料的制备中常用的方法。

两步法路线纺制聚酰亚胺纤维使用的溶剂在湿纺的过程中很容易去除掉，容易回收，毒性也比较小，缺点是纤维的力学性能较难提高，这也是 20 世纪 60～70 年代聚酰亚胺纤维的研制工作出现中断的重要原因之一。

2. 熔融纺丝 大多数聚酰亚胺不熔融或具有很高的熔点，采用常规的熔体纺丝方法显然是不可行的，为解决这一难点，在聚酰亚胺主链上引入柔性链段或脂肪族取代基团，降低其熔点，使之在可接受的温度下能够进行熔融纺丝，所以一般熔体纺丝的聚酰亚胺纤维耐热性和强度都相对较低。主要工艺为：在常用的非质子强极性溶剂中加入二胺和二酐进行低温缩聚，所得聚酰胺酸经水—甲醇混合溶液沉析出来。过滤烘干热亚胺化处理后得到聚酰亚胺粉末。采用通用的单螺杆纺丝机械进行熔融纺丝，加工温度为 340～360℃。该工艺的优势是，纺丝机械设备成熟，但由于合成的热塑性聚酰亚胺相对分子质量不高，得到的聚酰亚胺纤维力学性能较差。

3. 静电纺丝 静电纺丝制备纳米纤维膜通常采用两步法：首先将聚酰胺酸溶液利用静电纺丝技术得到聚酰胺酸纤维膜，然后采用热转化或化学转化将纤维亚胺化，脱水环化生成聚酰亚胺纤维膜。纺丝液在高压电场作用下进行纺丝得初生纤维，再经水洗、热处理，可制得纳米聚酰亚胺纤维。

三、PI 纤维的结构

聚酰亚胺的结构不像芳纶、高强聚乙烯、聚苯硫醚等高性能纤维，这些材料结构是固定的，只有一两种，而聚酰亚胺已知的结构就有上万种。另外，聚酰亚胺难以溶解，直接纺丝成本非常高，因此可纺性是很关键的一环。耐高温聚酰亚胺纤维，首先是要求其具有高的热稳定性，其次还要有较高的力学性能以及化学稳定性。因此，耐高温聚酰亚胺纤维的聚合物结构设计原则应满足两方面要求，其一，最终的纤维产品具有易加工的特性；其二，聚合物溶液具有良好的可纺性。为保证研发所得纤维具有优秀的综合性能，用于纺丝的聚合物分子链要有足够的刚性，初生纤维在牵伸后聚合物分子链应能高度取向。目前，国内商品化的聚酰亚胺纤维大分子链的典型结构如下：

聚酰亚胺大分子主链上含有大量含氮五元杂环及苯环，且芳环密度较大，使其具有超高的稳定性。聚酰亚胺纤维表面钝化且没有亲水基团，分子结构呈刚性，其各项化学性能十分稳定。聚酰亚胺纤维具有的优异性能，不仅取决于其特殊的化学结构，也与分子链沿纤维轴方向的高度取向及横向的二维有序排列高度相关。聚酰亚胺纤维一般为半结晶型聚合物材料，通过热拉伸处理，其无定形区以及结晶区域都会沿纤维轴方向进行取向，因而具有较高的结晶度和取向度。

不同的制备方法和条件，所得聚酰亚胺纤维的截面形态也有差别。如图 1 - 27（a）所示，为一步法制备的联苯型 PI 纤维的截面形态，其断面呈现出完整光滑的形态。图 1 - 27（b）为二步法湿纺工艺制备的纤维截面，其断面上布满了细小的空隙，此外还有明显的孔洞存在。由图 1 - 27（c）可知，干法纺丝工艺制备的纤维结构紧密，截面没有明显的形态缺陷。

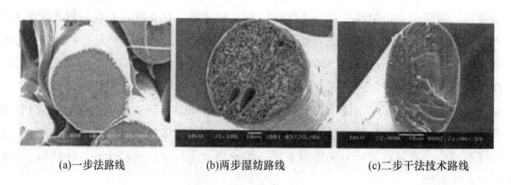

(a)一步法路线　　　　　　(b)两步湿纺路线　　　　　　(c)二步干法技术路线

图 1 - 27　不同纺丝技术路线制备的 PI 纤维的截面形态

四、PI 纤维的性能

聚酰亚胺纤维作为高性能纤维主要品种之一，除了具有高强高模的特性外，还具有其他高性能纤维不具备的许多优越性能，现将聚酰亚胺纤维的主要性能列举如下。

1. 力学性能　芳香族聚酰亚胺由于分子链中含有很多酰亚胺五元环和芳香环结构，分子链刚性较大，而且亚胺环中的碳和氧以双键相连，再加上芳杂环产生共轭效应，主链键能和分子间氢键作用力较大，使聚酰亚胺纤维在模量方面非常优越。与芳香族聚酰胺纤维（Kevlar）相比，聚酰亚胺纤维具有更高的强度和模量，拉伸断裂强度可达 4.6GPa，模量达到 107GPa。根据理论计算，由均苯四甲酸酐（PMDA）和对苯二胺（PPD）合成制备的聚酰亚胺纤维其弹性模量可达 500GPa，几乎可以与碳纤维媲美。

2. 耐高低温性能　芳香族聚酰亚胺纤维的起始分解温度一般在 500℃左右，由联苯二酐和对苯二胺合成的聚酰亚胺，热分解温度达到 600℃，无氧下使用温度 300℃，在 300℃ 氮气下处理 1000h 后强度几乎不下降；耐低温性能优异，在 -269℃ 液氮中不会脆裂。

3. 介电性能和耐辐射性能　芳香族聚酰亚胺纤维的介电常数一般在 3～4 之间，引入氟或将空气以纳米尺寸分散在纤维中，其介电常数可降到 2.5 左右。介电损耗仅 0.004～0.007，并且在很宽的温度和频率范围内仍能保持较好的稳定性。聚酰亚胺纤维受到高能辐射时，纤维大分子吸收的能量小于使分子链断裂所需的能量，经高能的 γ 射线照射 8000 次以后，其强度和介电性能基本不变。经 10^{11} Gy 电子照射 24h 后，力学强度保持率仍能达到 90%。

4. 化学稳定性　聚酰亚胺的耐溶剂性良好，对稀酸比较稳定，但是耐水解性较差，尤其不耐碱性水解。以长春高琦聚酰亚胺材料有限公司生产的聚酰亚胺纤维为样品进行试验，经硫酸、硝酸和盐酸三种酸处理后，对纤维的断裂强度和断裂伸长率影响程度从小到大依次为 H_2SO_4、HNO_3 和 HCl 溶液。经 5% NaOH 溶液处理 30min 后，纤维的断裂强度保持率和断裂伸长保持率分别下降到 46.9% 和 51.4%；而经 10% NaOH 溶液室温处理 30min 后，纤维的断裂强度保持率和断裂伸长保持率分别下降到 31.6% 和 31.4%。

5. 染色性能　聚酰亚胺纤维的缺点是染色性能差。根据聚合物的化学结构，纤维的本色呈黄色。若需要彩色纤维，则在纺丝原液中加入有机颜料便可获得深色泽。

6. 其他性能　聚酰亚胺纤维无生物毒性，可耐数千次消毒使用。一些品种在血液相容性试验中表现为非溶血性，体外细胞毒性试验为无毒。聚酰亚胺纤维为自熄性材料，发烟率低，P84 聚酰亚胺纤维的极限氧指数为 38%。

五、PI 纤维的应用

聚酰亚胺纤维与其他芳香族高性能有机纤维相比，有更高的热稳定性、更高的弹性模量和低的吸水性，可在更严酷的环境中应用。聚酰亚胺纤维可编成绳缆、织成织物或加工成非织造布，用在高温、放射性或有机气体/液体的过滤、隔火毡、防火阻燃服装等方面。

1. 防护服装　由于聚酰亚胺纤维具有极佳的耐高低温、阻燃、隔热、抑菌等性能，并拥有良好的可纺性，是制造各种功能性服装的理想材料，是最适合在服装领域大规模推广的高性能纤维。目前，长春高琦推出的轶纶 95 纤维已经成功应用于各种防护服、防寒服、针织服装等领域。聚酰亚胺纤维的导热系数比羊绒还要低，因此也是一种颠覆性的保暖材料，与羊绒、羽绒相比，可以做到更轻、更薄。此外，聚酰亚胺纤维还通过了欧洲瑞士纺织测试研究所 OEKO - 100TEX 婴儿级生态信心纺织品认证，成为婴儿用一级产品。

2. 高温除尘过滤材料　水泥、钢铁、垃圾焚烧等领域因产生烟气条件和工况的不同，对袋式除尘滤料的耐温、耐腐蚀性能要求很高，聚酰亚胺纤维能够充分保障滤料的过滤效率，延长其使用寿命，降低企业的停产损失。此外，聚酰亚胺纤维不规则的截面结构特点，可提高其捕集尘粒的能力和过滤效率，粉尘大多被集中到滤料的表面，较难渗透到滤料的内部堵塞孔隙，聚酰亚胺纤维对粉尘的捕集能力大大强于一般纤维。长春高琦开发的轶纶系列聚酰亚胺纤维已经在国内大型水泥窑尾袋式除尘系统实现了工业化应用，主要技术性能指标和使用效果均达到了国外同类产品的先进水平。

3. 飞机和其他运输工具的内部材料 在飞机和高速火车中，质轻是非常重要的因素，这些低密度、坚硬和耐火的聚酰亚胺纤维织物可以取代传统的材料。聚酰亚胺纤维具有高强度、高耐热性以及质量轻的特点，用其制成电缆护套可以实现减重。俄罗斯已将聚酰亚胺纤维应用于航空航天中的轻质电缆护套耐高温特种编织电缆等。此外，聚酰亚胺纤维除了可作为先进复合材料的增强材料代替碳纤维，还可用于防弹服织物、高比强度绳索、宇航服等。

4. 聚酰亚胺中空纤维膜 研究表明，PI 纤维对 CO_2—CH_4 体系的分离性能大大优于普通分离膜材料（如聚砜、醋酸纤维素等），既具有高的透过系数又有高的分离系数，对从天然气中除去 N_2 十分有利。同时，生产天然气时喷出气的压力较高，而聚酰亚胺具有优良的机械性能，因此 PI 纤维在 N_2—CH_4、CO_2—CH_4 分离中有很好的应用前景。在石油精制及化学工业中，高压情况较多，待分离物系中含有机物质且要求膜材料耐热，故可采用 PI 纤维来回收氢气。此外，利用聚酰亚胺纤维的耐腐蚀性和耐溶剂性，为在回收工厂尾气中的有机气体和渗透汽化等领域的应用提供了广阔前景。

六、PI 纤维目前存在的问题及发展趋势

目前，我国聚酰亚胺纤维尚处于产业化初级阶段，生产难以满足市场需求，主要存在以下几个问题。

1. 关键性工艺技术不足 发达国家对高新技术纤维特别是高性能纤维的制造技术和设备实行严格封锁，所以国内企业只能自行设计研发。我国已实现从原料到生产、从设备到产品的聚酰亚胺纤维成套技术和装备，但主要生产厂家采用的设备千差万别，因此，产出不稳定，产品质量得不到保障。同时，对聚酰亚胺纤维制备的工艺、成分、结构及性能间的关系等问题模糊不清，也导致生产的纤维性能不稳定，生产成本偏高，产品缺乏竞争力，制约了聚酰亚胺的产业化发展。

2. 科研成果转化率低 与发达国家对聚酰亚胺纤维的研究交流发展情况相比，国内同行业之间由于专利技术保护等问题无法开展深入合作。此外，企业与科研院所合作不够，导致研究方向、科研成果与实际生产技术需求脱节，一些科研成果无法扩散，产业化速度缓慢。

3. 产业政策扶持力度不够 高性能聚酰亚胺纤维的开发和生产没有得到足够的重视，市场认知度低，影响了聚酰亚胺的应用研究进展。

由于聚酰亚胺纤维优异卓越的性能，其在高新技术领域应用中占有重要地位。因此，促进高强高模聚酰亚胺纤维逐步实现产业化，完善聚酰亚胺纤维产品的系列化，以满足不同应用领域的需求，这对于我国在国防军工、航空航天等高科技领域内的科学发展和现代化建设具有十分重要的意义，也将有利于我国高性能纤维领域整体产品结构调整和效益结构优化升级。

第二章　高性能无机纤维

第一节　碳纤维（CF）

一、碳纤维概述

碳纤维（carbon fiber，CF）是主要由碳元素组成的一种特种纤维，其含碳量随种类不同而异，一般在90%以上，是一种高强度、高模量的新型纤维材料。它是由片状石墨微晶沿纤维轴向方向堆砌而成，经碳化及石墨化处理而得到的微晶石墨材料。

碳纤维按原料来源可分为聚丙烯腈基碳纤维、沥青基碳纤维、黏胶基碳纤维、木质素基碳纤维、酚醛基碳纤维和其他有机纤维基碳纤维；按产品形态分为长丝和短纤维；按照一束纤维中根数的多少分为小丝束（CT）和大丝束（LT）碳纤维，大丝束和小丝束碳纤维之间并无严格的界限和定义，一般把1K、3K、6K、12K和24K的碳纤维叫作小丝束，48K～480K叫作大丝束（1K为1000根丝）；按力学性能分为通用型和高性能型，通用型碳纤维强度为1000MPa、模量为100GPa左右，高性能型碳纤维又分为高强型（强度2000MPa、模量250GPa）和高模型（模量300GPa以上），强度大于4000MPa的又称为超高强型，模量大于450GPa的称为超高模型。

目前，世界碳纤维产量达到每年4万吨以上，日本是生产高性能碳纤维的大国。20世纪70年代初，日本东丽（Toray）公司开始生产聚丙烯腈（PAN）基碳纤维。目前，该公司生产的碳纤维分为3大系列，即高强T系列、高模M系列以及兼备高强高模的MJ系列。

美国是消费高性能碳纤维的大国。全世界主要是日本、美国、德国以及韩国等少数国家掌握了碳纤维生产的核心技术，并且有规模化大生产的能力。全球碳纤维产业布局如图2－1所示。

二、碳纤维的制备

目前碳纤维工业化产品主要为聚丙烯腈（PAN）基碳纤维和沥青（pitch）基碳纤维两大类。用量最大的是聚丙烯腈（PAN）基碳纤维。

1. 聚丙烯腈（PAN）基碳纤维制备工艺　以聚丙烯腈为原料生产碳纤维，碳化收率较高（大于45%），能够制备出高性能碳纤维，是目前产量最高、品种最多、发展速度最快、工艺技术最成熟的方法。聚丙烯腈基碳纤维的生产主要包括原丝生产和原丝碳化两个过程。原丝生产过程主要包括聚合、脱泡、计量、喷丝、牵引、水洗、上油、烘干收丝等工序。碳化过

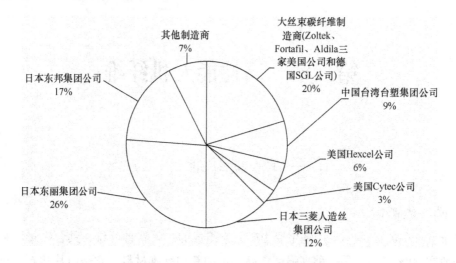

图 2 - 1　全球碳纤维产业布局

程主要包括纺丝、预氧化、低温碳化、高温碳化、表面处理、上浆烘干、收丝卷绕等工序。

在一定的聚合条件下，丙烯腈（AN）在引发剂的自由基作用下，双键被打开，并彼此连接为线型聚丙烯腈（PAN）大分子链。生成的聚丙烯腈（PAN）纺丝液经过湿法纺丝或干喷湿纺等纺丝工艺后，即可得到 PAN 原丝。PAN 原丝经整经后送入预氧化炉，经 220～280℃ 预氧化处理后转化为耐热梯形结构，得到预氧化纤维（俗称预氧丝），如此在随后的碳化过程中就不易熔融。预氧丝进入碳化炉，在高纯度氮气中经过低温碳化（300～1000℃）和高温碳化（1000～1800℃）转化为具有乱层石墨结构的碳纤维。如生产标准级碳纤维，碳化温度为 1200～1250℃；如高强中模级碳纤维，碳化温度约为 1600℃。对碳纤维在 2000～3000℃ 的热处理温度下在氩气中进一步石墨化处理，使碳纤维由无定形、乱层石墨结构向三维石墨结构转化，可以获得高模量石墨纤维或高强高模的 MJ 系列高性能碳纤维。最后，根据产品用途的不同进行表面电解处理或臭氧处理、上浆、干燥、卷绕即得到碳纤维成品。

2. 沥青（pitch）基碳纤维制备工艺　以沥青纤维为原料生产碳纤维，碳化得率高达 80%～90%。初始原料沥青主要有石油沥青和煤焦油沥青，原料资源丰富、成本最低，是正在发展的前景看好的品种。以下重点介绍煤基沥青（煤焦油沥青）碳纤维制备工艺。

（1）通用级（GP）沥青基碳纤维。原料沥青经溶剂萃取、沉降分离、蒸馏等工序进行精制。精制沥青进行氧化热聚合改质，在较高的温度下，具有多种组分沥青中的分子在系统加热时发生热分解和热缩聚反应，生成的小分子以气态形式排出，氧化热缩聚成分子量分布合理的各向同性可纺沥青。可纺沥青经纺丝工序得到沥青生丝，沥青生丝仍属于热塑性的易黏结沥青质，只有经过不熔化（稳定化 200～400℃）处理（氧化、交联、环化），才能在进一步的处理中保持其纤维状而不至于熔并。经过不熔化处理的沥青纤维必须经过碳化，充分除去其中的非碳原子，使其最终发展为碳元素所固有的特性，以得到力学性能较高的碳纤维。碳化在 600～1500℃ 及氮气保护下进行。碳化结束后，采取强制冷却方法，将炉内温度降至

300℃以下后，将碳纤维取出，再分别经后处理，即可得到不同规格的沥青碳纤维产品（定长丝、短切丝、磨碎丝、低温碳毡、高温碳毡等）。其生产工艺流程如下：

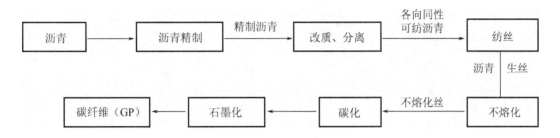

（2）高性能（HP）沥青基碳纤维。首先要调制100%尚未中间相精制沥青。原料沥青经溶剂萃取、沉降分离、蒸馏等工序进行精制，精制沥青在500℃下进行热缩聚反应，具有多种组分沥青中的分子在系统加热时发生热分解和热缩聚反应，形成具有圆盘形状的多环缩合芳烃平面分子，这些平面稠环芳香分子在热运动和外界搅拌的作用下取向，并在分子间范德瓦耳斯力的作用下层积起来，形成层积体。为达到体系的最低能量状态，层积体在表面张力的作用下形成球体，即中间相小球体。中间相小球体吸收母液中的分子后长大，当两个球体相遇碰撞后，两个球体的平面分子层面彼此插入，熔并成为一个大的球体。如果大球体之间再碰撞，熔并后将会形成更大的球体，直到最后球体的形状不能维持，形成非球中间相——广域流线型、纤维状中间相。采用管式炉加热方式对精制沥青加热，加热后的精制沥青送入到缩聚反应釜进行缩聚反应，通过热缩聚制备出沥青基中间相沥青。中间相沥青经纺丝工段（熔融纺丝法）制得沥青原丝。沥青原丝经不熔化处理（250~400℃）后，送入碳化工段，在1100~1800℃温度的氮气保护中进行碳化，得到高性能煤基沥青碳纤维；还可在2500~3000℃温度下的氩气氛围中进行石墨化处理制得高模量或超高模量的碳纤维或石墨纤维（含碳量不小于99%）。其生产工艺流程如下：

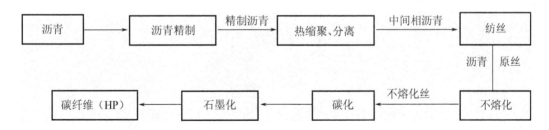

三、碳纤维的结构

1. 碳纤维的表面结构　碳纤维的表面结构主要包括表面物理结构和表面化学结构。表面物理结构包括表面形貌、沟槽大小及分布等；表面化学结构包括表面化学成分、主要基团种类及含量等。

2. 碳纤维的化学结构　该结构非常复杂。随着原料及制备方法不同，各阶段所发生的反应及生成的结构也不同。以 PAN 基碳纤维为例，一般认为各个阶段处理后纤维的主要化学结构的变化如图 2 - 2 所示。

（a）PAN 预氧化丝的化学结构

（b）预氧化丝低温碳化（400 ~ 600℃）后的化学结构

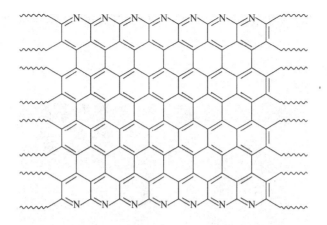

（c）高温碳化（600～1300℃）后的化学结构

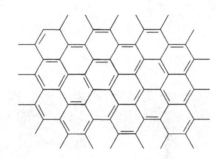

（d）石墨化后的化学结构

图2-2　碳纤维制备过程中化学结构变化示意图

在纤维碳化过程中，纤维分子中的非碳原子以挥发物如 HCN、NH$_3$、CO$_2$、CO、H$_2$O、N$_2$ 等方式除去，纤维主要进行高温裂解反应和分子间交联反应，随着含碳量的增加，纤维分子结构逐渐转变成类似石墨的网状结构。

3. 碳纤维的微观结构　该结构也因纺丝工艺及环境的不同而不同。湿法纺丝时，初生丝条在拉伸力作用下轴向伸长、径向收缩，从而形成表面沟槽，而经过预氧化和碳化处理，原丝的沟槽会遗传给碳纤维。表面沟槽增大了碳纤维的比表面积，有利于提高复合材料界面的层间剪切强度，但沟槽结构深浅不一，在承受拉伸负荷时，这些沟槽就会成为应力集中点，导致碳纤维的拉伸强度下降。而干喷湿纺时，纺丝液细流在空气层中形成一层致密的薄膜，阻止了大孔洞的形成，所制得的纤维结构均匀、力学性能好。在碳纤维的生产过程中，有两次双扩散过程，导致了纤维的皮芯结构。第一次双扩散发生在凝固过程，在浓度差的作用下，纺丝液细流中的溶剂向凝固液扩散，凝固液中的水向细流中扩散，导致凝固丝条及原丝产生轻微的皮芯结构。第二次双扩散发生在预氧化过程，同样在浓度差的作用下，氧向纤维内部扩散，热解的小分子及反应副产物由内向外扩散。由于预氧化反应，表层首先形成了致密的梯形结构，阻止了氧向内部扩散，使氧在径向上的分布呈现梯度，产生严重的皮芯结构。预氧化的皮芯结构会一步步遗传给碳纤维，并在碳化和石墨化过程中进一步加深，严重制约了碳纤维强度的提高。图 2-3 为碳纤维的微观结构图，图 2-4 为聚丙烯腈基碳纤维和木质素基碳纤维的皮芯结构。

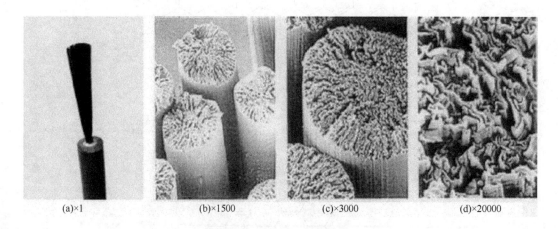

(a)×1　　　　　(b)×1500　　　　　(c)×3000　　　　　(d)×20000

图 2-3　碳纤维的形态结构

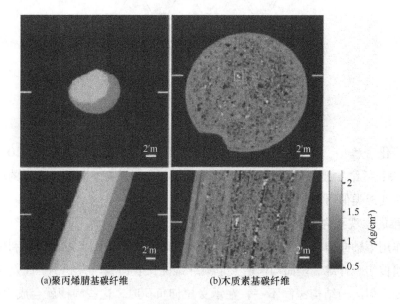

(a)聚丙烯腈基碳纤维　　　　(b)木质素基碳纤维

图 2-4　碳纤维的层析皮芯结构

四、碳纤维的性能

（1）密度小、质量轻，密度为 $1.5 \sim 2g/cm^3$，相当于钢密度的 1/4、铝合金密度的 1/2。

（2）强度、弹性模量高，碳纤维的强度比钢大 $4 \sim 5$ 倍，弹性回复 100%。

（3）具有各向异性，热膨胀系数小，导热率随温度升高而下降，耐骤冷和急热，即使从几千度的高温突然降到常温也不会炸裂。

（4）导电性好，25℃时高模量纤维的电阻率为 $7.75 \times 10^{-2}\Omega \cdot m$，高强度纤维的电阻率为 $1.5 \times 10^{-1}\Omega \cdot m$。

（5）耐高温和低温性好，在3000℃非氧化环境下不融化、不软化，在液氮温度下依旧很柔软不脆化；在600℃高温下性能保持不变，在 $-180℃$ 低温下仍很柔韧。

（6）耐酸性好，对酸呈惰性，能耐浓盐酸、磷酸、硫酸等侵蚀。

（7）优秀的抗腐蚀与辐射性能。

（8）可加工性能较好。由于碳纤维及其织物质量轻又可折可弯，能适应不同的构件形状，成型较方便，可根据受力需要粘贴若干层，而且施工时不需要大型设备，也不需要采用临时固定，而且对原结构无损伤。

（9）其他还有耐油、吸收有毒气体和使中子减速等特性。

高性能型碳纤维是大规模生产的一个品种，具有高强度、高模量、耐高温、耐气候、耐化学试剂和质轻等优良性能。不同品种的高模、高强碳纤维的性能如表2-1所示。

表2-1　不同品种高模、高强碳纤维的性能

项目	牌号	抗拉强度（GPa）	拉伸模量（GPa）	断裂伸长（%）	热膨胀系数（1/K）	导热率[W/（m·K）]	电阻率（Ω·m）	密度（g/cm³）
美国聚丙烯腈基	GY-70	1.86	517	0.36	-1.1×10^{-6}	142	6.0×10^{-6}	1.92
	GY-80	1.86	527	0.32				
日本聚丙烯腈基	M40	2.74	392	0.6	-1.2×10^{-6}	85	8.0×10^{-6}	1.81
	M50	2.45	490	0.5		89	8.0×10^{-6}	1.91
	M60J	3.92	588	0.7	-0.9×10^{-6}	75	8.0×10^{-6}	1.94
中国聚丙烯腈基	BHM3	3.20	400	0.8				1.83

碳纤维具有高强高模的原因是碳纤维具有苯环结构，使它的分子链难于旋转。高聚物分子不能折叠，又呈伸展状态，形成棒状结构，从而使纤维具有很高的模量。而碳纤维聚合物的线性结构使分子间排列得十分紧密，在单位体积内可容纳很多聚合物分子，这种高的密实性使纤维具有较高的强度。

随着航天和航空工业的发展，还出现了高强高伸型碳纤维，其延伸率大于2%。

五、碳纤维的应用及发展前景

碳纤维的主要用途是与树脂、金属、陶瓷等基体复合，制成结构材料。碳纤维增强环氧树脂复合材料的抗拉强度一般都在3500MPa以上，是钢的7～9倍，抗拉弹性模量为23000～43000MPa，也高于钢。其比强度、比模量综合指标，在现有结构材料中是最高的。在密度、刚度、重量、疲劳特性等有严格要求的领域，在要求高温、化学稳定性高的场合，碳纤维复

合材料都颇具优势。因此，在航天航空、国防军工、交通运输、土木建筑、体育休闲、清洁能源、电子信息等领域获得广泛应用。

碳纤维及其应用产品具有无可比拟的综合性能，可在大多数应用条件下替代钢、铝等作为结构材料，应用潜力大、成长性高，是目前新材料领域中增长最快、最具商业前景的材料。

高性能碳纤维在工程修补增强方面、飞机和汽车刹车片、汽车和其他机械零部件、电子设备套壳、集装箱、医疗器械、深海勘探和新能源的开发等方面，也都具有潜在消费市场，高性能碳纤维的发展更是当务之急。

第二节　玄武岩连续纤维（CBF）

玄武岩纤维材料是以火山喷发形成的特定玄武岩为原料生产出的连续纤维、岩棉和细微鳞片等产品，具有综合性能好、性价比高等优势，在正常生产加工过程中不产生有毒物质，无废气、废水、废渣排放，无污染，是高性能的绿色工业材料，是关乎国家安全战略以及国民经济相关领域升级换代的重要基础材料之一，应用前景十分广阔。如果说人类在使用材料方面先后经历了旧石器时代、新石器时代、铜时代、铁时代……那么现在应该是"硅"时代。即从金属走向非金属，从自然、人工（合成）走向自然与人工（合成）高度统一的复合材料的新时代。方兴未艾的玄武岩纤维材料将会成为这个新材料时代的重要代表之一。

玄武岩纤维（basalt fiber, BF），也被称为"岩石之丝"，是玄武岩矿石在 1450～1500℃熔融后制得，包括两类产品形式：一类是纯玄武岩棉，长度为几毫米，单丝直径通常在 5μm以下，是将均质化的玄武岩熔体经喷吹成毡制得；另一类是玄武岩连续纤维（continuous basalt fiber, CBF），是将玄武岩破碎加入窑炉中高温熔融后通过铂铑合金拉丝漏板快速拉制而成，长度可达上万米，直径通常为 7～13μm。CBF 属于非人工合成的高性能无机纤维，颜色呈金褐色，具有耐高温、耐腐蚀、耐磨、抗辐射等一系列性能特点，其性能介于高强度 S玻璃纤维和无碱 E 玻璃纤维之间，在某些应用领域完全可以替代玻璃纤维乃至价格昂贵的碳纤维和芳纶，在玄武岩纤维材料中占有非常重要的地位。玄武岩纤维外观及其产品见图 2-5。

一、玄武岩纤维的发展简史

玄武岩连续纤维于 1953～1954 年由前苏联莫斯科玻璃和塑料研究院开发，第一台工业化生产炉与 1985 年在乌克兰纤维实验室建成投产。1991 年的苏联解体对 CBF 产业产生了极大的影响，在随后的十几年，发展陷于停滞。在 2002 年以前，前苏联每年大约有 500t 玄武岩连续纤维产品，主要用于军工行业。近几年来，随着经济的发展和环保概念的深入人心，CBF 再次走向前台。目前，全世界只有乌克兰、俄罗斯、格鲁吉亚、中国、韩国、奥地利、比利时和德国等少数国家拥有 CBF 工业生产技术，全世界生产厂家不超过 20 家，主要集中于乌克兰、俄罗斯和中国，形成三足鼎立的格局。

图 2 - 5 玄武岩纤维及其产品

　　我国的玄武岩纤维材料事业起步较晚，但发展很快，自从 2002 年 9 月科技部把"玄武岩连续纤维及其复合材料"项目列入国家 863 计划之后，各地生产厂家迅速增加，生产规模不断扩大，产品种类越来越多，技术水平明显提高。目前，我国已经颁布了 CBF 国家标准和行业标准，CBF 生产厂家多达 20 家左右，到 2015 年年底产能在 3000 ~ 5000 吨/年的有 10 家，其他均为 1000 吨/年以下。岩棉厂家有 40 家，产能大都为 5 万吨/年。目前，我国 CBF 产量已经超过国外总量（图 2 -6），整个玄武岩纤维材料行业呈现出欣欣向荣的局面。

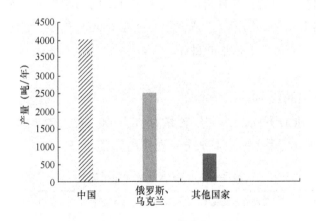

图 2 - 6 我国 CBF 产量与其他国家对比

二、玄武岩连续纤维的制备

玄武岩连续纤维的制备方法是池窑拉丝法（高温熔融 + 拉丝），制备工艺流程（图 2 -7）

一般是经选料、破碎、清洗后，输送至窑炉，加热到1500℃左右的熔融状态，通过铂铑合金漏板拉至成丝，再涂覆浸润剂，即加工成纤。

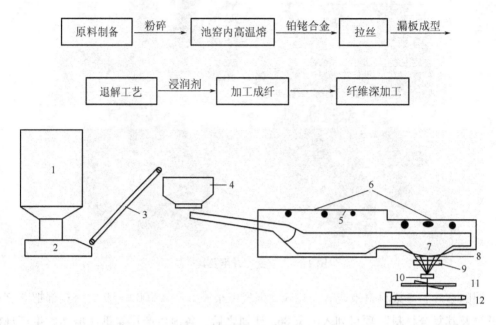

图 2-7 CBF 制备工艺流程图

1—料仓 2—喂料器 3—提升输送机 4—定量下料器 5—原料初级融化带 6—天然气喷嘴

7—二级溶制带（前炉） 8—铂铑合金漏板 9—施加浸润剂 10—集束器 11—纤维张紧器 12—自动卷丝机

拉丝是玄武岩纤维制备的难点，由于玄武岩熔点高，透热性差，黏度大，易析晶，容易造成漏板堵塞，引起拉丝中断，并且析晶还会影响纤维的力学性能（如刚度、强度等）。玄武岩析晶上限温度约1300℃，因此，要求漏板温度在1350℃左右。如何突破熔融拉丝组合炉和浸润剂关键技术，一直是业界追求的目标。

三、玄武岩纤维的结构

玄武岩随原料产地的不同，其成分含量存在差异。玄武岩连续纤维的密度为2.6~3.05g/cm³，其主要成分见表2-2，各成分主要作用见表2-3。

表 2-2 玄武岩纤维的主要成分

主要成分	质量分数（%）	主要成分	质量分数（%）
SiO_2	51.6~59.3	$Na_2O + K_2O$	3.6~5.2
Al_2O_3	14.6~18.3	TiO_2	0.8~2.25
CaO	5.9~9.4	$Fe_2O_3 + FeO$	9.0~14.0
MgO	3.0~5.3	其他	0.09~0.13

注 不同化学成分制成纤维后有不同的强度和物化性能。

表2-3　玄武岩纤维各组分的作用

组分	作用
SiO_2、Al_2O_3	提高纤维的化学稳定性和熔体的黏度
FeO、Fe_2O_3	使纤维呈古铜色，提高成纤的使用温度
TiO_2	提高纤维的化学稳定性、熔体的表面张力和黏度
CaO、MgO	属于添加剂范畴，有利于原料的熔化和制取细纤维

　　玄武岩纤维内部的主要成分硅、铝氧化物通过氧原子连接形成连续的线型晶格，因此，纤维具有纵向的高强度，由于晶链间有其他氧化物存在，纤维具有多孔结构和无规则的排列方式，其中的气孔可分为封闭气孔和开放气孔，分别呈圆球形和管状，所以玄武岩纤维光滑柔软，可纺性好。用SEM观察玄武岩纤维表面结构可以看到，纤维的表面非常圆滑，内部结构紧密，如图2-8所示。

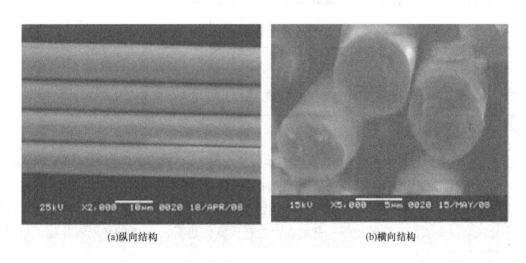

(a)纵向结构　　　　　　　　　　　　　　　　(b)横向结构

图2-8　玄武岩纤维的纵向及横向结构照片

四、玄武岩纤维的性能

　　玄武岩纤维综合性能好，优良的性价比使其成为碳纤维、芳纶和其他高性能纤维的强有力的竞争材料。

　　1. 拉伸强度、弹性模量和断裂伸长率　玄武岩连续纤维具有较高的拉伸强度、弹性模量和断裂伸长率，和其他纤维的比较见表2-4。

表2-4　玄武岩纤维与其他高性能纤维拉伸强度等性能的比较

性能	CBF 纤维	E 玻璃纤维	S 玻璃纤维	碳纤维	芳纶
密度（g/cm^3）	2.65	2.45~2.57	2.54	1.78	1.45

续表

性能	CBF 纤维	E 玻璃纤维	S 玻璃纤维	碳纤维	芳纶
拉伸强度（MPa）	3800～4840	3100～3800	4020～4650	3500～6000	2900～3400
弹性模量（GPa）	93.1～110	72.5～75.5	83～86	230～600	70～140
断裂伸长率（%）	3.1	4.7	5.3	1.5～2.0	2.8～3.6
最高工作温度（℃）	650	380	300	500	250

注 拉伸强度等是指纤维原丝的强度，不包括无捻粗纱、细纱和复合材料制品的强度。

2. 热稳定性 玄武岩纤维具有优良的热性能。在一些高性能纤维中，玄武岩纤维的耐热性非常突出。玄武岩纤维板的热导率低，在 25℃下的热导率仅为 0.04W/（m·K），玄武岩纤维工作温度非常宽（-269～900℃）长时间处于 -196℃液氮介质中，其强度不发生变化。而玻璃纤维的使用温度不超过 400℃。

3. 隔音特性 玄武岩超细纤维材料的隔音特性如表 2-5。

表 2-5 玄武岩超细纤维材料的隔音特性

隔音特性	频段（Hz）		
	100～200	300～900	1200～7000
法向吸音系数	0.15	0.86～0.99	0.74～0.99

注 材料直径 1～3μm，密度 15kg/m³，厚度 30mm，材料与绝缘板间距 100mm。

由表 2-5 可知，随着频率增加，其吸音系数显著增加。玄武岩纤维隔音和吸音效果好，用玄武岩连续纤维制作的隔音材料在航空、船舶等领域有着广阔的前景。

4. 介电性能、电绝缘性能和电磁波的透过性 玄武岩纤维具有良好的介电性能，其体积电阻率比玻璃纤维要高一个数量级；玄武岩中含有质量分数不到 20%的导电氧化物，可用于制造新型耐热介电材料。

玄武岩纤维具有比玻璃纤维高的电绝缘性和对电磁波的高透过性。由玄武岩纤维制造高压电绝缘材料、低压电器装置、天线整流罩以及雷达无线电装置的前景十分广阔。

5. 化学稳定性 化学稳定性是指纤维抵抗水、酸、碱等介质侵蚀的能力，通常以受介质侵蚀前后的质量损失和强度损失来度量。表 2-6 为不同介质中纤维质量损失率。

表 2-6 不同介质中纤维质量损失率

介质	NaOH（2mol/L）	HCL（2mol/L）	H_2O
玄武岩纤维	2.2%	5.0%	0.2%
E 玻璃纤维	6.0%	38.9%	0.7%

玄武岩纤维在酸、碱性溶液中具有很好的化学稳定性，具有比玻璃纤维更好的耐酸碱腐蚀性，此外，玄武岩纤维的耐酸性和耐碱性均比铝硼硅酸盐纤维好。

6. 低的吸湿性　玄武岩纤维的吸湿性极低，吸湿率只有 0.2%～0.3%，而且吸湿能力不随时间变化，这就保证了它在使用过程中的热稳定性和环境协调性好并且寿命长。玄武岩细纤维的耐水性远远优于玻璃纤维。

7. 绿色环保性　由于玄武岩熔化过程中没有硼和其他碱金属氧化物等有害气体排出，制造过程对环境无害，而且玄武岩纤维能自动降解成为土壤的母质，可持续和循环利用，因此，玄武岩连续纤维是一种新型的环保型纤维。

五、玄武岩连续纤维的应用

玄武岩连续纤维与碳纤维、芳纶、超高分子量聚乙烯纤维等高技术纤维相比，除了具有高技术纤维高强度、高模量的特点外，还具有耐高温性佳、抗氧化、抗辐射、绝热隔音、过滤性好、抗压缩强度和剪切强度高、适应于各种环境等优异性能，且原料天然，生产清洁，可循环利用，能耗低，具有很高的性价比，因此，玄武岩连续纤维及其复合材料被广泛应用于消防、环保、航空、航天、军工、汽车船舶制造、工程塑料、建筑等各个领域，成为第四大高性能纤维。

1. CBF 在防火隔热领域中的应用　CBF 由于其本身的特殊性能，用于防火服领域有较大的优势。CBF 是无机纤维，具有不燃性、耐温性（-269～650℃）、无有毒气体排出、绝热性好、无熔融或滴落、强度高、无热收缩现象等优点。缺点是密度较芳纶大，穿着的舒适感不如芳纶防火服。如果 CBF 与其他纤维混纺可制成阻燃面料，用于部队的相关装备显然是有明显优势的。CBF 织成的防火布性能大大优于芳纶等有机纤维。CBF 的高温使用性能虽然低于氧化铝纤维、炭化硅纤维，但是高于所有的有机纤维，而且其超低温使用性能是最好的。再从性价比看，CBF 价格是所有高性能纤维中最低的。国外一直将杜邦的 Kevlar、Nomex、Teflon 作为防火面料的首选，虽然具有耐高温、抗化学反应的性能，但是在 370℃ 以上的高温下被炭化和分解。

2. CBF 在过滤环保领域的应用　CBF 是一种新型的绿色环保材料，可用于环保领域有害介质和气体的过滤、吸附和净化，特别是在高温过滤领域，CBF 的长期使用温度是 650℃，远优于传统过滤材料，是过滤基布、过滤材料、耐高温毡的首选材料。过滤材料主要有天然纤维、各种合成纤维、各种无机纤维和金属纤维。由于对耐高温提出了更高的要求，又引进了 Nomex、Procon、Torcon、Basfil、P84 等。但是，目前所有的过滤材料都不能解决过滤高温介质的问题，而 CBF 可以在 -269～650℃ 的范围内长期使用，它的耐高温性能是其他材料所无法比拟的。

3. CBF 增强树脂基复合材料的应用　CBF 具有良好的技术特性：低容重，低导热率，低吸湿率，对腐蚀介质的化学稳定性，能够降低结构重量，形成新型结构材料。利用这些特性，在军品和民品领域有广泛的应用。玄武岩纤维增强树脂基复合材料是制造坦克装甲车辆的车身材料，可减轻其重量；用于制造火炮材料，尤其是用于炮管热护套材料，可以大大提高火炮的命中率和射击精度。在枪弹、引信、弹匣、大口径机枪枪架、坦克装甲车辆的薄板装甲、汽车发动机罩、减振装置等方面有大量的应用。在船舶工业中可大量用于船壳体、机舱绝热隔音和上层建筑。用 CBF 蜂窝板可制成火车车厢板，既减轻了车厢的重量，又是一种良好的阻燃材料。CBF 具有良好的增强效应，单纤维拔丝试验表明，CBF 与环氧聚合物的黏合能力高于 E 玻璃纤维，而且在采用硅烷偶联剂处理后其黏合能力还会进一步提高，因此，玄武岩纤维可以代替即将禁用的石棉来作为耐高温结构复合材料，橡胶制品等增强材料，也可用于制作制动器、离合器等摩擦片的增强材料。另外，CBF 还是碳纤维的低价替代品，具有一系列优异性能。尤为重要的是，由于它取自天然矿石而无任何添加剂，是目前为止唯一的无环境污染的、不致癌的绿色健康玻璃质纤维产品。所以玄武岩纤维在复合材料的增强材料领域的应用，已引起广泛的重视并将快速发展。

4. CBF 在电子技术领域的应用 CBF 具有良好的介电性能，其含有较多的导电氧化物，是不适合做介电材料的，但是采用某种浸润剂处理纤维表面后，其介电损失角正切值比常规玻璃纤维大大降低，它的体积电阻率比 E 玻璃纤维高一个数量级，所以 CBF 非常适合用于耐热介电材料。CBF 是优良的绝缘材料，利用这一介电特性和吸湿率低、耐温好的特性，可以制成高质量印刷电路板。此外，CBF 还可以用作风力发电叶片的增强材料。

六、玄武岩纤维目前存在的问题及发展前景

我国有丰富的玄武岩资源，几乎每个省区都能找到玄武岩类岩石，尤其是东北地区、内蒙古、新疆和四川、贵州、云南、西藏玄武岩资源更为丰富，它不仅分布广，储量大，而且类型多，这不同类型的玄武岩正好适应和满足了不同类型纤维和岩棉对不同类型玄武岩的需求。

在没有开发玄武岩纤维材料之时，玄武岩这种石料几乎白白地堆在荒野中，用得最多的是作铺路石子，通常 $1m^3$ 石块可碎 3t 碎石，每吨价值几百元；而要制成纤维材料，$1m^3$ 石料大体可生产 3t 岩棉，每吨价值约 6000 元；或生产 2.5t 纤维，每吨价值 30000~50000 元（视纤维类型和质量而定价）。玄武岩纤维材料的性能可以与碳纤维媲美，但价格不及碳纤维的 1/10，由此也可看出，玄武岩纤维材料的性价比非常高。

玄武岩纤维材料其性能和用途均可以与玻璃纤维、芳纶、碳纤维媲美，可代替乃至优于这几种纤维。而生产这几种纤维的原料是多种矿物、矿产或石油，如果用玄武岩纤维材料部分或者全部代替其他纤维材料，则可以大大地节省一批矿产资源和能源。

当今社会经济转型的主流和导向就是发展绿色经济。而玄武岩是无机硅酸盐，在玄武岩纤维的生产过程中，无废气、废物及有毒物质释放，完全是绿色产业，这与在熔制过程中产生大量温室气体和废气的玻璃纤维产业相比有着本质的区别。因此，符合社会经济发展的大趋势，随着时间地点推移，会越来越显现出这个产业的生命力。

玄武岩纤维和岩棉只是玄武岩纤维材料的初级产品，犹如丝线和棉花，要制成防火、防电、绝缘、耐高温、耐低温、耐磨损、抗腐蚀、抗干扰、抗老化等性能的实用定型产品，还有相当长的路要走，需要许多行业的通力合作。从原料寻找、开采、加工，纤维材料生产，

到实用产品的研究制作，可以形成广阔的产业链，有利于发展经济和扩大就业机会。

目前，玄武岩纤维材料在全世界的发展都处于初级阶段，我国虽然起步较晚，但发展态势很好，已为这项事业的发展奠定了良好的基础。目前存在的主要技术问题如下：

（1）天然原料地域间分散性大，要生产出质量稳定的产品，需解决原料均质化的问题。

（2）单元炉容量小，需解决大容量池窑技术。

（3）拉丝漏板小，喷嘴孔数目前只有 200～400 孔，产能低，需发展 800 孔、1000 孔甚至 2400 孔的漏板。

（4）表面处理技术单一，需发展独特的表面处理技术。

（5）纤维成型技术亟待加强，需提高自动化控制技术。

总之，需从多方面入手，促进玄武岩纤维的产品规模化、质量稳定化、性能高端化。

"十三五"期间我国 CBF 产业的基本发展思路可简单归纳为：一条路线（遵循纤维产业的发展规律，走差异化的特色路子）、两轮驱动（技术创新和市场开拓）、三大领域（交通基础设施、节能环保、汽车船舶制造）、四大产品（短切纤维、无捻粗纱、纤维布、复合筋和板）。

"十三五"期间我国 CBF 产业发展的目标是在 2015 年年末全国 CBF 销售量 6000t 的基础上，按不低于年平均增长率 30% 的比例增长，到 2020 年年末，我国连续玄武岩纤维的产量达到 3 万吨以上；CBF 增强树脂基复合材料达到 3 万吨以上；CBF 增强混凝土基复合材料达到 250 万方以上；池窑技术取得实质性突破，电熔炉技术引领世界 CBF 产业，单池窑年产能达到 3000t 以上，拉丝漏板孔数达到 2000 孔以上；我国成为世界 CBF 产业的第一大国。

第三节 其他无机纤维

一、高强度玻璃纤维

玻璃纤维（glass fiber 或 fiberglass）是一种性能优异的无机非金属材料，是用熔融玻璃制成的极细的纤维，直径从几微米到二十几微米，相当于一根头发丝的 1/20～1/5，每束纤维原丝都有数百根甚至上千根单丝组成，通常作为复合材料中的增强材料、电绝缘材料、绝热保温材料、电路基板等，广泛应用于国民经济各个领域。

1. 生产玻璃纤维的原料　生产玻璃纤维用的玻璃不同于其他玻璃制品的玻璃。国际上已经商品化的纤维用玻璃如下：

（1）E 玻璃，也称无碱玻璃（氧化钠 0～2%），是一种铝硼硅酸盐玻璃。广泛用于生产电绝缘用玻璃纤维，具有良好的电气绝缘性及机械性能，也大量用于生产玻璃钢用玻璃纤维，它的缺点是易被无机酸侵蚀，故不适于用在酸性环境。

（2）C 玻璃，也称中碱玻璃（氧化钠 8%～12%），属含硼或不含硼的钠钙硅酸盐玻璃，其特点是耐化学性特别是耐酸性优于无碱玻璃，但电绝缘性能差，机械强度比无碱玻璃纤维低 10%～20%。通常国外的中碱玻璃纤维含一定数量的三氧化二硼，而中国的中碱玻璃纤维则完全不含硼。中碱玻璃纤维只是用于生产耐腐蚀的玻璃纤维产品，如用于生产过滤织物、包扎织物、玻璃纤维表面毡等，也用于增强沥青屋面材料等，因为其价格低于无碱玻璃纤维而有较强的竞争力。

（3）高强玻璃纤维，其特点是高强度、高模量，它的单纤维抗拉强度为 2800MPa，比无碱玻璃纤维抗拉强度高 25% 左右，弹性模量 86000MPa，也比无碱玻璃纤维高。多用于军工、航空、防弹盔甲及运动器械。但是由于价格昂贵，目前在民用方面还不能得到推广，全世界产量也就几千吨左右。

（4）AR 玻璃纤维，也称耐碱玻璃纤维，主要是为了增强水泥而研制的。

（5）A 玻璃，也称高碱玻璃（氧化钠 13% 以上），是一种典型的钠钙硅酸盐玻璃，因耐水性很差，很少用于生产玻璃纤维

（6）E–CR 玻璃，是一种改进的无硼无碱玻璃，用于生产耐酸耐水性好的玻璃纤维，其耐水性比无碱玻璃纤维改善 7~8 倍，耐酸性比中碱玻璃纤维也优越不少，是专为地下管道、储罐等开发的新品种。

（7）D 玻璃，也称低介电玻璃，用于生产介电强度好的低介电玻璃纤维。

除了以上的玻璃纤维成分以外，近年来还出现一种新的无碱玻璃纤维，它完全不含硼，从而减轻环境污染，但其电绝缘性能及机械性能都与传统的 E 玻璃相似。另外，还有一种双玻璃成分的玻璃纤维，已用在生产玻璃棉中，据称在作玻璃钢增强材料方面也有潜力。此外还有无氟玻璃纤维，是为环保要求而开发出来的改进型无碱玻璃纤维。

2. 玻璃纤维的分级　玻璃纤维按组成、性质和用途，分为不同的级别。E 级玻璃纤维使用最普遍，广泛用于电绝缘材料；S 级为特殊纤维，虽然产量小，但很重要，因具有超高强度，主要用于军事防御，如防弹箱等；C 级比 E 级更具耐化学性，用于电池隔离板、化学滤毒器；A 级为碱性玻璃纤维，用于生产增强材料。

1938 年，美国欧文斯–科宁公司发明了 E 玻璃纤维。后应美国空军的需求开发了一种比 E 玻璃纤维强度和模量更高的玻璃纤维，取名为 S 玻璃纤维。法国的维托特克斯公司开发出了商标为 R（或 RH）的高强玻璃纤维，日本的日东纺织株式会社、板硝子公司也分别开发出了牌号或商标为 T 及 U 的高强玻璃纤维，俄罗斯的波洛茨克公司生产牌号为 ВМЛ 的高强玻璃纤维。国外高强玻璃纤维主要由美国 AGY 公司生产，其生产及销售量占全世界的 80% 以上。我国于 20 世纪 60 年代中期开始研制高强度玻璃纤维，至 20 世纪 90 年代，已相继研制出高强 1 号~4 号玻璃纤维。近年来，随着需求的不断增加，高强玻璃纤维在北美、欧洲等发达国家发展较快，年需求自 2004 年以来，均以每年 25% 以上的速度递增。

3. 高强玻璃纤维的化学组成　高强玻璃纤维的高强度来源于它的化学组成，部分来源于高 SiO_2 含量。其化学组成为二氧化硅—三氧化二铝—氧化镁（SiO_2—Al_2O_3—MgO）三相体系。

目前，高强度玻璃纤维产品主要有美国的"S–2"、日本的"T"纤维、俄罗斯的"ВМЛ"纤维、法国的"R"纤维和中国的"HS"系列纤维。表 2–7 是各种高强玻璃纤维的

主要成分。图 2-9 是部分高强玻璃纤维及其产品。

表 2-7 高强高模玻璃纤维主要组分（质量分数）

种类	SiO₂	Al₂O₃	CaO	MgO	R₂O	B₂O₃	Fe₂O₃
E 玻璃纤维（%）	52~56	12~16	16~25	0~5	0~1	5~10	0~0.8
S 玻璃纤维（%）	64~66	24~25	0~0.2	9.5~10	0.02	—	0~0.1
R 玻璃纤维（%）	58~60	23.5~25.5	8~10	5~7	0~1	0~0.35	0~0.5
T 玻璃纤维（%）	65	23	0~0.1	11	0~0.1	0~0.01	0~0.1
ВМЛ（%）	58~60	20~27	—	10~15	0.18~0.45	—	0.1~0.6
HS2（%）	52~57	20~25		4~10	0~1.2	0~5	0~1.2
HS4（%）	50~60	23.5~26.5	—	10~19.5	0~1	0~4	0.5~1.5

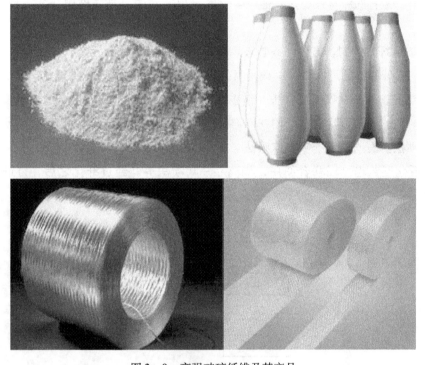

图 2-9 高强玻璃纤维及其产品

4. 高强玻璃纤维的性能 高强玻璃纤维与常用 E 玻璃纤维相比具有很多优点：拉伸强度高，弹性模量高，刚性好，断裂伸长率大，抗冲击性能好，化学稳定性好，耐高温，抗疲劳特性及雷达透波性能好。

（1）拉伸强度及弹性模量。高强玻璃纤维的拉伸强度、弹性模量分别比 E 玻璃纤维提高了 30%~40% 和 16%~20%。用高强玻璃纤维制成的复合材料其强度及模量比 E 玻璃纤维制成的复合材料都能高近 50%。

（2）耐冲击性能。断裂伸长率表示纤维抗冲击变形的能力，是材料耐冲击的重要指标，高强玻璃纤维的断裂伸长率大于5%，和芳纶、碳纤维相比，其在一定应力下形变能力最大，能充分吸收冲击能量，该特性决定高强玻璃纤维可以作为一种比较理想的防弹材料。

（3）耐疲劳特性。高强玻璃纤维的耐疲劳性能比E玻璃纤维高出10倍以上，该特性决定用高强玻璃纤维制成的复合材料具有更长的工作寿命。

（4）化学稳定特性。高强玻璃纤维具有高的化学稳定性，其水煮、酸洗、碱洗后强度保持率要比E玻璃纤维高。

（5）耐高温性能。高强玻璃纤维在比E玻璃纤维更高的温度下熔制而成，具有较高的软化点，通常高强玻璃纤维要比E玻璃纤维的耐高温性高100～150℃。

高强度玻璃纤维是传统E玻璃纤维和碳纤维最具吸引力的替代材料。使得高强度玻璃纤维如此具有吸引力的因素有两个，一是在大多数使用普通玻璃纤维的工艺过程中高强玻璃纤维易于取代；二是它的综合性能是其他竞争材料难以匹敌的。高强玻璃纤维将是一种广受欢迎的材料。

5. 高强玻璃纤维的制备方法　高强玻璃纤维的制造工艺较为复杂，先要经过熔融，然后纤化，除了制成球和棒的形状外，一般是直接进行纤化的，具体有三种纤化工艺。

（1）拉丝法。有长丝喷嘴拉丝法（最主要的方法）、玻璃棒拉丝法、熔体滴拉丝法。

（2）离心法。有转鼓离心法、阶梯离心法、水平瓷盘离心法。

（3）吹喷法。有吹喷法、喷嘴吹喷法。

这几种纤化工艺也可以联合使用，如离心—吹喷法等。经过纤化之后，再进行后加工。工艺流程如下：

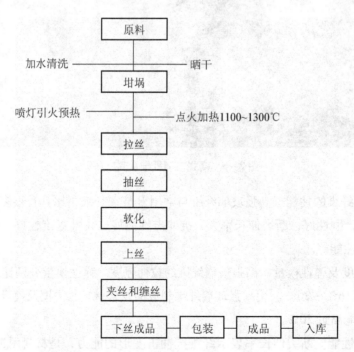

6. 高强玻璃纤维的应用领域

（1）航空航天。目前高强玻璃纤维在世界航空领域中占 20%～30% 市场，常见的材料有 Glare 层板、S 玻璃纤维单向预浸料以及 S 玻璃纤维细纱布。其用途作为飞机内装材料、地板、舱门、机翼前缘、雷达罩、副油箱、直升机机翼等。

（2）国防军事、警用器材。高强玻璃纤维的断裂伸长率大于 5%，使之能成为吸收能量的理想材料，高强无捻粗纱方格布和酚醛树脂复合制成高强玻璃纤维复合材料层压板可以用于各种军事或民用目的的防弹装甲。

（3）一般民用工业。

①汽车工业。利用高强玻璃纤维的耐高温性能，用作 Silentex 消音器填料减少噪声；高强玻璃纤维与橡胶材料复合制作的同步带用在汽车发动机内比金属链更耐高温、耐腐蚀。

②压力容器。高强玻璃纤维可以直接用于缠绕各种高压气瓶（医疗、煤矿、消防、登山体育用），或者和碳纤维一起使用，增强气瓶的抗冲击性和耐摩擦性能。

③电动机行业。传统换向器加强环多为金属环，不仅强度低（只有 400MPa），也不绝缘，采用高强玻璃纤维生产的加强环不仅具有良好的绝缘性能，强度也可以达到 800～1200MPa，是钢环的 2～3 倍，能确保转子轴在高速运转下产生强大的离心力，对漆包线起到固定作用。

④高强格栅。高强玻璃纤维强度高。耐腐蚀性能好，用于生产超长跨距格栅，其纵向筋条的间隔可以非常大。国内生产的高强格栅产品通过美国海岸警卫队测试，在海洋石油平台、人行通道、船甲板、地铁、煤矿等紧急逃生通道或救生场所得到广泛的应用。

⑤风力发电。据国外研究，单台风力机组的发电量和风力叶片的长度的平方成正比，这就要求风力叶片尺寸能尽量的长，以提高发电效率降低发电成本。叶片的大型化就要求叶片本身刚性和硬度高，以避免在强风时叶片弯曲变形和塔身相碰。有研究表明，E 玻璃纤维的理论设计极限叶片长度 50m 左右，相信随着风电产业的发展高强玻璃纤维必将会得到应用。

（4）纺织工业。高强玻璃纤维制品分为直接制品和复合制品两类，直接制品有高强玻璃纤维纱线、合股无捻粗纱、直接无捻粗纱、高强玻璃纤维布、单向布、无捻粗纱布等。

①纺织纱。国外高强玻璃纤维有捻纱以 9μm/68tex 的单捻纱为主，也有少量的 9μm/33tex 的单捻纱和合股纱，浸润剂分为淀粉型、直接增强用硅烷型。纺织纱主要供应玻璃纤维织布厂家。我国高强纱主要模仿前苏联的产品，以 8μm 的直接增强细纱为主。

②无捻粗纱。高强无捻粗纱通常由直径 9μm 以上原丝合股而成，其浸润剂有环氧、酚醛、乙烯基等树脂基体。值得一提的是，AGY 公司在 2000 年以后推出 ZenTron 及 VeTron 两种牌号的直接无捻粗纱。

③高强玻璃纤维布。国外高强玻璃纤维厂家通常自身不织布，而是将纺织纱供应给专业的织布厂商来织造高强布，如高强单向布和无捻粗纱布。

二、氧化铝纤维

氧化铝纤维（alumina fiber），又称多晶氧化铝纤维，属于高性能无机纤维，是一种多晶陶瓷纤维，具有长纤、短纤、晶须等多种形式，广泛应用于工业、军事、民用复合材料领域。氧化铝纤维直径 $10 \sim 20 \mu m$，密度 $2.7 \sim 4.2 g/cm^3$，抗拉强度 $1.4 \sim 2.45 GPa$，抗拉模量 $190 \sim 385 GPa$，最高使用温度为 $1100 \sim 1400 ℃$，以 Al_2O_3 为主要成分，并含有少量的 SiO_2、B_2O_3、Zr_2O_3、MgO 等。

目前，氧化铝纤维的产量还较低，西欧国家的产量约占全球总产量的50%，日本占39%左右。40%的氧化铝纤维用于各种工业炉窑及相关行业热加工过程，其中25%左右用于冶金行业。我国于20世纪70年代末开始工业化生产氧化铝纤维。随着电力、钢铁、机械、汽车、造船、化工、电子、建材等行业的迅速发展及节能降耗的需要，带动了陶瓷类纤维产业的快速发展，品种也从普通陶瓷纤维、高纯硅酸铝纤维、高铝纤维和含锆硅酸铝纤维逐步发展到多晶氧化铝纤维和多晶莫来石纤维，技术含量越来越高，使用温度极限不断提高。世界氧化铝纤维的年需求量正以10%左右的速度增加。

目前，市场上主要的氧化铝纤维品种有美国 Dupont 公司生产的 FP 和 PRD166，美国 3M 公司生产的 Nextel 系列，英国 ICI 公司生产的 Saffil 以及日本 Sumitomo 公司生产的 Altel，见表2-8。

表2-8 国外已商品化生产的氧化铝纤维品种

商品牌号	生产厂家	生产方法	抗拉强度（GPa）	弹性模量（GPa）	使用温度（℃）
FP	美国 Dupont	淤浆法	$1.4 \sim 2.1$	$350 \sim 390$	$1000 \sim 1100$
PRD166	美国 Dupont	混合液纺丝法	$2.2 \sim 2.4$	$385 \sim 420$	1400
Altel	日本 Sumitomo	溶胶—凝胶法	$1.8 \sim 2.6$	$210 \sim 250$	1250
Saffil	英国 ICI	卜内门法	1.03	100	1000
Nextel440	美国 3M	溶胶—凝胶法	1.72	$207 \sim 240$	1430

1. 氧化铝纤维的生产方法

（1）溶胶—凝胶法。

①以金属铝的无机盐或醇盐为主要原材料，加入酸催化剂、水等，在一定条件下使其分散均匀，并发生水解和聚合反应，得到一定浓度的溶胶；再经过浓缩处理达到一定黏度后成为可纺凝胶，经过纺丝、干燥、烧结等步骤即得到氧化铝纤维。

②以铝溶胶和硅胶为主要原材料，将含有甲酸铝、乙酸铝的铝溶胶和硅胶、硼酸按适当比例混合，在一定条件下浓缩制备出适宜黏度的纺丝液，将该纺丝液置于纺丝机上进行挤出拉丝，再经过干燥和1000℃以上的高温烧结，使纤维致密化，得到高密度和高强度的连续氧化铝纤维。

③以水溶性有机硅烷为主要原材料，将水溶性有机硅烷加到 $Al(OH)_x(CHCOO)_y \cdot nH_2O$ 或 $Al_2(OH)_5Cl \cdot 2H_2O$ 的水溶液中，在一定条件下混合均匀，再加入成纤助剂（有机高分子

聚合物），进行充分混合形成纺丝液，该纺丝液经过高速气流吹成棉花状短纤维，于1000℃以下进行烧结热处理，得到含5% SiO_2 的 Al_2O_3 多晶短纤维。

溶胶—凝胶法生产氧化铝纤维工艺简单，易于控制，产品的均匀性好，其均匀程度可以达到分子或原子水平，溶剂在生产中容易被除去，烧结温度比传统的方法低400~500℃，所得氧化铝纤维的拉伸性能好。美国3M公司采用溶胶—凝胶法生产氧化铝纤维，在含有甲酸根离子和乙酸根离子的氧化铝溶胶中加入硅胶和硼酸，制成混合溶胶，浓缩成可纺溶液进行挤出纺丝，在1000℃以上带有张力条件下拉伸烧结，得到连续氧化铝纤维。

（2）淤浆法。淤浆法是以 Al_2O_3 粉末为主要原材料，加入分散剂、流变助剂、烧结助剂等，在一定条件下制成可纺混合物，再挤出成纤、干燥、烧结，得到直径在200μm左右的氧化铝纤维。例如，将粒径小于0.5μm的 $\alpha - Al_2O_3$ 微粉、$Al_2(OH)_5Cl_2 \cdot H_2O$ 和适量的 $MgCl_2$ 水溶液在一定条件下充分混合，使之形成可纺黏稠浆液，由该浆液纺出的丝经过干燥、烧结后就得到 Al_2O_3 多晶连续纤维。该方法生产中的浆料含水分及挥发物较多，在烧结前必须进行干燥处理，并要选择适当的升温速度，防止气体挥发时体积收缩过快导致纤维破裂。

（3）预聚合法。预聚合法是先将烷基铝和其他添加剂在一定条件下聚合，形成一种铝氧烷聚合物，将该聚合物溶解在有机溶剂中，加入硅酸酯或有机硅化合物，再对该混合物进行浓缩处理成可纺黏稠液，再经过干法纺丝成先驱纤维，分别在600℃和1000℃进行热处理，得到微晶聚集态连续氧化铝纤维。该方法的纺丝性能好，易于得到连续长纤维。

（4）卜内门法。卜内门法是将有机铝盐和其他添加剂在一定条件下混合，使之成为一定黏度的黏稠溶液，然后再与一定量的水溶性有机高分子、含硅氧化聚合物等混合均匀形成可纺黏稠液，经过纺丝、干燥、烧结等处理，就得到了氧化铝纤维。卜内门法的先驱体不能形成均匀溶胶，本身并不形成线型聚合物，难以得到连续长纤维，因而其产品多为短纤维形式，图2-10为此法所得氧化铝纤维的电镜扫描图。

（5）浸渍法。浸渍法是采用无机铝盐作为浸渍液，亲水性能良好的黏胶纤维作为浸渍物基体纤维，在一定条件下将它们混合均匀，无机铝盐以分子状态分散于基体纤维中，经过浸渍、干燥、烧结等步骤可以得到形状复杂的氧化铝纤维。该法成本较高，工艺较为繁琐，产品性能不易控制，形成的纤维质量较差。

（6）熔融抽丝法。1971年，美国TYCO研究所开发了熔融抽丝法来制备单晶 $\alpha - Al_2O_3$ 纤维，即在高温下向氧化铝熔体内插入钼制细管，利用毛细现象，熔融液刚好升到毛细管的顶端，然后由顶端缓慢向上拉伸就得到 $\alpha - Al_2O_3$ 连续纤维。和浸渍法类似，熔融抽丝法易于形成含铝纤维，并可以制成形状复杂的纤维产品，但成本较高，工艺较为繁琐，产品性能不易控制，形成的纤维质量较差。

2. 氧化铝纤维的性能　氧化铝纤维的生产原材料是易于得到的金属氧化物粉末、无机盐、水、聚合物、胶黏剂等，可以直接从水溶液、悬浊液、溶胶凝胶或其他有机溶液中纺丝，也可以以黏胶丝为载体纤维来制备，对生产设备要求不高，无需惰性气体保护等。因此，氧

(a)氧化铝初生丝的电镜扫描照片

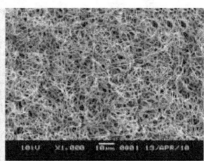
(b)经1300℃烧结处理1h后得到的氧化铝纤维的电镜扫描照片

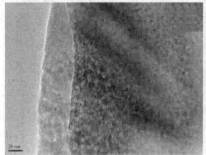
(c)氧化铝初生丝的投射电镜扫描照片

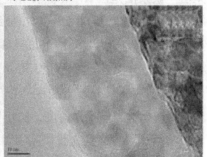
(d)经1300℃烧结处理1h后得到的氧化铝纤维的投射电镜扫描照片

图2-10 氧化铝纤维电镜扫描照片

化铝纤维除具有一般陶瓷纤维的高强度、高模量、热导率低、热膨胀系数低、抗化学侵蚀能力强、超常的耐热性、耐高温氧化性、低空隙率、低变形及独特的电化学性质等优点外，还具有原料成本较低、生产工艺简单等特点，具有较高的性价比和商业价值。

3. 氧化铝纤维的应用

（1）用作绝热耐火材料。氧化铝短纤维具有突出的耐高温性能，主要用作绝热耐火材料，在冶金炉、陶瓷烧结炉或其他高温炉中作护身衬里的隔热材料。由于其密度小、绝热性好、热容量小，不仅可以减轻炉体质量，而且可以提高控温精度，节能效果显著。氧化铝纤维在高温炉中的节能效果比一般的耐火砖或高温涂料好，其原因不仅是因为减少了散热损失，更主要的是强化了炉气对炉壁的对流传热，使炉壁能得到更多的热量，再通过辐射传给物料，从而提高了物料的加热速度和生产能力。氧化铝纤维还具有优异的高温力学性能，其抗拉强度可达3.2GPa，模量可达420GPa，使用温度可在1000℃以上，有些可在1400℃高温下长期使用而强度不变。

（2）用作高强度材料。氧化铝纤维增强铝基复合材料具有良好的综合性能，因而成为装甲车、坦克发动机活塞的理想材料。美国陆军采用氧化铝纤维增强复合材料制造履带板，使其质量从铸钢的544kg下降到272~363kg，减轻近50%。

（3）用作航空航天材料。氧化铝纤维还可应用于航空航天领域，据报道，氧化铝纤维增强复合材料制成空射导弹用固体发动机壳体，其爆破压强和钢材相同，质量却比铝合金还轻

11%。此外，应用于固体火箭发动机喷管，可使喷管设计大大简化，部件数量减少50%，质量减轻50%。

（4）用作汽车附件材料。氧化铝纤维增强铝基复合材料可用于制造汽车发动机活塞、连杆、气门、集流腔等。据称，采用这种材料制成的连杆质量轻、抗拉强度和疲劳强度高、线膨胀系数小，可满足连杆工作性能要求，日本本田公司在轿车上使用了5万根这样的连杆。

（5）其他应用。除了上述应用，氧化铝纤维材料还可以用作有机废气处理器、燃气催化燃烧辐射器、耐火隔热纤维砌块等，能够改善汽车发动机使用效率、减少废气排放量、提高燃烧速度、改善产品烘干效果等。用于环保和再循环技术领域，如用作焚烧电子废料的设备，经过多年运转后，氧化铝纤维仍然具有优良的抵抗炉内各种有害物腐蚀的性能。

4. 氧化铝纤维目前存在的问题及发展前景　氧化铝纤维具有较好的综合性能和较广泛的应用，但也存在一些问题。单纯的氧化铝纤维尤其是 $\alpha - Al_2O_3$ 纤维的力学强度还不够理想，需要在研制开发中引入一定的杂元素，以提高其力学性能，这方面有大量的空间需要做探索研究。氧化铝纤维的纯度也有待提高，以减少杂质、减少纤维缺陷，从而提高氧化铝纤维的强度。现在氧化铝的生产多为间歇式生产，间歇式生产不易获得性能稳定的长纤维，影响其使用。在实现了氧化铝纤维连续化生产后，既可生产短纤维，也可以生产长纤维，有利于扩大该纤维的应用范围和适应性。随着日益增长的市场需求，世界上不少先进国家正在不断地扩大氧化铝纤维的生产和开发研究。我国已开发出氧化铝短纤，但其长纤维尚属于空白，因此，开发性能优异的长纤维以取代国外产品具有十分重要的意义。

三、碳化硅纤维

碳化硅纤维（Silicon Carbide fibers）是重要的高技术纤维之一，化学式为 Si—C 或 Si—C—O。该纤维是以有机硅化合物为原料，经纺丝、碳化或气相沉积而制得具有 β – 碳化硅结构的无机纤维，属陶瓷纤维类。按形态可分为连续纤维、短切纤维、晶须；按结构分为单晶纤维和多晶纤维；按集数可分为单丝和束丝纤维。

从形态上来讲，晶须是一种单晶，碳化硅的晶须直径一般为 0.1 ~ 2μm，长度为 20 ~ 300μm，外观呈粉末状；连续纤维是碳化硅包覆在钨丝或碳纤维等芯丝上而形成的连续丝或纺丝和热解而得到纯碳化硅长丝。

1. 碳化硅纤维的制备方法　目前已有的 SiC 纤维在形态上有晶须和连续纤维两类。SiC 连续纤维可分为两种，一种是在碳丝或钨丝芯材上通过化学气相沉积（CVD）附着 SiC，制成直径为 140μm 的含异种芯材的复合型单丝；另一种是用有机金属聚合物纺成先驱丝，再经高温处理转变成 SiC 纤维。

能够实现工业化制备 SiC 纤维的方法主要有三种，即早期采用的化学气相沉积法（CVD），已成功实现工业化生产的先驱体转化法以及最近发展起来的活性碳纤维转化法。

（1）化学气相沉积法（CVD 法）。气相沉积法即在连续的钨丝或碳丝芯材上沉积碳化硅。

通常在管式反应器中用水银电极直接采用直流电或射频加热，把基体芯材（钨丝或碳丝）加热到1200℃以上，通入甲基氯硅烷（如甲基三氯硅烷）类化合物与氢气的混合气体，经反应裂解为碳化硅，沉积在细钨丝或碳纤维上，再经过热处理从而获得含有芯材的复合SiC纤维。

该法制得的SiC纤维中的SiC纯度高，表现出极好的抗拉强度和抗蠕变性能，CVD法SiC纤维的典型特性如表2-9所示。但是，CVD法SiC纤维直径太大（约140μm），不能编织，不利于陶瓷基复合材料（CMC）的成型，而且设备生产效率低下，成本太高，无法实现大批量工业化生产。

表2-9 CVD法SiC纤维的典型特征

SiC纤维	直径（μm）	抗拉强度（GPa）	抗拉模量（GPa）	密度（g/cm³）
SiC（钨芯）	142	3.3~4.46	422~448	3.46
SiC（碳芯）	142	3.4	400	3.00
国产SiC	100±3	>3.7	400	3.4

（2）先驱体转化法。先驱体转化法是以有机聚合物（一般为有机金属聚合物）为先驱体，利用其可溶可熔等特性成型后，经高温热分解处理，使之从有机化合物转变为无机陶瓷材料的方法。SiC纤维就是用聚碳硅烷为先驱体，通过在250~350℃下熔融纺丝成型，并经空气不熔化（在160~250℃下）处理、高温裂解而制得的。

由于先驱体法制备的连续SiC纤维比CVD法的制备成本低、生产效率高，更适用于工业化生产，因此，先驱体法制得的SiC纤维正逐渐成为研究与应用的主流。

先驱体法也有一些缺点，如原料及保护气体的价格昂贵、制造工艺繁杂，纤维质量不容易控制等。

（3）活性碳纤维转化法。为了使SiC纤维能够广泛地被各个领域所应用，就必然要求SiC纤维的制备成本要更低，并且制备过程要简单、容易。因此，出现了一种新的SiC纤维制备方法——活性碳纤维转化法。它是利用气态的一氧化硅与多孔活性碳反应便转化生成了SiC。

活性碳纤维（ACF）是20世纪70年代发展起来的第三代新型功能吸附材料（详见本书第七章第二节）。活性碳纤维转化法制备SiC纤维包括三大工序如下：

①活性碳纤维制备；

②在一定真空度的条件下，在1200~1300℃的温度下，ACF与SiO_2发生反应而转化为SiC纤维；

③在氮气气氛下进行热处理（1600℃）。

活性碳纤维转化法虽然使SiC纤维生产的成本大大降低，使得SiC纤维大批量、工业化生产以及大范围地被应用成为可能，但是其性能还需进一步的提高。提高活性碳纤维转化法SiC纤维性能的关键在于降低活性碳纤维微孔的孔径，并尽可能提高活性碳纤维的性能。

2. 碳化硅纤维的结构 碳化硅（SiC）纤维是以硅和碳原子交替键合组成的，其比强度和比模量较高，与金属、树脂的浸润性能好，与金属复合时很少发生反应，在高温下具有优越的抗氧化性能，是制造各类复合材料（包括金属基和陶瓷基复合材料）最有希望的无机纤维。它的综合性能（尤其是高温抗氧化性能）是目前广泛应用的碳纤维所望尘莫及的。目前SiC 纤维有五种：普通 SiC 纤维、含钛 SiC 纤维、碳芯 SiC 纤维、钨芯 SiC 纤维及 SiC 晶须。

碳化硅纤维的硬度介于刚玉和金刚石之间，机械强度高于刚玉，可作为磨料和其他某些工业材料使用。工业用碳化硅于 1891 年研制成功，是最早的人造磨料。在陨石和地壳中虽有少量碳化硅存在，但迄今尚未找到可供开采的矿源。纯碳化硅是无色透明的晶体。工业碳化硅因所含杂质的种类和含量不同，而呈浅黄色、绿色、蓝色乃至黑色，透明度随其纯度不同而异。碳化硅晶体结构分为六方或菱面体的 α – SiC 和立方体的 β – SiC（又称立方碳化硅）。α – SiC 由于其晶体结构中碳和硅原子的堆垛序列不同而构成许多不同变体，已发现 70 余种。β – SiC 于 2100℃ 以上时转变为 α – SiC。其结构如图 2 – 11 ~ 图 2 – 14 所示。

图 2 – 11　碳化硅纤维宏观形态

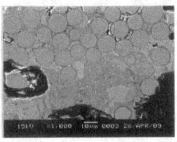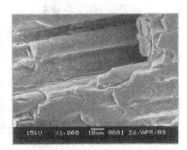

图 2 – 12　α – SiC 的晶体结构　　　图 2 – 13　SiC 纤维抛光面的形貌　　　图 2 – 14　SiC 纤维断裂面形貌

3. 碳化硅纤维的性能　　碳化硅（SiC）纤维是近年来受材料界关注的高性能陶瓷纤维，具有与金属、陶瓷、聚合物复合相容性好的特点，是高性能复合材料的理想增强纤维。其性能如下：

（1）比强度和比模量高。碳化硅复合材料包含 35% ~ 50% 的碳化硅纤维，因此有较高的比强度和比模量，通常比强度较复合前提高 1 ~ 4 倍，比模量提高 1 ~ 3 倍。

（2）高温性能好。碳化硅纤维具有卓越的高温性能，碳化硅增强复合材料可提高基体材料的高温性能。

（3）尺寸稳定性好。碳化硅纤维的热膨胀系数比金属小，仅为 $(2.3 \sim 4.3) \times 10^{-6}/℃$，碳化硅增强金属基复合材料具有很小的热膨胀系数，因此也具有很好的尺寸稳定性能。

（4）不吸潮、不老化，使用可靠。碳化硅纤维和金属基体性能都很稳定，其复合材料不存在吸潮、老化、分解等问题，保证了使用的可靠性。

（5）优良的抗疲劳和抗蠕变性。碳化硅纤维增强复合材料有较好的界面结构，可有效地阻止裂纹扩散，从而使其具有优良的抗疲劳和抗蠕变性能。

（6）较好的导热和导电性。碳化硅增强金属基复合材料保持了金属材料良好的导热性。此外，它还具有热变形系数小、光学性能好、各向同性、无毒、能够实现复杂形状的近净尺寸成型等优点，因而成为空间反射镜的首选材料。

碳化硅纤维的最高使用温度达 1200℃，其耐热性和耐氧化性均优于碳纤维，强度达 1960 ～ 4410MPa，在最高使用温度下强度保持率在 80% 以上，模量为 176.4 ～ 294GPa，化学稳定性也好。

作为一种多相陶瓷，SiC 的材质既硬且脆，加工难度很大。从已见报道的 SiC 反射镜来看，其面形精度尚不能满足高精度光学系统的成像要求，这使得它在应用中受到限制。常规的碳化硅产品在弥补现有常规纤维在特殊领域的不足之外尚有许多的缺陷。

4. 碳化硅纤维材料的应用前景 随着科学技术的发展，对高性能纤维的需求越来越紧迫，尤其在航空、航天、原子能、高性能武器装备及高温工程等诸多领域，迫切需要高比强度、高比模量、耐高温、抗氧化、耐腐蚀的新型材料。目前，碳化硅纤维产品在很多领域已有应用。

（1）航空航天材料。碳化硅纤维复合树脂用做飞机的主体和机翼，重量有明显减轻；制成宇宙火箭，不仅重量轻，而且强度高、热膨胀系数大大减小。

（2）运动用材料。由于该材料材质轻、强度高、耐热性能好，已广泛用做赛艇、赛车、摩托车和轻快自行车材料及其他体育材料。

（3）医疗用具。由于该材料的 X 射线透过性强、材质强度高，已用于制作 X 光用机械、医疗用器皿和人造关节等。

（4）土木工程材料。目前地下电缆、输水管道、桥梁等已开始使用这种材料。

此外，由于 SiC 的宽禁带性质，SiC 制备的紫外光电探测器可在极端条件下应用于生化检测、可燃性气体尾焰探测、臭氧层监测、短波通信以及导弹羽烟的紫外辐射探测等领域，并适用于恶劣环境的光探测器件与光传感器。Ti、Co、Al 掺入 SiC 薄膜具有比纯的 SiC 薄膜更优越的光敏性能，是一种在光催化、太阳能电池、紫外光传感器等多个领域具有研究价值的薄膜材料。

就 SiC 纤维来说，今后的发展趋势，首先是从合成方法上简化工艺流程，制取加工性能优越的先驱体，改进工艺，降低成本，提高性能，开发用途；其次是深入对反应机理和 SiC 纤维及其复合材料的性能与微观结构的研究，从而寻求改进加工性能和使用性能的途径。

第二篇　高功能纤维

　　"功能"和"性能"是与一种材料的属性密切相关的两个方面，"性能"是材料自身对外部刺激抵抗能力的表现，如强度、耐热性、溶解性等，"功能"则是指材料对外产生的影响和作用。高功能纤维（high functional fiber）是指通过高技术手段获得某种特殊功能的纤维，其与普通功能纤维的区别就在于纤维的功能是通过现代高新技术处理而获得的。

　　随着新材料新技术的不断涌现，完全不同于普通纤维的功能性纤维不断被创新和发展，这些高功能纤维的应用范围正从狭义的纺织领域扩展到包括医疗保健、信息传输、分离吸附、应激防护等诸多产业范围。各学科领域正高度地交叉融合，人们正在脱离传统的大量生产通用纤维的时代，向生产以高功能纤维为中心的高技术纤维及其制品方向发展。

　　本篇主要介绍医疗保健功能纤维、传导功能纤维、防护功能纤维、舒适功能纤维、分离吸附功能纤维及智能纤维。

第三章 医疗保健功能纤维

在医疗保健的现代发展中，新型多功能纺织品的开发非常引人注目。新型保健功能纺织品已不再是麻、竹等植物纤维制造的医护中的服装、巾带，不再只具备简单的包覆和缝合功能，而是涉及生物医药科学发展和纺织科技进步的一个高技术产品门类。现代科技的发展推出各类医疗保健纤维，如今备受青睐。医疗保健纤维逐渐形成了功能纤维的一个分支，一系列产品在生活保健、外科手术、组织工程等方面都有较为广泛的应用研究。

第一节 甲壳素纤维与壳聚糖纤维

一、甲壳素与壳聚糖概述

1811 年，法国研究自然科学史的 H. Braconnot 教授用温热的稀碱溶液处理蘑菇后得到白色残渣，把它称为 fungine 纤维素（真菌）；1823 年，另一位法国科学家 A. Odier 从昆虫的翅鞘中分离出同样的物质，他命名此新型物质为 chitin 纤维素（甲壳素）。1859 年，C. Rouget 将甲壳素浸泡在浓 KOH 溶液中煮沸一段时间，取出发现其可溶于有机酸；1894 年，F. Hoppe - Seiler 确认这种产物是脱掉部分乙酰基的甲壳素，并命名为 chitosan（壳聚糖）。在此期间，甲壳素的研究工作都是由法国人在进行，报道甚少。1934 年，在美国首次出现了关于工业制备壳聚糖的专利，并且在 1941 年制备出了壳聚糖人造皮肤和手术缝合线。此后，甲壳素的研究才受到较大的重视，其制备、开发取得了长足的进步，它被发现广泛存在于昆虫类、水生虾蟹等的甲壳和菌类及藻类的细胞壁中。20 世纪 70 年代开始，甲壳素的研究重心转到了日本，1980~1990 年间，日本几乎每三天就申请一项专利。与此同时，世界各国科学家也都对壳聚糖的研发越来越感兴趣，分别与 1978 年、1980 年、1984 年连续召开国际学术会议，探讨壳聚糖的提取技术和应用研究，从而使壳聚糖在食品、化妆品、纤维、污水处理、药学、医学、功能膜材料等领域开辟了许多用途。

我国从 20 世纪 50 年代开始接触甲壳素，但研究工作并没有得到实质性的进展。80 年代后期到现在，甲壳素的发展达到了高潮，全国有数千家科研院所、大专院校和企业从事甲壳素的应用开发，并且成立了国家到地方级的甲壳素学会，先后召开了多次甲壳素相关的全国性学术会议，研究论文多达数百篇。目前，全国甲壳素的年产量已突破 4000 吨大关，但我们的甲壳素生产技术水平还不高，产品档次较低，有待于继续提高。

1. 甲壳素与壳聚糖的结构特点　　甲壳素的化学结构和纤维素类似，是聚乙酰胺基葡萄糖即聚（1，4）-2-乙酰氨基-2-脱氧-β-D-葡萄糖，又名甲壳质、壳质、几丁质。甲壳素是以小片或粉状存在的，由于分子内、分子间极强的氢键作用，呈现为紧密的晶态结构，自然界的甲壳素是多晶形的，有三种结晶态。

（1）α甲壳素。斜方晶系结构，分子链呈逆平行排列，晶胞堆砌紧密稳定，存在于虾、蟹、昆虫等甲壳纲生物及真菌中，在甲壳素中占有的比例最大。

（2）β甲壳素。单斜晶系结构，分子链同向平行，含结晶水，结构稳定性较差，但可以通过溶胀或溶解作用转变成α甲壳素，存在于鱿鱼骨、海洋硅藻中。

（3）γ甲壳素。α与β结构的混合体，结晶不完善，存在于少量甲虫壳中。

一般而言，甲壳素的 N – 乙酰基脱去55%以上就称之为壳聚糖，这种脱乙酰度的壳聚糖能溶于1%乙酸或1%盐酸，所以也叫可溶性甲壳素。甲壳素则称为不溶性甲壳素。壳聚糖含有游离氨基，能结合酸分子，是天然多糖中唯一的碱性多糖，因而具有许多特殊的物理化学性质和生理功能。我们通常说的甲壳素，在大多数情况下是指壳聚糖，在应用中，也大都是壳聚糖。甲壳素、壳聚糖和纤维素有十分相似的单元结构，如下所示：

甲壳素　　　　　　　　　　壳聚糖　　　　　　　　　　纤维素

可将它们视为纤维素大分子 C_2 位上的羟基（—OH）被乙酰氨基（—NHCOCH$_2$）或氨基（—NH$_2$）取代后的产物。

2. 甲壳素的提取与壳聚糖的制备　甲壳素的蕴藏量仅次于纤维素，每年的生物合成量在100亿吨以上，是一种丰富的有机再生资源。其提取方法因原料的不同而异，自然界中的甲壳素都不是以纯粹的形式存在的，从菌类、藻类、动物甲壳等都可提取甲壳素。

一般来讲，从虾、蟹壳中提取比较方便，它们的甲壳中主要含有三种成分：碳酸和磷酸钙等无机盐约占45%，粗蛋白和脂肪占27%，甲壳素约占20%。由虾、蟹壳制取甲壳素主要由以下三步工艺组成：

（1）虾、蟹壳用水洗净后，用1mol/L的盐酸在室温下浸渍24h，使甲壳素中所含的碳酸钙转化为氯化钙溶解除去。

（2）脱钙的甲壳素在3%～4%的NaOH中煮沸4～6h，除去其中的蛋白质即得粗品甲壳素。

（3）将粗品甲壳素在0.5%高锰酸钾溶液中搅拌1h，水洗后在60～70℃的温度下在小于1%的草酸中搅拌30～40min予以脱色，再经充分水洗和干燥，即可得到白色纯甲壳素成品。具体制备工艺流程如下：

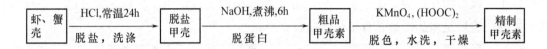

上述方法制得的粗品甲壳素，在140℃下，用50%的NaOH加热3h，可得到白色沉淀物，经水洗干燥后即为壳聚糖成品。

3. 壳聚糖的功能活性　壳聚糖具有许多天然的优良性质，如吸湿等反应活性、促进伤口愈合等组织相容性、与人体组织机械匹配的力学相容性；还具有极强的抗菌性与生理药物活性，可降低血脂、血糖、血压，增强免疫力，排除体内毒素（有害胆固醇、体内金属离子、农药及体内自由基等），且不与体液起反应，也无抗原反应，被认为是继蛋白质、糖、脂肪、维生素、矿物质之后的"第六生命要素"。

（1）反应活性。壳聚糖的分子中含有羟基、氨基、吡喃环、氧桥等功能基，属于亲水性基团，从而对水分有好的保湿性。在一定的条件下，这些基团能发生生物降解、水解、烷基化、酰基化、氧化还原、缩合、络合等衍生化反应，通过各种化学修饰，为增强物质的生物活性和改善机械性能提供了新的途径。甲壳素分子中的羟基和氨基容易在侧链引入功能基团，破坏结晶区结构，增加非结晶区部分，不但可以改变其溶解性，而且可以改变物化性质。

壳聚糖羧甲基化后，与磷酸钙生成螯合物，它可促进骨骼的矿化，在医药上可作为成骨的促进剂。选择性制备硫酸化甲壳素和硫酸化壳聚糖，是壳聚糖众多衍生物中最具诱人的领域。它们不但具有抗凝血性和解吸血中脂蛋白的活性，而且还显示出抑制肿瘤与抗艾滋病毒的作用，已引起药理学家和病毒学家的高度关注。另外，N-辛酰化和N-己酰化壳聚糖还具有抗血栓性。壳聚糖的苷键在酶的作用下断裂降解的甲糖和低聚糖，不仅能够被人体组织吸收，而且呈现良好的组织作用。研究证明，壳聚糖的降解产物N-乙酰葡萄糖胺对组织的瘢痕修复非常重要。

另外，某些反应的利用也具有实际意义。如用壳聚糖的过滤材料处理自来水，基于络合原理，能除去Cu^{2+}和SO_4^{2-}，可使砷含量降低到$0.05\mu g/g$，水中致癌的Cl_2、COD和细菌也明显得到了改善。当前，日本将70%左右的壳聚糖作为絮凝剂，用于处理下水道的污泥、污水和各种工业废水，取得了相当好的效果。

（2）生物组织相容性。生物组织相容性是当生物质进入心血管系统以外的组织和器官时，如骨骼、牙齿、内部器官、肌肉、肌腱、皮肤等，组织对生物质的反应和生物质在周围组织作用下能持续保持有效生物功能的能力。壳聚糖在人体内经酶的作用等可发生生物降解，降解产物为安全、有益的低聚糖，在大多数情况下，植入人体不会引起纤维性包囊膜，也不会导致慢性炎症，而且壳聚糖的无抗原性，对诱导细胞增殖和最终促进植入体与宿主组织一体化具有重要意义。

在组织愈合和修复过程中，主要包括血小板聚集、血液凝固、纤维蛋白形成、炎性反应发生、基质变化、细胞增殖和再生、受损组织修复和重塑等过程。壳聚糖的氨基阳离子易与血液中带负电的成分结合，能促进凝血作用。壳聚糖通过介导细胞增殖可促进伤口愈合，通过温和的急性炎性反应吸引大量的多形核细胞和巨噬细胞以清除组织碎片和血凝块。壳聚糖对基质细胞有趋化、迁移、激活作用，并加速细胞增殖和组织重塑过程，促进皮肤组织修复。故壳聚糖可用作止血剂以及真皮溃疡、烧伤、擦伤、眼部整形等的辅助治疗药物。

（3）力学相容性。力学相容性是指生物材料与人体组织在力学性能上的匹配。对于植入体内承受负荷，甚至要求具有弹性形变等力学性能的材料，其力学性能要能够和植入部位的组织相适应或相匹配。用于人体的生物材料或多或少要承受一定的负荷，同时与周围组织发生协同作用，实现一定的生物机械功能，在这个过程中生物材料会与周围组织产生相互作用，所以与周围组织在力学性能上相互匹配是保证发挥其生物机械功能的基础。由于壳聚糖具有和纤维素类似的大分子链结构，刚性很强，所以有较高的强度和模量，力学性能良好。另外，还可以通过化学方法调节其相对分子质量来获得与人体不同部位组织的强度相匹配的改性壳聚糖衍生物，以满足临床的需要。

（4）抗菌性。甲壳素、壳聚糖聚合物具有广谱抗菌、抗病毒活性，对于不同的微生物，其抑制作用的机理可能不同，其作用方式主要有：损伤细胞壁、改变细胞膜的通透性、改变蛋白质和核酸分子、抑制酶的作用、作为抗代谢物、抑制核酸的合成。

甲壳素、壳聚糖对革兰阴性菌的抑菌机理，主要是由小分子的壳聚糖渗透进入细菌细胞内，吸附细胞内带负电的细胞质，并引起絮凝作用，扰乱细菌细胞正常的生理活动，从而起到杀灭细菌的作用。对于革兰阳性菌的抑菌机理，主要是由聚合成大分子的壳聚糖吸附在细菌细胞表面，形成一层高分子阻断膜，阻止营养物质向细胞内运输，从而起到抑菌和杀菌作用。

（5）生理药物性。

①降低血糖、血压、血脂。血糖升高是由于体内胰岛素分泌不足或靶细胞对胰岛素敏感性降低时，糖、蛋白质和脂类代谢障碍所造成的。糖原合成是机体储存多余血糖的一个重要途径，胰岛素可以通过激活糖原合成酶——磷酸酶来促进肝脏、肌肉中糖原的合成。研究发现，患糖尿病的大鼠，其肝糖原合成酶的活性是降低的，但当低分子壳聚糖进入胰岛后，可促进胰岛细胞的修复，提高胰岛素分泌，增加外周组织对胰岛素的敏感性，从而促进糖原合成，起到降低血糖，调节机体糖代谢的作用。

原发性高血压的治疗原则是限制食盐的摄取。实验证实，血压升高仅和食盐中的 Cl^- 有关，而和 Na^+ 无关。食盐中 Cl^- 能使血管紧张素转换酶活化，该酶催化血管紧张素 I 转变为血管紧张素 II，血管紧张素 II 促进醛固酮分泌使体内滞留钠和水，血容量增加血压升高。带正电荷的壳聚糖与 Cl^- 相吸引，而排泄于粪便中，体内缺少 Cl^-，转换酶无活性，血管紧张素 II 减少，血压下降。

血液中的脂肪滴带负电荷，当带正电荷的壳聚糖与其结合时，在脂肪滴周围产生天然屏障，壳聚糖及其降解物具有良好的吸附作用和螯合分子的能力，阻断脂肪分子进一步分解，妨碍脂肪滴被吸收；低浓度甲壳素和壳聚糖还能抑制脂肪消化酶活性，使脂肪在小肠内不被吸收而以脂肪微粒排出体外；甲壳素和壳聚糖在小肠内可与胆汁酸相结合，影响脂类乳化，减少人体吸收。通过以上作用，降低了血脂的含量。

②免疫调节。体内巨噬细胞的含量、T淋巴细胞的活性可以有效地改善人体免疫调节作用。一方面，甲壳素、壳聚糖所带的阳性基团吸引单核细胞从血液中游出，使之聚集在组织中形成巨噬细胞，同时，甲壳素、壳聚糖直接刺激某些局部组织，促使其内细胞增生，继而演变为巨噬细胞。另一方面，甲壳素、壳聚糖活化T淋巴细胞主要体现在：偏酸性的体内环境，癌细胞生长增殖加快，而淋巴细胞不活跃，作用反应迟钝。研究发现，在pH = 7.4的体液中，淋巴细胞活性最强，能直接杀死异变癌细胞。甲壳素、壳聚糖中的氨基能吸附H^+，提高体液中$RCOO^-$浓度，使体液pH > 7，偏向碱性，创造出有利于淋巴细胞攻击癌细胞的环境，对改善体内环境非常有效。

③抑制肿瘤。甲壳素、壳聚糖主要通过增强机体非特异性免疫功能从而对肿瘤起到抑制作用，其中壳聚糖的相对分子质量及结构单元构成在抑制不同肿瘤类别上起到不同的作用。甲壳素和壳聚糖在小鼠体内的抗癌活性研究证明，两者都能抑制小鼠体内的肿瘤细胞生长，进一步研究发现，这两种低聚物对Meth - A肿瘤也具有相应抑制作用。同时还发现，有三个或四个结构单元的壳聚糖对小鼠体内的肉瘤（S - 180）细胞也具有一定的抑制作用。之后，用低聚壳聚糖（6 ~ 9个单糖分子）研究了对实体瘤和腹水瘤的抑制作用，结果显示，壳聚糖对DNA的强亲和力抑制了宿主细胞对病原体的反应，进而抑制肿瘤作用，同时还可以降低化疗药物的毒副作用。近期的研究还发现，诱导肿瘤细胞凋亡可能是壳聚糖抑制肿瘤细胞生长的又一个重要机制。

④其他医学性能。壳聚糖由于其阳离子特征和在溶液中的高电荷密度，与天然多糖，如藻酸盐、葡萄糖胺以及合成聚阴离子（如聚丙烯酸）均可形成配合体。而壳聚糖的电荷密度具有pH依赖性，所以这些配合体被转运到一定的生理环境下，会导致甲壳素固定的聚阴离子发生解离。这种性质可用于定位运送活性聚阴离子。DNA与甲壳素形成配合物不但免受核酸酶促降解，而且由于可能与细胞膜的某些作用增强了运送能力。

作为包含生物信息的天然高分子，甲壳素及它的衍生物可被生物体内的溶菌酶分解而吸收，应用于相关的医药领域时，其安全性较其他合成材料更为可靠。

二、甲壳素纤维和壳聚糖纤维的发展简史

甲壳素的化学结构与纤维素比较相似，于是人们自然地想到了用它们去生产纤维。1926年丹麦的Kunike首次在6% ~ 10%的甲壳素/冷浓硫酸溶液中纺出了甲壳素纤维。随后的十几年中，其他一些科学家又陆续用其他方法生产出甲壳素纤维，包括硫氰酸锂溶液法、磺酸盐制造法等。但是，自从20世纪30年代后期，商业上的注意力转移到当时刚发明的合成纤维后，甲壳素纤维的研究工作也便消失了。直到20世纪70年代发现了甲壳素和壳聚糖的一些

特性后，人们才又开始了甲壳素纤维的研究。之后，研究者又开发了一些以盐类作助溶剂的新溶剂体系来生产甲壳素纤维，特别是利用 DMAc—LiCl 溶剂体系生产甲壳素纤维得到了认可。

由于甲壳素溶解的局限性，在加工纤维研究中，其最重要的衍生物——壳聚糖慢慢地得到了人们广泛的关注。壳聚糖易溶于稀酸，其纺丝原液的制备应该是既方便又成本低。其实早在 1942 年美国就成功研制了壳聚糖纤维，只是当时对其特性研究不太深入，尤其是壳聚糖纤维的抗菌性未被发现，因而未被人们接受。1977 年，Johnson 在美国专利"采用壳聚糖制品对液体或气体进行过滤吸附"中提及将壳聚糖原料以 5% 的比例溶解于稀释的乙酸之中制成纺丝浆液，然后在压缩氮气的作用下通过原用于生产醋酸纤维的喷丝板挤出成型。但得到的壳聚糖纤维表面相当粗糙，直径也很大。随后，日本富士纺织株式会社也探索了不同的纺丝溶剂。20 世纪 90 年代初期，日本抢先利用壳聚糖纤维的特性制成了与棉混纺的抗菌防臭类内衣和裤袜，深受消费者的青睐。其后，1999 年韩国甲壳素公司也建立了壳聚糖纤维试验生产线。

相比而言，我国开发研制甲壳素类纤维的工作起步较晚。1991 年，东华大学研制成功甲壳素医用缝合线，接着又申请了壳聚糖医用敷料（人造皮肤）的专利，几年后开发了甲壳素系列混纺纱线和织物并制成各种保健内衣、裤袜和婴儿用品。2000 年，在山东潍坊，世界第一家量产纯甲壳素纤维的韩国独资企业投入生产。之后，北京、江苏、浙江等省市的有关厂家也开始甲壳素类纤维的研发及生产，最具代表性的是山东华兴集团形成了拥有自主知识产权的年产 2000t 甲壳素纤维的生产线，实现了产品多元化、系列化应用，其品牌海斯摩尔纤维被指定为中国航天专用产品。最近，青岛即发集团和韩国高丽大学合作，利用韩国的粉末抽提法制备甲壳素技术和离子液助溶技术，也解决了产业化生产的工艺问题，年产各种止血、愈合材料 2000 万片，出口总量将达 30t。

三、甲壳素纤维和壳聚糖纤维的制备

在一定的条件下，甲壳素通过不同化学反应，可生成各种具有不同性能的衍生物，用这些物质制得的纤维统称甲壳素纤维。甲壳素类物质由于其分解温度低于熔融温度，所以不能采用熔体纺丝。目前，世界上采用的方法大致有湿法纺丝、干法纺丝、干湿法纺丝、静电纺丝、液晶纺丝、发酵法等。

1. 湿法纺丝　湿法纺丝是制备甲壳素类纤维最常用且成熟的方法。首先，将甲壳素或壳聚糖溶解在合适的溶剂中，配制成一定浓度、一定黏度、性能稳定的纺丝原液，纺丝原液经过滤脱泡后，在一定压力下通过喷丝头的小孔喷入凝固浴槽中，呈细流状的原液在凝固浴中形成固态纤维，再经拉伸、洗涤、干燥等后处理即可。能够溶解甲壳素或壳聚糖的溶剂不是太丰富，可以根据纺丝液效率进行选择，如三氯乙酸和二氯甲烷混合溶剂（1:1）、含有氯化锂的二甲基乙酰胺混合溶液（1:20）均可溶解甲壳素，由 5% 醋酸溶液和 1% 尿素组成的混

合溶液可溶解壳聚糖。

2. 干法纺丝 甲壳素类纤维的干法纺丝工艺是以易挥发物质作为溶剂，如六氟异丙醇。近年来的研究表明，二丁酰甲壳素在易挥发有机溶剂丙酮中具有较好的溶解性能，因此其成型工艺可采用干法纺丝。据报道，20%～22%（质量分数）的二丁酰甲壳素/丙酮溶液的干法纺丝技术已经完善。

3. 干湿法纺丝 干湿法纺丝是将纺丝溶液从喷丝头压出后，先经过一段有惰性气体包围的空间，然后再进入凝固浴的一种纺丝方法。甲壳素类纤维干湿法纺丝的凝固浴多以醇与水为主。凝固浴温度依据凝固剂的种类、原料及生产工艺的不同而异，一般控制在－11～30℃。干湿法纺丝技术制备甲壳素纤维的研究发现，该技术类纤维力学性能比湿法纺丝制备的要好。据报道，浓度为24%的二丁酰甲壳素/二甲基甲酰胺溶液具有较好的可纺性；气隙长度为3cm的工艺条件得到的纤维的力学性能较好。

4. 静电纺丝法 静电纺丝是一种对高分子溶液或熔体施加高电压而进行纺丝的方法。用静电纺丝法能制得直径为50～500nm的纤维，并可直接制造纳米纤维非织造布。基于骨胶原、蚕丝等天然高分子静电纺丝的应用，壳聚糖静电纺纳米纤维也被成功开发，形成的非织造布在力学性能、导电性、吸附性及本身特性等方面均表现出优良的性质。

5. 液晶纺丝法 甲壳素及其衍生物具有液晶性，已报道的液晶性甲壳素衍生物有羟丙基壳聚糖、乙酸酯壳聚糖、*N*－邻苯二甲酰化壳聚糖、*O*－氰乙基壳聚糖、丁酸壳聚糖等。杜邦公司的研究人员已分别采用甲壳素乙酯/甲酯和壳聚糖乙酯/甲酯液晶溶液，制得了强度达4.84cN/dtex以上和5.28cN/dtex以上的纤维。

6. 发酵法 甲壳素广泛存在于真菌类生物的细胞壁中，在合适的发酵条件下，一些丝状真菌在生长繁殖后可以直接产生甲壳素含量很高的纤维状产品，经过简单的处理可以加工成纸、非织造布等产品。这种发酵工艺与传统的湿法纺丝相比，工艺流程短，可能成为生产甲壳素纤维的一种新方法。

四、甲壳素纤维和壳聚糖纤维的形态结构

甲壳素纤维一般表面平直、略微弯曲，截面粗细均匀，形状有圆形、多角形。其纵向表面形态与截面形态如图3－1（a）所示。

壳聚糖纤维的纵向表面不平整，有微细的不规则孔洞和较浅的条纹，截面为米粒形，有微细小孔隙，边缘有些不规则的凹凸，截面没有明显的皮芯层结构。其形态结构如图3－1（b）所示。

五、甲壳素纤维和壳聚糖纤维的性能

1. 力学性能 纤维的力学性能取决于纤维中的高分子结构，而高分子结构又因加工条件的不同而异。研究表明，由于乙酰胺基团有很高的氢键形成能力，因此甲壳素是一种结晶度

(a) 甲壳素纤维

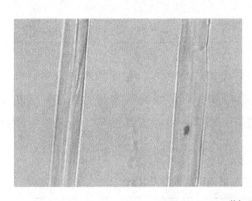
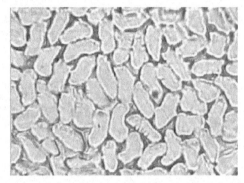

(b) 壳聚糖纤维

图 3 - 1 甲壳素及壳聚糖纤维的形态特征

很高的高分子材料。甲壳素纤维的结晶度随着纤维中乙酰度的提高而提高，而结晶度的增加可以使纤维的强度增加。当纤维部分脱乙酰化变为壳聚糖时，纤维的高分子结构变得无规则，进而影响了纤维的结晶度，从而使湿强度有所下降。

一般的甲壳素纤维具有和黏胶纤维相似的性能，它们的强度在 1.76cN/dtex 左右。在某些特定的条件下，通过液晶纺丝或干湿法纺丝，甲壳素可被加工成具有很高强度的纤维。但与棉纤维相比，甲壳素类纤维线密度偏大，纤维间抱合力差，强度偏低，脆性大，可纺性差，成纱强力低，易断头，在一定程度上影响了其成纱效果。在一般条件下用甲壳素纤维进行纯纺及织造还有一定困难，通常采用甲壳素、壳聚糖纤维与棉纤维或其他纤维混纺来改善其可纺性。随着甲壳素原料及纺丝工艺的不断改进，纤维线密度和强度将会进一步提高，用它可开发各种甲壳素纯纺或混纺产品。表 3 - 1 显示了甲壳素、壳聚糖纤维的抗拉性能以及它们和其他一些常见的纺织纤维在抗拉性能上的比较。

壳聚糖纤维在受潮时的强度极低，完全潮湿的纤维强度只是在干燥条件下的20%；甲壳素和壳聚糖的热性能跟纤维素很相像，受热时纤维开始降解。一般来说，甲壳素比壳聚糖更稳定。

表3-1　甲壳素类纤维和其他一些纺织纤维的性能比较

纤维种类	密度（g/cm³）	吸湿度（%）	强度（cN/dtex）	延伸性（%）
棉纤维	1.54	7~8.5	2.3~4.5	3~10
毛纤维	1.32	14~16	0.9~1.8	30~45
黏胶纤维	1.52	12~16	1.5~4.5	9~36
醋酯纤维	1.30	6~6.5	1.0~1.26	23~45
腈纶	1.17	1.5	1.8~4.5	16~50
涤纶	1.38	0.4	2.5~5.5	10~45
聚酰胺66	1.14	4~4.5	3.6~8.0	16~50
海藻酸纤维	1.78	17~23.0	0.9~1.8	2~14
甲壳素纤维	1.39	10~12.5	1.2~2.2	7~33
壳聚糖纤维	1.39	15~17.8	0.6~2.48	6~19

2. 卷曲性能　纤维的卷曲数直接影响纤维的摩擦力和抱合力。卷曲数过多，引起纤维间的抱合力过大，产生静电干扰和损伤纤维；卷曲数过少，则纤维间的抱合力差，影响纺织加工和成纱质量。一般化学纤维的卷曲率控制在10%~15%。甲壳素纤维与其他几种常用纤维卷曲性能比较见表3-2。

表3-2　甲壳素纤维与几种常用纤维的卷曲性能比较

纤维种类	卷曲数（个/cm）	卷曲率（%）	卷曲弹性回复率（%）	残留卷曲率（%）
甲壳素纤维	2	8.4	69.5	5.9
棉（转曲）	3.2	10.9	83.2	65.2
黏胶纤维	1.2	5.8	64.8	3.6
涤纶	5.2	21.2	89.6	18.7
羊毛	4.8	11.2	85.1	12.2
大豆纤维	2	1.65	75.5	0.88
竹纤维	4.4	3.03	65.0	2.43

卷曲弹性回复率是考察卷曲牢度的指标，一般70%~80%的卷曲弹性回复率有利于纺纱。残留卷曲率表示纤维受力后的耐久程度，是考察卷曲牢度的指标之一，其值在10%左右的纤维纺纱性能一般较好。由表3-2数据可以发现，甲壳素纤维的卷曲率较低，这表明甲壳素纤维的抱合性较差，对纺纱及成纱强力都会有不利影响，在制订纺纱工艺时需适当考虑。

3. 螯合性能　壳聚糖分子具有复杂的双螺旋结构，分子链上存在大量的—OH和—NH_2，—OH上的O和—NH_2上的N有孤对电子，与重金属离子具有很好的配位螯合作用，能形成稳定的螯合物，然后在其交联与架桥作用下絮凝沉淀，从而达到去除有毒有害的重金属离子的效果。壳聚糖对重金属离子的吸附效果与壳聚糖脱乙酰程度、颗粒大小、吸附时间、溶液的 pH、吸附温度以及所吸附的重金属离子的种类有关。

在用硫酸铜（$CuSO_4$）和硫酸锌（$ZnSO_4$）溶液处理后，吸附在壳聚糖纤维上的 Cu^{2+} 和 Zn^{2+} 占整个纤维的含量可达 9% 和 6.2%，而且这种对金属离子的螯合是一个相当快的过程。随着金属离子的吸附，纤维的强度也有明显的增加。但若该纤维脱乙酰化后，纤维的螯合性能便逐渐下降。由此证明，甲壳素材料的螯合性能主要来自纤维中的游离氨基基团。而把吸附了金属离子的纤维用乙二胺四乙酸（EDTA）处理后，纤维上的金属离子可以被完全洗除。这证明甲壳素纤维可以被循环使用在金属离子的回收利用上。

4. 生物医学性能　甲壳素纤维和壳聚糖纤维的生物医学性能可以从两个方面来理解，即其原材料本身的性能及其作为纤维材料所特有的性能。

作为一种天然高分子材料，甲壳素及其衍生物具有良好的生物相容性和生物可降解性，还有广谱抗菌、抗感染和很强的凝血作用以及促进伤口康复愈合，调节血脂和降低胆固醇，增强免疫力和抗肿瘤等多种生理活性作用。

作为一种纤维材料，甲壳素类纤维可被加工成纱线、机织物、针织物和非织造布材料。壳聚糖纱线可用于医用缝合线，可在人体内降解并吸收。甲壳素机织物或针织物可用于细胞移植和组织再生的多孔结构支架。壳聚糖非织造布可用于处理流血流脓的伤口敷料，兼有良好的吸湿保湿性。

5. 其他性能　甲壳素纤维与其他纤维素一样无熔点，不软化，不收缩，有良好的耐热性，耐日光性能差。接触火焰迅速燃烧，离开火焰继续燃烧。甲壳素纤维不耐酸，在稀酸中能溶解，耐碱性较好，它对反应性染料和直接染料的亲和性较好。

纤维的吸湿性是关系到材料性能和加工工艺的重要指标，甲壳素纤维同样具有优良的吸湿保湿功能，由于甲壳素纤维在其大分子链上存在大量的羟基和氨基等亲水性基团，故纤维有很好的亲水性和很高的吸湿性，甲壳素纤维的吸湿性能与黏胶接近。甲壳素纤维的平衡回潮率一般为 12%～16%，在不同的成型条件下，其保水率均在 130% 左右。

纤维吸湿后，会引起一系列性质的变化，而纤维的导电与吸湿性两者密切相关。甲壳素纤维吸湿性与棉纤维、黏胶纤维基本相似，具有很高的亲水性。此外，甲壳素纤维的质量比电阻值较低，为 $10^6 \sim 10^7 \Omega \cdot g/cm^2$，远低于 $10^9 \Omega \cdot g/cm^2$，故甲壳素纤维在加工中不易产生静电。良好的抗静电性能使得甲壳素纤维制作的服装穿着舒服，不会有吸附在身上的贴身感，不易吸附灰尘，具有良好的服用性能。

六、甲壳素纤维和壳聚糖纤维的应用

1. 生物医疗方面的应用　基于甲壳素类纤维优异的反应活性、生物活性及力学性能，其生物医疗应用极其丰富。甲壳素通过超高分子作用形成物理或化学交联网络制备配合物，可以设计成为对不同的环境（温度、pH、离子强度、电场强度等）刺激作出应答反应的智能材料。例如，经过乳酸和羟基乙酸的共聚物修饰氨基的甲壳素衍生物，由于疏水性侧链聚集和通过主、侧链之间氢键的分子间相互作用而形成物理交联凝胶，并获得 pH 敏感性。同样，以正硅酸四乙酯为无机材料与甲壳素也可以制备新型的对 pH 敏感的有机—无机复合材料。敏感材料可以应用在诸如人工肌肤、生化分离和控制释放等系统中。

（1）手术缝合线。长期以来，医院外科采用羊肠线作为可吸收的手术缝合线，但使用效果并不十分理想。羊肠线的不足之处是缝合和打结不太容易，且易产生抗原抗体反应，在人体内的适应性不太好，保存不便，通常需将羊肠线泡在二甲苯中保存。后来开发的化学合成聚羟基乙酸缝合线也存在类似的缺点，而且在空气中容易分解，难以长期保存。一种理想的缝合线，它在体内要有良好的适应性，无毒、无刺激性，且在体内保持一定时间的强度后能被组织吸收；其缝合、打结性能以及柔性等方面都应符合操作要求。甲壳素纤维无疑是一种理想的缝合线材料，它可被人体内的溶菌酶分解，生成的 CO_2 排出体外，另外，生成的糖蛋白可以被组织吸收。因此当伤口愈合后不必再拆线。上海市长征医院、中国科学院昆虫研究所和东华大学联合对甲壳素缝合线进行的酶组织化学研究结果表明，甲壳素缝合线对机体无毒性、无刺激性，具有良好的生物相容性，其慢性组织反应较羊肠线更为轻微，而降解吸收速率比羊肠线快。这种缝合线作为外科手术线具有足够的强度和柔性，且其表面摩擦因数小，容易进入组织，打结性好。将手术线在体内分别放置 5 天、10 天、20 天和 30 天后取出，测定勾结强度的保留值，分别是 74%、52%、13% 和 0。表明这种缝合线在体内承受大约 10 天的一定强度后可迅速被机体吸收。

（2）人工皮肤。用甲壳素纤维制作人工皮肤，医疗效果非常突出。先用血清蛋白质对甲壳素微细纤维进行处理以提高其吸附性，然后用水作分散剂、聚乙烯醇作黏合剂，制成非织造布，切块后灭菌即可备用。其优点是密着性好，便于表皮细胞成长；具有镇痛止血的功能；可促进伤口愈合，且不发生粘连。另外，还可以用这种材料作基体来大量培养表皮细胞。将载有表皮细胞的非织造布贴于深度烧、创伤表面，一旦甲壳素纤维分解，就形成了完整的新生真皮。这类人工皮肤在国外已商品化，并在整形外科手术中获得一致好评。

（3）医用敷料。甲壳素和壳聚糖制成的医用敷料包括非织造布、纱布、绷带、止血棉、薄膜等，主要用于治疗烧、烫伤病人。该类敷料可以减轻伤口疼痛；具有极好的氧渗透性，可防止伤口缺氧；能吸收水分，通过体内酶自然降解，降解产生可加速伤口愈合的 N - 乙酰葡萄糖胺，可大大提高伤口的愈合速度（达75%）。

（4）人工肾膜。人工肾膜通过除去血液中一定数目的溶质和水来净化血液，以维持慢性肾衰竭病人的生命。由于壳聚糖是天然的多阳离子聚合物，而且由它制成的人工肾的透析膜具有足够的机械强度，可以透过尿素、肌苷（也称为次黄苷、次黄嘌呤核苷等，为人体的正常成分，参与体内的核酸代谢、能量代谢和蛋白质的合成，活化丙酮酸氧化酶系，提高辅酶 A 的活性，使低能缺氧状态下的组织细胞继续顺利进行代谢，有助于肝细胞功能的恢复，可刺激体内产生抗体并促进肠道对铁的吸收）等小分子有机物，却不透过 Na^+、K^+ 等无机离子及血清蛋白，且透水性好，是一种理想的人工肾用膜。

（5）神经再生导管。自 20 世纪以来，周围神经损伤后的修复、再生和功能的恢复一直是神经科学研究领域中的难题和热门课题。近几年，使用神经导管来促进周围神经再生以替代自体神经移植，达到神经快速生长、功能完全恢复，迅速成为研究的焦点。自体神经虽然具有与肌体极好的生物相容性，但在缺血后存在管型塌陷、再生不良、吸收疤痕组织增生及粘连等问题。脱钙骨管、尼龙纤维管、硅胶管等材料虽然能为神经再生起通道作用，但由于它们在体内不能被降解和吸收，在神经修复后会成为异物，对神经产生刺激作用，使神经产生异物反应，因此必须再进行二次手术将其取出。将生物可降解壳聚糖纤维引入周围神经再生导管，避免了二次手术取出的不便，无疑具有良好的应用前景。

（6）组织工程材料。甲壳素类纤维由于便于进行三维编织，而且能在有效的工作期内很好地起到支撑作用，随后逐渐被组织吸收，因此是理想的组织工程支架材料。目前，已有许多关于以甲壳素纤维为原料，通过体外构建各种组织工程化组织以修复组织缺损的报道。有研究者认为，骨骼肌由许多肌纤维组成，而这些肌纤维则是由一些平行排列的类似圆柱体结构的肌原纤维依次构造的，以此为依据，将用甲壳素纤维为原料制备的缝合线平行排列成圆柱体状，体外复合大鼠成肌细胞 L6，观察 L6 细胞是否可以沿着支架材料的纵轴生长，借以探讨甲壳素纤维作为支架构建组织工程化骨骼肌的可行性。结果显示，体外复合培养的最初两三天内，成肌细胞可以向任意方向伸展。随着体外培养时间的延长，逐渐呈现沿着支架材料纵轴生长的态势且细胞相互融合，可见肌小管样结构的形成，细胞外基质也有正常分泌。这表明，平行排列的甲壳素缝合线有助于工程化骨骼肌纤维良好方向性的形成。

2. 保健纺织品方面的应用　由于甲壳素和壳聚糖具有抗菌活性、吸湿性、无毒性、免疫抗原性小的特殊性能，且手感柔软，对人体无刺激性，在保健服饰产品应用开发方面有着广阔的发展前景。可用其纤维加工成具有特殊功能的保健纺织品。

甲壳素类纤维保健品可分为两类。一类是加工纯甲壳素纤维类纺织品。用甲壳素和壳聚糖纤维加工的产品具有透气性、可呼吸性、吸湿导湿性等生理学功能，防止热聚集在皮肤表面，能够在病人的皮肤表面和产品的间隔层形成一个"微气候"，同时还具有良好的弹性、柔软性和生理舒适性。另外，该类产品具有天然的抗菌抑菌性能，对金黄色葡萄球菌、大肠杆菌和白色念珠菌等均有抑制作用。

另一类是与棉、黏胶、涤纶、丙纶长丝、涤纶长丝和绢丝等纤维混纺加工成各类高档防臭产品。在棉纤维中混入一定比例的甲壳素纤维，一方面，可以提高甲壳素纤维的可纺性，降低甲壳素纤维的生产成本，赋予混纺织物以良好的抑菌、消臭等保健功能；另一方面，甲壳素纤维和棉纤维均属天然素材，对人体肌肤都有很好的亲和性，且能生物降解，不会对环境造成污染。有人将甲壳素纤维、棉纤维和远红外纤维三种原料进行混纺，使其与同纱号同规格的纯棉针织面料的质量接近，并通过对混纺纱质量、服用性能、抗菌性等指标的测试，发现此混纺方法可赋予织物良好的吸湿性、保暖、抑菌、防臭、促进血液循环等保健功能，适宜做保健内衣面料，特别适用于妇女、儿童、老人及过敏体质和疥疮性皮肤病人等。

第二节　远红外纤维

远红外纤维纺织品是指在常温下具有吸收和发射远红外线功能的纺织品。远红外纤维是近年来受到广泛关注并已投入生产使用的新型纤维，它是在纤维加工过程中添加了远红外吸收剂（陶瓷粉）而制得的，是一种积极高效的保温材料，同时辐射的远红外线还具有活化细胞组织、促进血液循环及抑菌防臭的功效。20 世纪 80 年代中期，日本率先研制出并向市场推出远红外织物。目前，远红外纤维与磁疗等手段的结合，正成为复合型保健织物。

远红外纤维素纤维含有直径小于 $5\mu m$ 的 TiO_2 及 MgO 远红外辐射性粉末（即陶瓷粉），成纱以后所织制的医用床单、被套、枕套、靠垫等床上织物在人体体温作用下可放射出远红外线。远红外纤维强力为 $3 \sim 3.5 cN/dtex$，断裂伸长约为 65%，相对密度为 1.45，近似于棉纤维。采用这种纤维纱织制能发射远红外辐射波的医用床单，必须使用适当的织造工艺参数和织物组织。

一、远红外纤维的保健原理

关于远红外纤维的保健原理大致有两种观点。一种观点认为，远红外纤维吸收太阳向宇宙辐射的能量，99% 集中在波长为 $0.2 \sim 3\mu m$ 的区域内，其中红外部分（ $> 0.76\mu m$ ）占48.3%，远红外纤维中陶瓷颗粒使得纤维能充分吸收太阳光中的短波能量（远红外部分能量）并以潜能的形式（远红外形式）释放出来，进而达到保暖、保健的功能；另一种观点认为，由于陶瓷传导率极低而辐射率高，因此远红外纤维可以将人体散发的热量积蓄起来，再以远红外的形式放出，以增加织物的保暖性。研究表明，远红外作用于皮肤被吸收转化成热能，引起温度升高，刺激皮肤内热感受器，使血管平滑松弛、血管扩张、血液循环特别是微循环加速，增加组织营养，改善供氧状态，加强了细胞再生能力，加速了有害物质的排泄，减轻了神经末梢的化学刺激和机械刺激。

二、远红外纤维的加工方法

1. 涂层法　化学纤维通过一种含有远红外陶瓷粉黏合剂和分散剂的混合液的喷涂，在纤维表面涂覆一层远红外陶瓷粉，也就制成了远红外纤维。由于摩擦牢度的问题，采用这种加工方法的较少。

2. 溶液纺丝法　把远红外陶瓷粉末直接加入聚丙烯腈纺丝液中，也可以先把远红外陶瓷粉末分散到有机溶剂中，再加入聚丙烯腈纺丝液中。

远红外添加剂可在聚合、纺丝工序中加入，具体可分为全造粒法、母粒法、复合纺丝法。在聚合过程中加入远红外添加剂可直接制得远红外切片，称为全造粒法；将较高比例的远红外添加剂与成纤聚合物切片一起混合、干燥，经双螺杆挤出生成远红外母粒，然后将制得的母粒再与常规切片混合均匀后，经纺丝制成远红外纤维，此法称为母粒法；复合纺丝法是以含远红外添加剂的纤维为芯层或皮层，用复合纺丝机纺制皮芯结构的远红外纤维，该工艺纺制的纤维性能较好，但技术难度高，设备复杂，投资较大，生产成本高。

采用远红外纤维加工出的产品与采用后整理加工的产品相比，其远红外发射率没有大的差异，但涂层法加工产品只有一侧具有发射远红外线的功能。另外，采用远红外纤维加工出的产品在手感、产品外观、透气性和耐用性方面明显优于后整理法加工的产品。

三、远红外纤维的应用

远红外纤维可以制备如仿羽绒踏花被、非织造布、袜子、针织内衣裤等家用生活品。这些产品除了满足基本应用外，主要凸显它们的保健功能，表3-3反映了远红外纤维的应用范畴及适应病症。

表3-3　远红外织物种类及适应病症

产品种类	适应症
生发帽	脱发、斑秃、高血压、神经衰弱、偏头痛
面膜	美容、消除黄褐斑、色素沉着、痤疮
枕巾	失眠、颈椎病、高血压、植物性神经失调
护肩	肩周炎、偏头痛
护肘、护腕	雷诺氏综合征、关节风湿痛
手套	冻疮、皲裂
护膝	各种膝关节疼痛症
内衣	胃寒症、慢性支气管炎、高血压
床上用品	失眠、疲劳、紧张、神经衰弱、更年期综合征

第三节　负离子纤维

随着地球生态环境的日益恶化，城市病、空调病以及由生活环境不良引起的各种综合病症正在增多，其原因之一是空气中的负离子较少。负离子对人的健康及生态环境具有重大影响，已被国内外医学界专家通过临床实践所验证。空气负离子也叫负氧离子（通常称为负离子），是指获得多余成对电子而带负电荷的氧气离子。空气负离子由于带电负电荷，能使通常带正电荷的室内尘埃、烟雾、病毒、细菌相互聚集，失去在空气中自由漂浮的能力而迅速降落，从而净化空气。人体每天吸入适量负离子可预防或改善心脑血管疾病，对健康大有裨益；吸收空气负离子后还能降低中枢神经系统内加速人体老化的"血清素"含量，故能起到延长寿命的作用。

20世纪80年代末，人类发现并开始重视负离子的功能。负离子产品开发比较成熟的国家是日本，如钟纺株式会社的"Lone"纤维，小松精练株式会社的"Verbano"织物，Sakai Nagoya生产的具有负离子效果、耐久吸水性和抗紫外线的产品MioUV、QⅡ等。我国负离子产品尚处于初级阶段，但我国参与负离子纤维及其纺织品开发的众多企业也已成功开发出许多产品，如成都福星保健纺织品公司研制的远红外负离子保健系列纺织品；上海月季化纤公司的负离子远红外黏胶纤维（碧玺纤维）；上海石化公司开发的负离子奇异纤维，作为填充料被用于医疗纺织品和床上用品、汽车座椅的内芯，也可纺成纱线，用于制作服装和室内装饰织物等。

一、负离子产生的机理

空气中气体分子经外界催离素（如紫外线、放射线、光电效应等）的作用，会发生电离，被击中的电子附着于水和氧分子上，可使空气中的水分子产生微弱的电解作用，而氧分子则变成负离子，反应过程如下：

$$O_2 + e \rightarrow O_2^-$$

研究发现，电气石也是一种好的催离素，它具有热电性和压电性，在有温度和压力微小变化的情况下即能引起电气石晶体之间的电势差，这种静电高达1MeV，从而能使空气发生电离。

二、负离子纤维的制备

负离子纤维是一种具有负离子释放功能的纤维，是材料科学和高新技术发展的结晶，其核心是负离子发生体——电气石。将电气石粉末镶嵌在纤维的表面，通过这些电气石发射的电子，击中纤维周围的氧分子，使之成为带电荷的负氧离子。用化学和物理方法将电气石制成与高聚物材料具有良好相溶性的纳米级粉体，经表面处理后与高聚物载体按一定比例混合，熔融挤出制得负离子母粒，将其进行干燥，按一定配比与高聚物切片混合，进行纺丝制备负离子纤维，工艺流程如下所示。

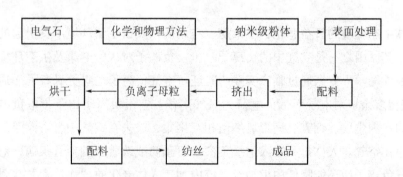

三、负离子纤维的应用

负离子纤维可应用在很多领域，独有的保健功能，再配合以纤维的透气、导湿的特性，将使此产品在服装和床上用品中大有作为。具体应用领域有以下几种。

1. 家电制造业　可制作洗衣机内用布袋、空调机消毒抗菌过滤装置。用负离子纤维作为空调过滤网，能起到高效清新室内空气和预防空调病的作用。

2. 汽车内装饰材料、保温材料　负氧离子保健纤维制成汽车内织物，能消除封闭车厢内异味，净化空气，调节驾驶员神经系统的兴奋和抑制状态，改善大脑皮层功能而保持良好的精神状态。

3. 材料制造业　负离子纤维进行水处理，可使水的 pH 增加，从而使水成为偏碱性的活性水，提高其应用价值。用于饮水机过滤芯，能杀死水中细菌，增加水中溶解氧；制成的浴室毛巾，能使普通水变成活性水，增加能量，容易去除人体污垢，消除疲劳；负离子纤维处理水用于绿色植物栽培，能提高植物的成活率，缩短成熟期，喷洒到花卉叶面上，能使花卉的保鲜期延长 50% ~ 100%。

4. 服饰及室内纺织品　在服饰方面，负离子纤维可制备鞋类、保温服装（腰、肩、膝、腕的防护用品和护身背心）；在室内可用于地毯、窗帘等行业。

第四节　磁疗纤维

随着人们对磁技术认识的逐步深入，发现磁场可用于缓解多种疾病，如高血压、高血脂、神经性头痛、神经衰弱、面肌痉挛、支气管炎、肠炎、颈椎病、腰腿痛等。于是各种各样的磁疗器具也应运而生。一般来讲，磁场疗法无明显的副作用和禁忌症，仅有极少数患者出现血压波动、头晕、恶心、嗜睡或失眠等症状，一般不需处理，停止治疗数日即可自行消失。将磁性材料和纺织纤维结合开发出的功能纤维，使用简单方便，磁疗条件不受场合地点的影响，作用时间长久，具有显著促进血液循环的特点。

最早开发磁性纺织品是以服装、饰物作为载体，把磁性材料续缀其上进行的。后来采用含磁粉的树脂对织物涂层的办法，但作为服饰既不方便，也不舒适。20 世纪 80 年代初，磁性纤维诞生。日本帝人株式会社 1984 年开发的磁性纤维，其工艺具有代表性。这种纤维是在热可塑聚合物中加入高浓度磁粉纺制而成。热可塑聚合物有很多种，如聚酯、聚酰胺、聚烯烃、聚氨酯等，还可以使用橡胶材料。所用磁粉最好选用铁、钴、镍等金属以及这些金属和铝、铁、铜、铂中一种以上物质组成的合金，还可选以氧化铁、铁氧体为主要成分的金属氧化物或铁、钴、镍和稀土类元素的化合物。磁粒在直径 3μm 以下，粒度分布范围越窄越好，否则，纤维磁性将会降低，纤维强度也受影响。磁粉在纤维中的质量分数以 60% ~ 85% 为宜。为了提高磁粉和热可塑树脂的相容性，可用偶联剂对磁粉进行表面处理，从而使悬浊纺丝液能充分混合。

目前，磁疗功能性纤维材料的研究与应用技术正日趋成熟，磁性功能纺织品必将发展成为人们日常生活中必不可少的产品。但磁性功能纺织品还存在不完善的地方和亟待解决的问题，例如，在对产品磁通量的测量上，还未形成统一的评价方法与标准；又如，磁性材料在纤维及面料中的分散不均匀性、磁疗功能保健纺织产品的舒适性较差以及应用品种较少等。

一、磁疗纤维的保健原理

磁性纤维是一种纤维状的磁性材料，其磁性强度一般用磁通量来表示，单位为毫韦伯（mWb），通常采用平均值来表示。磁性纤维制品因磁性微粒的 N 极与 S 极在纤维内的无序排列和在织造过程中纤维交织导致 N 极、S 极的重叠和减小而磁性大小不一致。某一部分磁性叠加增强，另一部分减小削弱，另外，磁力线网膜疏密还随衣着的平展和折皱而变化，这些动态的变化引起磁性大小的改变正好起到交变的理疗刺激。

紧靠织物纤维边缘无数磁性微粒产生的许多 N 极、S 极磁回路及发射出去的磁力线，交织成一层看不见的立体磁力线网。这种网膜能对贴近的肌肤进行全方位的立体刺激和按摩，使肌肤表面处于微运动状态，激活细胞代谢能力，促进身体微循环。与肌肤穴位紧贴的磁微粒发出的磁力线可以穿透人体的某些穴位。人体在磁场作用下，通过神经体液系统，发生电荷、电位、分子结构、生化性能和生理功能方面的变化，从而提高机体的调节能力和抗病能力，有利于病理过程向正常方向转化，促使疾病好转或痊愈。

二、磁疗纤维的加工方法

1. 共混纺丝法　共混纺丝法是将粒径小于 1μm 的磁性物质微粒混入成纤聚合物的熔体或纺丝液中，经熔纺或湿纺制成磁性纤维。例如，将超细磁性粒子先分散在二甲基甲酰胺（DMF）中，再和丙烯腈共聚物的 DMF 溶液充分混合，使纺丝原液中磁性粒子含量在 5% ~ 30% 后采用湿法纺丝，初生纤维经拉伸、水洗、上油、干燥、卷曲、湿热定型和充磁后制成磁性腈纶。共混纺丝法的优点是混入纤维的磁粉可以是硬磁材料，也可以是软磁材料，可以采用熔纺也可在某些湿纺或干纺场合下应用，甚至可制成磁性复合纤维或异形纤维。缺点是混入磁粉的量通常不高，常在 20% 以下。近期发现，两次着磁工艺，即对纺出纤维进行初着磁，然后脱磁，之后再着磁，纤维的磁通量密度能提高到 50 ~ 150Gs，可形成良好的医疗保健效果。另外，改变喷丝口的形状会很大程度地提高磁性非织造布的表面磁通量密度。

2. 以纤维为基体的化学、物理改性法　该方法主要用于磁性木质纤维素纤维的制备。木材纤维有胞腔且腔壁上有通道，通过物理方法将磁粉填入纤维胞腔中制成磁性纤维。例如，将超细磁性微粒悬浮在水中，加入木材纤维后剧烈搅拌，使磁性微粒填入纤维胞腔后再充分水洗干燥制成磁性纸。

3. 表面涂层法　即将磁性物质涂布在各种纤维表面制成磁性纤维。例如，将亚铁盐水溶液与碱溶液在适当条件下先后加入钛酸钾纤维分散在水介质体系中，经水解和空气氧化，生成的磁性氧化铁沉积在纤维表面，制得暗褐色磁性钛酸钾纤维，可用于制造磁性复合材料。

4. 定位合成法　利用某些纤维中可进行阳离子交换的基团，使亚铁离子与其发生交换，然后再经过水解和氧化，转化为具有磁性的三氧化二铁或四氧化三铁（统称铁氧体）而沉积在纤维的无定形区中。所生成的磁性物质（微粒）在纤维中所处位置受制于原来纤维中进行阳离子交换基团的位置，故而称为定位合成法。

三、磁疗纤维的应用

磁性纤维主要用于改善人体血流动力学效果。其功能纺织品在家纺产品及保健服饰中应用比较广泛，例如，床上用品、内衣裤、袜子、手套、护膝、腰带等。此外，在工业及其他领域也会有广泛的用途，其制品可在电磁转换、屏蔽、防护、医疗和生物技术等诸多方面加以应用。

第五节　珍珠纤维

珍珠纤维是采用高科技手段在黏胶纤维纺丝时加入纳米级珍珠粉体，使纤维体内和外表均匀分布纳米珍珠微粒，这样得到的纤维犹如一串串珍珠，异常光亮滑爽。

珍珠纤维的研究始于 2003 年，次年东华大学和上海新型纺纱技术开发中心合作共同开发出了立肯诺珍珠纤维，属世界首创的高档功能性纤维，并申报为发明专利。随后，珍珠纤维混纺纱相继产生。如上海申安纺织有限公司纺制了珍珠纤维/长绒棉纱线（30/70）、珍珠纤维/天丝/莫代尔纱线（30/40/30）、珍珠纤维/天丝纱线（50/50）等十多个品种。此外，浙江、河南等地的纺织企业也通过采用并捻、包芯等工艺开发了多种珍珠纤维纱线产品。如纳米竹炭纤维/纳米银纤维/珍珠纤维纱线、涤纶或锦纶长丝/珍珠纤维的高强抗皱珍珠纤维纱等。

2009 年春季中国国际针织博览会期间，嵊峰集团推出由东华大学和嵊峰集团共同研发的珍珠纤维系列产品，受到了广泛关注，之后注册了"珍舒肤"商标。2010 年，无锡新世界国际纺织服装城"富铤"经销店悄然上市了"珍珠纤维营养内衣"的时尚新品。

随着人们对健康、舒适纺织品需求的不断增长，珍珠纤维作为一种优异的功能性纺织材料，市场前景十分广阔。珍珠纤维独特的保健功能和良好的服用性能，不仅受到国内消费者的青睐，同时也受到日、美和欧盟等国外客商的密切关注。现在，珍珠纤维内衣已销往法国、挪威、韩国、马来西亚等国。

一、珍珠纤维的保健机理及功效

珍珠纤维既有珍珠自身的特殊功效，又有黏胶纤维基材吸湿透气、服用舒适的特性。当纤维长期与皮肤接触，可起到养颜护肤、嫩白肌肤、延缓肌肤衰老、发射远红外线及抗紫外线等保健功效。

1. 珍珠的保健机理 珍珠粉被人体吸收后，通过参与机体代谢，达到全身肌肤的整体调理和保养，其作用机理可概括如下：

（1）珍珠粉含钙量很高，主要是碳酸钙，占90%～92%，纯钙含量高达38.82%。钙是维持人体体内代谢的一种十分活跃的营养元素，对于维持人体正常功能很重要，人体若缺钙，皮肤易粗糙，甚至造成早衰，珍珠可使细胞活力增强，并能抑制体内脂褐素的增多，使皮肤光滑、嫩白。

（2）珍珠粉中含有铁元素，又称"美容元素"。通常所说的"红颜"，就是指血液中血红素铁的表现。铁能维持皮肤的弹性，可使人容光焕发。

（3）珍珠粉所含的锌元素也是重要的营养素，其有"生命之花"的美誉。锌能显著减轻人体血清中的过氧化脂，增强细胞生命力，延缓肌肤衰老，保持皮肤柔滑光泽。

（4）珍珠粉中含有铜、锰等元素。铜可保持皮肤的弹性和润泽；锰可增加人体内代谢酶的活性，去除氧自由基等物质在体内的积聚，阻止和延缓器官的衰老。

（5）珍珠粉中含有多种人体所必需的氨基酸。如甘氨酸、赖氨酸、丝氨酸、半胱氨酸、缬氨酸等，它们易被皮肤吸收，促进皮下组织再生，增强弹性，使皱纹变浅。

2. 珍珠纤维的保健功效 纳米级珍珠粒径与黏胶纤维的特性结合，使纤维材料的性能增加了许多独特的功能，主要体现在以下几个方面。

（1）养颜护肤、嫩白皮肤。人体穿着珍珠纤维内衣，肌肤汗液中的乳酸会溶出纤维中部分珍珠营养成分，通过皮肤被吸收，促进人体肌肤超氧化物歧化酶（SOD）的活性，抑制黑色素的合成，保持皮肤白皙细腻。而且SOD具有清除衰老自由基的作用。另外，氨基酸及金属元素等可促进皮肤胶原细胞再生，清除皮肤表面热痘毒，保持皮肤光泽柔润性。

（2）具有发射远红外的功能。纤维材料中珍珠微粒达到纳米级或亚纳米级后，其中的碳酸钙因微晶结构效应变化可产生一种独特功能。在常温下，纳米珍珠的远红外发射率可达90%左右。材料吸收人体热量后发射的远红外波长（1～25μm）与人体皮肤所反射的红外波长（9～10μm）相匹配，可使皮肤细胞分子形成共振吸收而产生热，这种效应能够刺激细胞活性，促使血管扩张、血液微循环加速、新陈代谢旺盛，从而增强细胞免疫力和体液免疫力，使肌肤达到保健防衰的作用。

（3）具有良好的防紫外功能。珍珠的主要成分为碳酸钙，其本身具有防紫外线功能，当其粉碎成纳米状态加入纤维时，其功能大大加强。纺织工业南方测试中心对立肯诺珍珠纤维进行测试，其结果为：紫外线透过率UVA<5%，紫外线防护系数UPF>30，确实具有防紫外线的功能。

（4）吸湿透气、服用舒适。纳米珍珠纤维的载体是黏胶纤维，它吸湿透气、服用舒适，加入纳米珍珠粉后纤维内部及表面均匀分布着珍珠纳米微粒，纤维手感光滑凉爽，外观亮丽。

（5）安全、无毒副作用。纳米珍珠粉是由优质淡水珍珠经纯物理方法加工而成，黏胶纤维素由棉短绒提取，珍珠纤维不含任何化学性有害物质，与肌肤有天然的亲和性。

二、珍珠纤维的制备

就目前的工艺技术来说，珍珠纤维的纺制主要采用两种路线。

1. 湿法纺丝路线　即采用高科技手段将纳米级珍珠粉在黏胶纤维纺丝时加入纺丝浆液中，使纤维体内和外表均匀分布着纳米珍珠微粒。

2. 熔融纺丝路线　先将珍珠粉体、偶联剂、分散剂、载体树脂高速搅拌，捏合均匀，经双螺杆挤出、造粒，制得珍珠功能母粒。然后将功能母粒干燥后与纤维级切片混合均匀，通过严格控制纺丝温度等工艺参数，熔融、挤压、纺丝，再经拉伸、定型即得珍珠功能纤维。

三、珍珠纤维的应用

珍珠纤维内衣采用珍珠纤维为制作材料，手感光滑凉爽，比纯棉更为柔软，与皮肤接触时有一种异常的舒适感。长期穿着珍珠纤维内衣，可保持皮肤嫩白、有弹性。

国内首创的具有自主知识产权的高科技新型纤维材料制品——珍珠纱线和珍珠面料，于2006年前后由东华大学和浙江中欣纺织科技有限公司在杭州合作研发成功。此次研发成功的珍珠纱线、珍珠面料，既有珍珠养颜护肤的功效，又有纤维吸湿透气、穿着舒适的特性，兼具嫩白肌肤、清火排毒、抗紫外线以及发射远红外线等多种功能，特别适合用作贴身衣物。

第六节　玉石纤维

玉石纤维是一种凉爽的保健型纤维，用其制成的织物，人体穿着有惬意的舒爽感，适合在炎热的夏天或运动的时候穿着使用。玉石纤维是运用萃取和纳米技术，使玉石和其他有益矿物质材料如铝、硅、钛、锆等元素化合物达到亚纳米级粒径，然后与具有蜂窝状微孔结构的聚酯改性切片一起熔融纺丝而制成，呈现内外贯穿的蜂窝状微孔结构。实验证明，温度在32℃以上时，该织物能降温1.2~2℃，同时还有天然的抗菌作用。

一、玉石纤维的开发现状

纤维市场于2006年首次出现了玉石纤维，这是我国自主研发的一种新型纤维，在此之前的国外文献中未见有此种纤维的报道。涤纶纺丝熔体中，加入玉石和其他矿物质粒子可赋予纤维很多独特的功能，如保健、降温、抗菌等，因此，玉石纤维受到了人们的青睐。玉石纤维内外贯穿的蜂窝状微孔结构使得其比表面积增加，进而提高了纤维的表面性能。同时，这种独特的纤维结构可以使玉石纤维完全发挥出所具有的功能，而不是只有纤维表面部分才能发挥功能性作用。玉石纤维线密度一般为1.3~11.1dtex，长度有32mm、38mm、51mm、65mm、76mm、97mm、102mm、120mm等规格。目前，玉石纤维在我国得到了很大的发展，很多企业都在研发该类纤维。

二、玉石纤维的性能

1. 保健性能 玉石中含有丰富的有益于人体的矿物质和微量元素，如锌、镁、铁、铜、硒、铬、锰、钴等，长期穿着玉石纤维制品，血液微循环会得到改善，从而促进新陈代谢，可使热量被带走达到降温效果，也能预防疾病和消除疲劳。据矿物医学研究证明，玉石还能产生高强度的光电效应，在加工过程中可聚焦蓄能，形成磁场，穿着时能够产生有益于人体的谐振，也可被看成一种磁疗保健纤维。

2. 抗菌性能 玉石纤维具有天然的抗菌作用，这是由于玉石受热后产生负离子，负离子的氧化还原作用能破坏细菌的细胞膜或细胞原生质活性酶的活性，从而产生了抗菌的功效。

3. 抗起毛起球性 相同组织的玉石纤维织物与普通涤纶织物相比，具有好的抗起毛起球性，抗起毛抗起球可达 3.5 级以上。

4. 良好的染色性能 玉石纤维具有良好的阳离子染料染色性能，其机理是纤维生产中加入了第三单体磺酸基，在染色过程中，磺酸基发生电离生成磺酸基负离子，与阳离子染料在库仑引力的作用下结合，进而使阳离子染料上染玉石纤维时。当用阳离子黄 X – 8GL 染色玉石纤维时，上染百分率最高可达到 95%。

三、玉石纤维的制备方法

玉石纤维是运用萃取和纳米技术，使玉石和其他矿物质材料达到亚纳米级粒径，然后熔入纺丝熔体之中，经纺丝加工而成。其加工工艺流程如下：

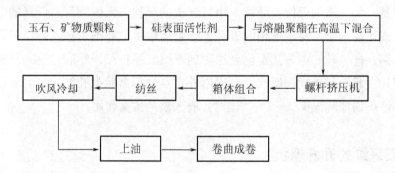

四、玉石纤维的应用

目前，玉石纤维广泛用于针织、机织产品，它既能和棉、毛、丝、麻及化纤类短纤维混纺，也可作纯纺应用，当玉石纤维与棉、吸湿涤纶等混纺，并添加适量的氨纶，可充分发挥玉石纤维的降温凉爽、手感柔软、亲肤护肤等特性，提高运动衣的穿着舒适性，有助于运动员提高比赛成绩。

玉石纤维也可用来制作贴身类服饰，如衬衫、背心、短裤、T 恤、袜子等，玉石保健元素透过人体皮肤进入体内后，促进血液循环，增强新陈代谢，可降压、安神、缓解疲劳。另外，床上用品、汽车坐垫等多种纺织品通过玉石纤维也会起到保健作用。

第七节　银纤维

人类使用金属银已有几千年的历史。早在公元前，我们的祖先便使用银制器皿盛装水和食物；至中世纪，人们常用银箔敷裹伤口，预防溃烂；第一次世界大战时，人们用银线缝合伤口，以防止交叉感染。目前尚未发现人体对纯银产生过敏的任何报告。它可以广泛地用于绷带、抗菌内衣等医疗保健纺织品领域。银既有强效抗菌性还是所有金属中导电、导热性能最强的，是最有效的储存及反射材质。

近年来，利用现代技术可以将金属银应用于纺织品中，加工出银纤维及其织物。银纤维以其独特的抗菌、除臭、促进血液循环、防电磁波辐射、抗静电、调节体温等功能受人瞩目，现已应用于内衣、家纺、医疗手术服、体育、部队装备等领域。

一、银纤维的功效

金属银具有的特殊性能使各种含金属银或银离子的纤维纺织品也普遍具备良好的抗菌除臭、抗静电、热传导、防辐射、磁疗等功能。特别适用于内衣、内裤、袜子等贴身衣物。在化工、军事、航天、高科技工业和体育运动产品中，银纤维也有广阔的应用前景。

1. 抗菌与除臭性　抗菌与除臭原理不同，抗菌是指抑制细菌的增殖，而除臭则是指消除环境中已经生成的臭气，包括细菌分解人体汗液、皮脂所生成的恶臭、腐败物质等固有的气味。

银纤维抗菌机理有两点，一是银及溶出的银离子与细菌蛋白质、核酸接触，可与蛋白质、核酸分子中的巯基（—SH）、氨基（—NH）等含硫、氨的官能团发生反应；二是借助光催化反应，在光的作用下，银离子能起到催化活性中心的作用，激活水和空气中的氧，产生羟基自由基和活性氧离子，活性氧离子具有很强的氧化能力，在短时间内能破坏细菌的增殖能力而使细胞死亡。研究发现，金属银对金黄色葡萄球菌、大肠杆菌等16种细菌有很好的抑菌和杀菌作用。

2. 热效应调节体温　在炎热气候下，当外界温度高于人体温度时，人体并不发射辐射能。此时调节体温主要是依靠排汗、蒸发来释放多余热量，使人体皮肤降温。银是导热性极好的元素，能迅速将皮肤上的热量传导散发，最终达到降低体温的目的。

在寒冷的气候下，人体毛细孔收缩，不再大量排汗，转向辐射热量来调节体温，90%的热量会因辐射而流失。冷天保暖最有效的方式是把辐射能储存或反射回人体，银是最有效的储存及反射材料，在寒冷天气它的反射作用远胜过传导，因此，银纤维能产生极佳的保温效果，称为"银保温瓶效应"。

3. 抗静电、磁疗效果 金属银具有高度的导电性，少量的银纤维混纺纤维，便能迅速消除静电。人体穿着银纤维混纺服饰后，虽然肢体运动摩擦会产生许多静电，当静电流接触通过银纤维时，这些静电便转化为磁场，可有效消除静电带给人体的不适感，另外，磁场的作用可加强人体血液流动循环，产生有助睡眠、解除疲劳的特殊功效。银纤维一般不单独使用，而是和其他纤维混纺成纱后使用，主要因为其成本昂贵。

二、银纤维的制备方法

传统银纤维的制备是将银镀到纤维的表面，使纤维表面形成一层很薄的金属膜，但是，这种方法在制备中会产生大量的污水，对环境的污染比较大，而且银在使用过程中容易脱落。目前的银纤维制备方法主要是将银以分子、原子、离子状态镀到纤维表面或嵌于纤维内部，基本达到永久固着。

1. 涂层法 涂层法是获得载银纤维的最原始方法，所需的技术含量不高，将制备好的纤维或者织物浸渍于银离子溶液中，使得银附着于纤维或织物表面，干燥后即可使用。这种载银材料释放银离子速度快，无法控制，且随着洗涤或使用次数的增加，表面银会越来越少，功能性会大打折扣。

2. 化学接枝法 化学接枝法即是让银离子与纤维表面发生反应，从而使其表面附着金属银。在该法中，基体纤维表面必须要存在能与银离子反应的基团。对一般纤维来说，在使用该法之前，需要对纤维表面进行处理，使其产生可与银离子结合的作用点。

但目前银纤维化学接枝率不高，使纤维的功能性受到了影响，而且如果回收不到位，银金属的浪费比较大，另外，该法所需的技术含量高，所以在国内应用比较少。

3. 混纺法 银纤维混纺法即是将原料银与母粒或者切片共混熔融后纺丝，由于两者在高温下都被熔化成液态，混合比较均匀，纺出来的纤维功能性比较稳定，耐久性好。

4. 中空载银纤维制备法 选用纤维两端具有开口的中空纤维（长度为 $0.1 \sim 100\text{mm}$），将开口部分用密封胶分别密封于加有硝酸银溶液的容器和空置容器中，使处在硝酸银容器中的中空纤维的端部开口部分完全浸没于溶液；用压缩气体给加有溶液的容器加压，可同时给空置容器抽真空，使中空纤维的两端产生压力差进而导致硝酸银溶液灌入纤维空腔中，形成芯壳结构；对灌注好的芯壳结构纤维进行银镜反应，通过调节工艺参数，可在中空纤维内壁上生成 $0.1 \sim 0.5\mu\text{m}$ 的初生态银颗粒，由此得到中空载银纤维。

第四章　传导功能纤维

第一节　导电纤维

导电纤维（electroconductive fiber）目前尚无统一明确的定义，一般指在标准状态下（20℃，相对湿度为65%）质量比电阻为 $10^7\Omega\cdot g/cm^3$（或电阻率即体积比电阻为 $10^7\Omega\cdot cm$）以下的纤维。导电性能优良的纤维其比电阻在 $10^2\sim10^5\Omega\cdot cm$，有的甚至小于 $10\Omega\cdot cm$，而涤纶的比电阻大约为 $10^{14}\Omega\cdot cm$，腈纶为 $10^{13}\Omega\cdot cm$，丙纶为 $6.5\times10^{15}\Omega\cdot cm$。导电纤维是差别化纤维的重要品种之一，具有导电、导热和抗电磁波辐射等功能。目前，导电纤维的用途主要集中于制备特殊场合使用的抗静电服或抗电磁波辐射的服装等。

导电纤维是 20 世纪 60 年代出现的一种新的纤维品种，是通过电子传导和电晕放电消除静电的功能性纤维，是随着科学技术的发展，要求纤维材料具有导电功能而产生的。

根据导电成分的分布，导电纤维可分为导电成分均一型纤维和导电成分不均一型纤维。金属系纤维和碳素纤维是由一种成分组成的具有导电性的纤维，属于导电成分均一型纤维，它们的直径一般小于 $100\mu m$。导电成分不均一型纤维的结构中存在着导电成分和非导电成分。非导电成分是纤维的主体聚合物，导电成分是导电的金属、碳素、金属化合物、导电聚合物等。导电成分不均一型纤维包括导电成分包覆型和导电成分复合型两种。

根据导电成分的特点，导电纤维可以分为四大类：金属系导电纤维、炭黑系导电纤维、金属化合物型导电纤维和导电聚合物导电纤维。

一、导电纤维的导电机理及影响因素

纤维材料的导电和介电性质是成纤高分子材料本身的一个重要特性。一般高分子材料在外部电场中会产生一定的极化作用，从而使得高分子材料产生一个内部电场，而这个内部电场会随着时间的推移而减弱（即介质吸收现象）；与此同时，位于分子之间空位中的电荷则会产生电荷极化，当极化的电荷在空位之间进行跳跃时，即产生导电现象。纤维高分子材料导电机理，根据电荷载体可分为离子导电机理和电子导电机理两类。高分子材料的导电机理多为离子导电机理，离子导电是离子在空穴位置间跳跃而产生的。

1. 导电纤维的作用机理　导电纤维能将产生的静电很快泄漏和分散，有效地防止静电的局部蓄积。导电纤维还具有电晕放电能力，能起到向大气释放静电的效果。这种电晕放电是一种极微弱的放电现象，不会发生危险。因此，导电纤维在不接地的情况下，也可用电晕放

电的方法消除静电。若导电纤维制品接触大地，则在电晕放电的同时，静电也通过导电方式泄漏入大地，其带电量就更小了。

（1）接地导电纤维的消除静电机理。人体穿着含导电纤维织物接触大地时，其消除静电的机理是在电晕放电的同时，诱导电荷聚集在导电纤维周围，进而泄漏入大地。具体过程是当导电纤维与带电体接近时，在带电体与带电纤维间形成了电场，特别是在导电纤维的周边收敛了电力线，形成局部的离子活化区域。图4-1为带正电的带电体与接地的带电纤维接近时的状况。在导电纤维周围的空气，由于绝缘被击穿，电晕放电产生了正负离子，其中负离子向带电体移动而中和，正离子通过导电纤维向大地泄漏。

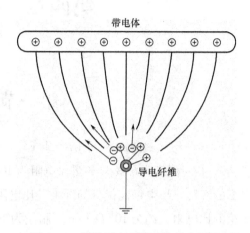

图4-1 接地导电纤维消除静电原理

（2）不接地导电纤维消除静电机理。导电纤维在不接地情况下是通过电晕放电方法消除静电，如图4-2所示。消除静电步骤为：

①含导电纤维的织物由于摩擦而带静电；

②织物（带电体）中的电荷向导电纤维汇集，导电纤维中诱导了与织物电性相反的电荷；

③导电纤维附近被诱发产生强电场，使其周围空气受此电场的作用而电离，这就是所谓的电晕放电过程；

④电晕放电产生正负离子，与织物所带电荷性质相反的离子向织物移动，与织物所带电荷中和，从而消除静电。

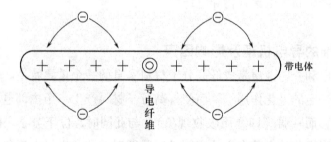

图4-2 不接地导电纤维消除静电原理

导电纤维的本质是导电填料在聚合物中的导电，其导电原理为：当导电填料在聚合物填充体系中的含量达到临界点时，导电粒子在基体中形成导电通道，发生从绝缘体到半导体的转变，从而使聚合物材料的电阻急剧下降。常用的导电填料一般有金属粉末、导电炭黑、石墨、碳纤维、金属氧化物、导电聚合物、碳纳米管、气相生长碳纤维等新型碳材料。下面以炭黑为导电填充材料为例，简单介绍导电纤维的导电机理。

炭黑型导电纤维主要是采用了高结构度的导电炭黑作为导电成分。普通炭黑的粒径在400nm左右，其聚集体的尺寸也相应较大，一般达到800nm。而导电炭黑聚集体是由粒径为20~30nm的单个粒子通过范德瓦耳斯力形成尺度在100nm左右的三维聚集体。这种聚集体具有高支化度的链状结构，因此在绝缘的高分子基体中采用较低的填充量就可以形成导电网络。

研究认为，在炭黑填充聚合物中，电荷传导是电荷沿着相接触的粒子之间的传递进行的，或者是电荷在被分离成的很小间隙之间通过跳跃来进行的。复合材料中，随着碳黑填充量的增加，电阻值在临界体积处急剧降低。在聚合物中，碳黑填充量越大，处于分散状态的碳黑粒子或碳黑粒子几何体的密度也越大，粒子间的平均距离越小，相互接触的概率越高，碳黑粒子或碳黑粒子几何体形成的导电通路也越多，材料的电阻也越低。

2. 影响导电纤维导电性能的因素

（1）导电粒子。导电粒子的种类较多，按其形态可分为粉末状、片状、纤维状、针状及晶须状等。其中，粉末状填料适用于制备导电纤维。按物质类别导电粒子可分为金属粉末、金属氧化物或硫化物、碳系导电粉末、陶瓷粉末、导电聚合物粉末及超导体粉末等。以炭黑为代表的碳系导电粒子因价格低廉、适用性强和导电稳定性好而得到广泛应用。导电粒子的粒径、比表面积、结构及其表面性质等均会对其所填充材料的导电性能产生影响。

（2）基体聚合物。理论上，所有聚合物都可以通过填充导电粒子形成低体积比电阻的复合材料，但实际上聚合物的性质如表面张力、结晶性、黏度、相对分子质量及分布等对所得复合材料导电性能有很大影响。研究表明，基体聚合物的表面张力越大，对导电粒子的亲和力越强，浸润性也越好，导电粒子的临界体积分数较大。同时，将两种或两种以上的聚合物与导电粒子复合时，由于对不同聚合物及界面的亲和力不同，导电粒子将选择性地分散在特定聚合物或界面中，从而可制得低填充而高导电性的复合材料。一般，当复合材料的基体为半结晶聚合物时，导电填料主要分散在非晶区。在这类聚合物中，达到形成导电网络的临界体积分数明显低于无定形聚合物中的体积分数，而复合材料的导电能力则随聚合物结晶度的增加而增强。

聚合物熔体或溶液黏度对导电粒子填充材料的临界体积分数也有较大的影响，聚合物熔体的黏度越小，临界体积分数越小，这主要是由于在较低黏度下导电粒子运动阻力小，易形成导电网络。但也有研究发现，熔体黏度越小，导电粒子填充材料的电阻率越大，这可能与所采用的加工方法不同有关。

（3）导电性能的外界依赖性。导电粒子填充材料的体积比电阻往往还与使用条件有关，如温度、压力及环境条件等变化会改变其导电性能，利用这一特性可将导电纤维或材料制成各种传感器，将温度、压力等外界刺激转换为电信号。

①温度。当环境温度变化时，导电纤维的电阻会发生变化。当导电填料的含量处于渗流

区时，复合材料会出现正效应温度系数（positive temperature coefficient，PTC），即电阻随温度升高而骤然增大，显示 PTC 效应的导电粒子填充材料具有较低的室温电阻率、易加工性和不易破裂等特点，已被用于制造温敏传感器、热敏开关、过流保护元件和自限温加热电缆等。

②压力。所有能改变导电粒子间距的外界因素都可以对导电粒子填充材料的导电性能产生影响，压力也不例外。外界压力可分为静压力和单轴压力两种，由于导电粒子和基体聚合物的可压缩性不同，受外界压力作用时，导电粒子的体积基本不变而基体聚合物发生某种程度的收缩，导致导电粒子之间的间距减小，从而使复合材料的电阻降低。导电粒子填充材料导电性能的压力依赖性，与材料的组成、含量等有关。当导电粒子填充材料的组成一定时，随导电粒子含量向渗流阈值降低，压力依赖性往往会更强。此外，加压的方式和速度也有一定的影响，而当材料和加压方式一定时，导电粒子填充材料的电阻和压力具有一定的关系，因此可由材料电阻的变化确定压力的大小，反之亦然。利用导电粒子填充材料导电性能的压力依赖性，可将导电粒子填充材料制成压敏材料，用于触摸式开关、压敏传感器和体积控制元件等。

③环境。导电粒子填充材料的导电性能还受具体使用环境的影响。Lundberg 发现，将材料浸入溶剂中，其体积比电阻会较快增大，并达到一个饱和值。体积比电阻增大是按指数方式进行的，电阻的增长率和时间常数与溶剂的种类有关。由于体积比电阻的变化是因基体聚合物在溶剂中溶胀所致，所以体积比电阻变化的时间常数与溶剂的溶解度参数之间有对应关系。研究发现，导电粒子填充材料在许多溶液及蒸气中也有类似性质，而且体积比电阻的变化往往是可逆的和可重复的。因此，利用导电性能的环境依赖性，可将导电粒子填充材料制成能检测环境变化的传感器等。

二、纤维导电性能的表征

1. 电导率与电阻率　电导率（δ）定义为电阻率（ρ）的倒数，通常以西门子/厘米（S/cm）为单位。电导率是材料的体积特性，其测量与样品的尺寸和几何形状有关。如图 4-3 为测量电导率的四点探测器装置。

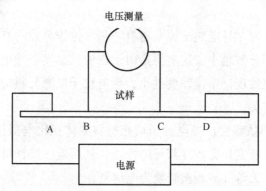

图 4-3　测量电导率的四点探测器（A、B、C、D 为探头）

一般，电阻率用四个探头测量，已知通过探头 A 和探头 D 的稳定电流（I_s），电压降（V_M）由探头 B 和探头 C 两点间的电压决定。测量过程不受外界影响或者外界影响不大，可以忽略，电阻率 ρ 由如下关系式计算：

$$\rho = \frac{V_M}{I_S} \cdot \frac{\pi d}{\ln 2}$$

式中：V_M——测量出的电压降；

$\quad\quad I_S$——已知的电流；

$\quad\quad d$——样品的厚度。

长丝的电导率是通过涂上银或其他导电材料的四个等距点和所测纤维的横截面积来确定的。

2. 比电阻　纤维材料都具有较高的比电阻，一般作为绝缘体。纤维本身固有的静电性能或者说与材料尺寸无关的重要静电参数之一就是比电阻。在体积比电阻、表面比电阻和总比电阻中，体积比电阻的倒数即电导率，所以一般测定纤维的体积比电阻。

由欧姆定律可知，导体的电阻 R 与导体的长度 l 呈正比，与导体的截面积 S 呈反比，即 $R = \rho_v \cdot \frac{l}{S}$，$\rho_v$ 为体积比电阻（也称电阻率 $\Omega \cdot cm$）。由于纤维很细，单根测量较难，实际测量体积比电阻在矩形盒子中进行。由于纤维间存在空气，纤维在测试盒内所占的实际极板面积是 $S \cdot f$，f 为填充系数，由下式计算：

$$f = \frac{V_f}{V_T} = \frac{\dfrac{m}{d}}{S \cdot l} = \frac{m}{S \cdot l \cdot d}$$

式中：V_T——纤维测量盒的容积；

$\quad\quad V_f$——纤维的实际体积；

$\quad\quad m$——纤维的质量，g；

$\quad\quad d$——纤维的密度，g/cm^3；

$\quad\quad l$——导体长度；

$\quad\quad S$——导体截面积。

三、导电纤维的制备

1. 金属系导电纤维的制备　金属系导电纤维的导电性接近纯金属，是导电性能最好的一种纤维，电阻率达到 $10^{-5} \sim 10^{-4} \Omega \cdot cm$，具有导电成分均一、导电性好、化学稳定性好、耐热性好的优点。但这种纤维粗硬挺直、手感差、弹性差、伸长小、表面粗糙，与普通合成纤维混纺时抱合性差，织造困难，成本较高。目前这种类型的导电纤维主要应用在一般电脑防护服、孕妇服等防辐射服装上，具有抗老化、耐磨、可染成各种颜色、可反复洗涤等优点。

金属系导电纤维主要有以下类别：

（1）铜纤维。铜纤维具有十分优良的导电性能和导热性能，电阻率非常小，但线密度相对较高，目前使用的铜丝线密度大概在 4000dtex。铜纤维织制抗静电织物可用于工作服等，有一定的开发价值。

（2）铅纤维。铅纤维质地柔软，有广泛的用途。铅纤维非织造材料在蓄电池上的使用取得了成功。经过非织造工艺黏合而成的铅板，可以取代传统蓄电池中填满海绵状铅的铅板，作为电极使用。

（3）不锈钢纤维。不锈钢纤维拉拔丝是长丝束，每束含数千至数万根不锈钢纤维，是应用最广泛的一种，其柔韧性好，直径为 $8\mu m$ 的不锈钢纤维的柔韧性与直径为 $13\mu m$ 的麻纤维相当，并具有良好的机械性能和耐腐蚀性，完全耐硝酸、磷酸、碱和有机化学溶剂的腐蚀；耐热性好，在氧化气氛中，于 600℃ 高温下可连续使用，是性能良好的耐高温材料。由不锈钢纤维织成的织物电阻随温度提高而降低，具有很好的应用性能。

金属系导电纤维制备的主要方法有直接拉丝法、切削法和金属镀法。直接拉丝法是将金属丝反复过模具、拉伸，制成直径为 $4\sim16\mu m$ 的纤维。切削法是目前使用最广泛的金属纤维制造方法，既可制取短纤维，也可制取长纤维，设备简单，成本低廉，适用于不同材质的金属，如低碳钢、不锈钢、铸铁、铜、铝及其合金等的纤维加工。按切削方式不同又可分为铣削法、车削法、刮削法和约束成型剪切法。金属镀法是将普通纤维先进行表面处理，再用真空喷涂或化学镀法将金属沉积在纤维表面，使纤维具有金属一样的导电性。金属镀法有湿法金属镀、金属真空镀、金属粒子涂布、金属或金属盐的吸附或沉积、金属喷涂、离子电镀等。从耐久性来看，金属镀法耐久性最好。例如，在25℃时，用含 1g/L 的三甲基十八烷酰氯化铵水溶液处理 5min，水洗。再用含聚乙烯醚的钯（Pd）脱水溶胶在 70℃ 时处理 5min，再次水洗，处理后的纤维用镍（Ni）进行化学镀，即能获得电阻率为 $2.6\times10^{-4}\Omega\cdot cm$ 的导电纤维。

2. 炭黑系导电纤维的制备　碳纤维是一种含碳量在 90% 以上的纤维，其中含碳量在 99% 以上的碳纤维称石墨纤维。碳纤维本身是一种导电性良好的纤维材料，电阻率为 $10^{-5}\sim10^{-3}\Omega\cdot cm$。碳纤维属于导电成分均一型导电纤维，其轴向强度和模量高，无蠕变，比热及导电性介于金属和非金属之间，热膨胀系数小，耐化学品性好，纤维的密度小，X 射线透过性好；缺点是耐冲击性较差，容易损伤，在热强酸作用下发生氧化，缺乏韧性，不易弯折。碳纤维在纺织上的应用相对狭窄，一般只限于复合材料中的使用。碳纤维可与高分子材料制成导电性复合材料。碳纤维含量较低时，碳纤维填充的复合材料可作为永久型抗静电材料；碳纤维含量较高时，可制成电磁屏蔽材料。

炭黑（又名碳黑），是一种无定形炭。轻、松而极细的黑色粉末，比表面积非常大，范围为 $10\sim3000m^2/g$，是有机物（天然气、重油、燃料油等）在空气不足的条件下经不完全燃烧或受热分解而得的产物。高结构炭黑颗粒细，网状链堆积紧密，单位质量颗粒多，有利于在聚合物中形成链式导电结构。利用炭黑的导电性制造导电纤维是比较古老而普遍的一种。

炭黑系导电纤维的制造方法可分为：

（1）涂层法。即在普通纤维表面涂上炭黑，可以采用胶黏剂将炭黑微粉黏合在纤维表面，或者直接将纤维表面快速软化并与炭黑黏合。这种方法的缺点是炭黑易脱落，手感也不好，炭黑在纤维表面不易均匀分布。

（2）复合纺丝法。也称掺杂法，高导电炭黑及复合纺丝技术的进步，给炭黑系导电纤维的发展带来了生机。将炭黑与成纤聚合物母粒混合均匀作为芯组分，常规聚合物作为皮组分进行复合纺丝，炭黑在纤维中成连续相结构，赋予纤维导电性能。这种方法制得的导电纤维耐磨性及耐曲折性有了很大提高，相应的产品包括杜邦公司的 Antron Ⅲ，日本钟纺的 Belltron 等。

（3）纤维炭化处理。有些纤维如丙烯腈系纤维、纤维素纤维、沥青系纤维，经炭化处理后，纤维的主链主要为碳原子，从而使纤维具有导电能力，采用较多的是丙烯腈系纤维低温炭化处理。

碳素材料均为黑色，炭黑系导电纤维为黑色或灰黑色，在使用上受到一定限制，尤其在民用纺织材料上的应用。目前，碳素填充型导电纤维的生产应用已经成为一个十分成熟的市场，较大的生产厂商有美国的卡伯特公司、原联碳公司等，日本的东芝化学、东丽等，芬兰的 PREMIX，韩国的 LG 公司等。作为防静电、除静电材料，主要应用在与集成电路相关的领域即集成电路块、场效应管、晶体管等电子元器件的加工、装配、包装、运输等生产过程中。

3. 金属化合物型导电纤维的制备　许多金属化合物具有良好的导电性能，利用这些导电金属化合物可以制备导电纤维。金属化合物包括铜、银、镍和镉的硫化物和碘化物，使用最多的是铜的硫化物和碘化物，硫化亚铜、硫化铜和碘化亚铜都是很好的导电性物质。这些金属化合物以超细粉体添加到纤维中，颜色浅、粒度细、导电性能良好。这些材料先与聚合物混合制成高浓度的聚合物母粒，再与常规聚合物纺丝制成浅色或白色导电纤维。

利用金属化合物制备导电纤维时，一般采用如下三种方法。

（1）复合纺丝法。此法是将导电粒子与成纤聚合物混合，再纺丝成型。与前述炭黑系复合纺丝过程相似。根据复合纺丝时两组分复合方式的不同，其截面形态可以有如下几种：导电成分与基体聚合物同心圆型、导电组分部分外漏型、并列型、芯鞘型、海岛型等。

（2）吸附法。吸附法有两种机理，一种是常规吸附，与前述的炭黑涂层类似，可以通过黏合剂将导电金属化合物与纤维表面黏合；另一种是通过金属离子与纤维发生络合吸附，尤其是含氮的纤维，如聚丙烯腈（PAN）纤维。络合吸附法使用的金属化合物有 CuS、CuI 等，可以采用高温煮染法，如将含氮的纤维在高压、110℃蒸汽中处理，再涂上 CuS，得到的纤维比电阻达 $10\Omega \cdot cm$；或者将纤维直接放在 CuS 溶液中高温高压共煮，加入纤维溶胀剂、掺杂剂，能制得导电性能较好的导电纤维。这种方法制备的导电纤维其导电粒子与纤维之间以络合的形式结合，导电层的牢度较好。

（3）化学反应法。首先通过反应液的浸渍在纤维表面产生吸附，然后通过化学反应使金属化合物覆盖在纤维表面。20世纪80年代，日本就开发出这类导电纤维。如含 Cu_9S_5 的导电腈纶，首先将腈纶在含铜离子的溶液中处理，再在还原剂中处理，使纤维上的 Cu^{2+} 变成 Cu^+ 并与—CN络合，进一步形成导电纤维，体积比电阻达到 $0.82\Omega \cdot cm$。这些导电物质在纤维结构上形成网络，且PAN纤维上的—CN与 Cu^+ 产生络合，使纤维具有良好的导电性。

4. 聚合物导电纤维的制备 导电聚合物是带有共轭双键的结晶性高聚物，其导电机理主要是通过聚合物分子中的电子π域（结构中带有共轭双键，π键电子作为载流子）引入导电性基团或者掺杂一些其他物质通过电荷变换形成导电性。在结构型导电高分子材料中，"掺杂"是氧化还原过程，其掺杂的实质是电荷转移，且在结构型导电高分子中不仅存在脱掺杂过程，而且掺杂—脱掺杂的过程完全可逆。不同于复合型导电高分子材料的"掺混"，结构型聚合物导电纤维具有有机高分子的低密度、易加工成型、有一定导电性的优点。

尽管聚乙炔（PA）是最早发现的导电高分子，具有接近铜的电导率，但由于它环境稳定性差，应用基础研究方面的工作比较薄弱；而环境稳定性好的聚苯胺（PAn）、聚吡咯（PPy）、聚噻吩（PTh）已成为结构型导电高分子的三大主要品种。在目前发现的导电聚合物中，聚苯胺与其他导电高分子相比，原料易得，合成简单，具有较高的电导率，并且在空气中有良好的稳定性，还具有独特的掺杂现象等特征，是最有前途的导电聚合物。

美国宾夕法尼亚大学的 MacDiarmid 于1987年提出了聚苯胺的苯式—醌式结构，被研究者广泛认同。聚苯胺的分子结构如下：

其中 y 表示氧化—还原程度。氧化度不同的聚苯胺表现出不同的组分、结构、颜色及导电特征，其范围从充分还原（LB $y=1$）的隐翠绿亚胺式（LeucoEmeraldine）到中间氧化态（EB $y=0.5$）的翠绿亚胺式（Emeraldiline），直至完全氧化态（PB $y=0$）的过苯胺黑式（Pernigraniline），随氧化度的提高，聚苯胺依次表现为黄色、绿色、深蓝、深紫色和黑色。不同氧化态的导电性是不同的，完全还原态和完全氧化态都是绝缘体，只有氧化单元数和还原单元数相等的中间氧化态经质子酸掺杂后才成为导体。

聚苯胺经一般的质子酸处理后，就可获得良好的掺杂效果，使电导率提高十个数量级以上。大部分研究者根据聚苯胺的结构模型，推断出聚苯胺具有导电性的重要原因是聚苯胺分子中存在一定量的醌式结构。一种比较具有说服力的导电机理是1987年由 MacDiarmid 提出的极化子晶格模型，如下所示：

当用质子酸对聚苯胺进行处理时，质子酸 HA 发生电离，氢质子（H$^+$）生成并转移到聚苯胺分子链上，分子链上的亚胺氮原子发生质子化反应，形成阳离子自由基，然后亚胺氮原子携带的正电荷通过共轭作用，沿分子链向相邻的原子上扩散，来增加体系的稳定性。聚苯胺呈现出高导电性的原因，就是由于掺杂后电荷在分子链上的跃迁或链间的迁移。只有当 y 介于 0 和 1 之间时，极化子（阳离子自由基）沿分子链的跃迁才可以发生。而当 $y = 0.5$ 时，就是分子链还原单元和氧化单元数目相等时，电荷的迁移最容易发生，所以这种状态的聚苯胺导电性能最好。一般将 $y = 0.5$ 的聚苯胺称作翠绿亚胺，这种结构是制备导电聚苯胺时所希望达到的理想状态。

聚合物导电纤维指无需添加其他导电材料和聚合物基体，而是由导电聚合物本身纺丝成型制得的导电纤维。聚苯胺与其他结构型导电聚合物相比，具有原料易得、制备简便、在空气和水中的稳定性好、电荷贮存能力强、电导率高，具有独特的掺杂现象等特点。用聚苯胺制备导电纤维，不仅导电性能优良持久，而且通过改变掺杂酸的浓度，易于调节纤维的电阻率，这是其他导电纤维所不具备的优良性质。除导电性之外，聚苯胺还具有优良的电磁波吸收性能、电化学性能、光学性能等，在许多特殊领域有广阔的应用前景。

目前以导电聚合物为原料制备导电纤维的方法主要有以下两种。

（1）导电高分子直接纺丝法。导电聚合物难以熔融，导电纤维的制造主要采用溶液纺丝法，包括湿法和干湿法两种。湿法纺丝是直接纺丝法常用手段，将配成浓溶液的聚苯胺在特定的凝固浴中拉伸纺丝。苯胺在酸性条件下受到氧化剂作用，发生氧化聚合生成聚苯胺，不经介质酸掺杂的聚苯胺是绝缘体，经介质酸掺杂后成为导电聚合物。

（2）后处理法。在后处理法中，化学反应主要发生在普通纤维的表面，使纤维吸附导电性高分子，从而赋予普通纤维导电性。聚苯胺容易在腈纶和锦纶等极性纤维的表面沉积，对于涤纶则必须进行前处理，增加其表面极性才能使聚苯胺附着在表面。后处理法的基本工艺是先将普通纤维投入苯胺酸性溶液中浸渍，可以加热或加入纤维溶胀剂，使苯胺充分渗透到纤维内部，同时添加含铜离子的催化剂，然后将浸渍后的纤维放入含有氧化剂的溶液中，苯胺迅速在纤维上发生氧化聚合，纤维的颜色马上由棕色变为浅绿色，接着变成墨绿色，墨绿色的聚苯胺导电效果最佳；也可以利用苯胺的挥发性，先将纤维浸泡在含铜离子的溶液中，然后放置在苯胺蒸气和盐酸气体中，苯胺能被纤维表面吸附并发生聚合，形成导电层，从而制得导电纤维。国内外许多科研工作者利用原位聚合法（也被称为"现场"吸附聚合法）在纤维表面形成导电聚苯胺涂层制备复合聚苯胺导电纤维，基材包括锦纶、涤纶、维尼纶、氨纶以及聚丙烯腈等。

四、导电纤维的应用及市场前景

用导电纤维制成的导电织物具有优异的导电、导热、屏蔽吸收电磁波等功能，被广泛应用于电子及电力行业的导电网、导电工作服；医疗行业的电热服、电热面、电热绷带；航空、航天、精密电子行业的电磁屏蔽罩等。导电纤维可用于抗静电纺织品、防电磁辐射纺织品、智能纺织品和军工纺织品等领域。

1. 抗静电纺织品　导电纤维是以电子导电为机理的功能纤维,通过电子传导和电晕放电来消除静电。由于纤维内部含有自由电子,其抗静电特性无湿度依赖性;导电纤维的电荷半衰期短,在任何情况下,都能在极短的时间内消除静电,利用导电纤维来防止静电的产生和危害具有广泛的环境适应性。根据导电纤维电导率大小及织物的组织结构,在一般纤维中混入 0.05% ~5% 的导电纤维即可达到抗静电效果。用导电纤维制成的具有抗静电效果的工作服,适用于油田、石油加工、煤矿、电子工业、感光材料工业以及其他易燃易爆的场合,也适合于作为无尘无菌服或特种过滤材料等。

自杜邦公司于 20 世纪 50 年代推出 Nomex 这种在干燥条件下也能抗静电的纤维后,导电纤维在抗静电工作服方面起着越来越重要的作用。2002 年,美国 W L Gore & Associates 公司推出了 Gore – Tex 抗静电工作服,这种工作服主要用于石化工业,不同于以往将导电纤维织入普通织物的方法,这种抗静电工作服采用将纳米导电碳颗粒制成的碳纤维直接压膜制成导电基材,并由表层织物覆盖导电基材薄膜对其进行防护,提高了抗静电效果,也避免了导电碳颗粒纤维直接织制后由于摩擦洗涤等原因而脱落,Gore – Tex 抗静电工作服获得了该年度的 DuPont Plunkett 奖。

2. 防电磁辐射纺织品　电磁屏蔽是采用低电阻率的导电材料对电磁流具有的反射和引导作用,在导体材料内部产生与原磁场相反的电流和磁极化,从而减弱原电磁场的辐射效果。用作防电磁辐射的导电纤维要求其电阻率很低,通常只有 $10^{-6} \sim 10^{-2} \Omega/cm$。近年来,由于电子电器设备和通信设备的广泛应用,电磁辐射的干扰使设备产生的误操作、图像声音障碍以及对人体的危害等,引起人们对开发电磁屏蔽材料的关注。低电阻率的导电纤维的开发和市场的紧俏,也正是由此引发。

利用导电纤维的电磁波屏蔽性,可将其用于制作精密电子元件、高频焊接机等电磁波屏蔽罩,制作有特殊要求的房屋的墙壁、天花板及吸收无线电波的贴墙布等。日本应用表面敷铜的导电纤维混纺或制成非织造布,现已大量用于电磁波屏蔽和吸收材料,如作轮船的电磁波吸收罩等。

3. 传感器纺织品　柔韧的导电纤维应用电子传感器的原理制成的传感器纺织品,具有轻便易携带等优点,在各个领域都有广泛的应用。日本太阳工业公司用碳纤维开发了检测最大应变的传感器,可用于建筑物、道路、工厂、飞机、索道等结构的安全诊断。

Textronics 公司于 2005 年研发的智能运动服装将传感器嵌入服装面料,通过传感器监测穿着者的心率等健康状态,并将信息传送到位于服装上的转换器中,达到实时监测的目的。2008 年 8 月该公司又研发了新一代的升级版智能配套元件 Textronics Developer's Kit,这一配套元件采用弹性导电织物做电极的传感器,能够通过更为舒适的方式,对人体进行系统的健康监测。智能传感服装将纺织品的舒适性与传感器技术进行了有机的结合。

4. 军工纺织品 未来的战争将是高技术条件下的信息化战争。在这样的战争中，作战节奏快，攻防转换频率快，战争态势瞬息万变，传统的士兵作战装备显得严重落后。要提高现代战场中士兵的综合作战能力，就必须提高士兵获取、处理、传递信息的能力，使士兵对战场态势的了解达到较高的水平，采用导电纤维制成的信息化服装恰好满足了这一要求。

大部分导电纤维对电、热敏感，导电纤维织制成的织物能防止热成像设备的侦察，由此可制成单兵热成像防护服。导电纤维与树脂、橡胶等低介电基体复合，可制成电磁波吸收材料，该材料能够吸收雷达波，躲避雷达的跟踪，实现武器装备隐身的目的。美国研制的变色军服，就是在织物中加入了导电纤维构成的导通电路，通过控制温度使军服中的热变色油墨发生变化，从而使军服的颜色根据外界的环境色作出相应的变化，成为一种环境反应性伪装。

5. 其他应用 通过选择功能性导电添加剂，还可以制备出除导电功能以外具有其他功能的纤维材料，如抗菌、远红外等。日本三菱公司运用复合纺丝技术，通过在芯部混入高浓度的白色导电陶瓷微粒，使纤维具有导电性能。同时，由于所加陶瓷微粒具有光热转变特性，将此纤维以10%的量与常规纤维混纺后，在光源照射下，可使织物温度上升到28℃。这种纤维不仅使穿着者感到温暖，而且水洗后，其日晒晾干时间为常规纤维的2/3，速干性是这种纤维的附加特性。由于这种纤维的导电性微粒在纤维的芯部，通常的加工、洗涤、染色等都不会影响纤维的导电持久性。

第二节 光导纤维

光导纤维（optical fiber），又称光学纤维，简称光纤，是一种把光能闭合在纤维中，产生导光作用的光学复合材料，是由两种不同折射率的透明材料通过特殊复合技术制成的复合纤维。由玻璃、石英或塑料制成，可传导光或图像，可传送的光包括可见光、红外光、紫外光和激光。纤维表层的折射率比中心的折射率低，使光线在纤维中多次全反射或呈曲线形前进而传光，排列整齐还可以成像。特点是光线可弯曲传导，并可改变像的形状。用于医疗器械、电子光学仪器、光通信线路及光电控制系统等方面。

一、光导纤维的发展简史

1870年，英国丁达尔首先通过实验观察到光线沿弯曲水柱传播的现象。1929年美国的哈塞尔，1930年德国的拉姆，先后都制成了石英纤维，并在短距离内观察到了光线和图像经过石英纤维传输的现象，但由于当时制备的光导纤维质量较差，没有实际应用。

玻璃光纤是20世纪60年代开始研究的，60年代后期到70年代初获得了低光损耗的石英光纤，并成为无机光纤的主导。1976年，0.85μm波长处石英光导纤维损耗已低至1.6dB/km，而同轴电缆的损耗为5~10dB/km，从此光纤通信进入工业化生产及商业应用的新时期。

1953年，荷兰的范希尔和美国的卡帕尼首先制成了玻璃（芯）—塑料（涂层）光导纤维。1955 年，美国的希斯肖威兹制成了玻璃（芯）—玻璃（涂层）光导纤维。1958 年，卡帕尼利用拉制复合纤维的工艺制作了高分辨率的光导纤维面板；1960 年，又采用排列工艺制作了光导纤维传像束，并成功地应用于医疗器械中。

1970 年，美国科宁玻璃公司首先制成了世界上第一根低损耗光导纤维。1972 年，美国贝尔实验室发展了制作低损耗光导纤维的新工艺——化学气相沉积（CVD）法。从此出现了低损耗光导纤维波导研究的新阶段。另外，1964 年，日本的西泽和佐佐木提出了一种新型的光导纤维——变折射率（渐变型）光导纤维，有聚光、成像的作用。此外，自从 1977 年正式提出光导纤维传感器以来，由于它具有灵敏度高、机动性大、抗电磁干扰、工艺简单的优点，光导纤维传感器发展很快。同时，随着激光通信和空间科学的发展，红外光导纤维和塑料光导纤维也有很大的发展。从 20 世纪 60 年代开始，光导纤维的制造已从实验室进入工业生产，随着有关基础理论和工艺的不断发展和完善，对光导纤维的性质和应用的研究已发展成为当代一个重要的科技领域——纤维光学。

20 世纪 60 年代中期，在某些领域开始开发和应用有机光导纤维。1966 年，美国杜邦公司和光学聚合物公司首先出售了全反射型的有机光纤。1972 年，杜邦公司又研究成功红外有机光纤。进入 80 年代到现在，有机光纤又有新发展，性能进一步提高，国内南京、北京等地也研制出有机光纤，并投放市场。

只要入射角满足一定的条件，光束就可以在这样制成的光导纤维中弯弯曲曲地从一端传到另一端，而不会在中途漏射。科学家将光导纤维的这一特性首先用于光通信。一根光导纤维只能传送一个很小的光点，如果把数以万计的光导纤维整齐地排成一束，并使每根光导纤维在两端的位置上一一对应，就可做成光缆。用光缆代替电缆通信具有无比的优越性。例如，20 根光纤组成的像铅笔精细的光缆，每天可通话 7.6 万人次，而 1800 根铜线组成的像碗口粗细的电缆，每天只能通话几千人次。光导纤维不仅重量轻、成本低、铺设方便，而且容量大、抗干扰、稳定可靠、保密性强。因此，光缆正在取代铜线电缆，广泛地应用于通信、电视、广播、交通、军事、医疗等许多领域，人们赞誉光导纤维为"信息时代的神经"。我国自行研制、生产、建设的世界最长的京汉广（北京、武汉、广州）通信光缆，全长 3047km，已于 1993 年 10 月 15 日开通，标志我国已进入全面应用光通信的时代。随着时代的进步和科学的发展，光纤通信必将大为普及。

二、光导纤维的分类

1. 按应用分类　可分为通信光纤和功能光纤。通信光纤是光导纤维最主要的应用领域；功能光纤又可分为传能光纤、传像光纤和传感光纤等，是有开发前途的领域。

2. 按传输的模式数量分类　可分为单模光纤和多模光纤。光波在光纤中传输时，由于纤芯边界的限制，其电磁场解是不连续的，这种不连续的场解称为模式。

（1）单模光纤（single model，SM）。单模光纤的纤芯直径很小（2 ~ 12μm），芯—皮折射率差也小（$\Delta = 0.0005 \sim 0.01$），光信号仅与光纤轴成单个可分辨角度的单光线传输，只以单一模式传输，避免了模态色散，使得传输频带宽，传输容量大，光信号损耗小，离散小，适用于大容量、长距离通信。

（2）多模光纤（multiple model，MM）。多模光纤的纤芯直径大（$50 \sim 500\mu m$），芯—皮折射率差大 [$\Delta = (n_1 - n_2)/n_1 = 0.01 \sim 0.02$]，光信号与光纤轴成多个可分辨角的多光线传输，以多个模式同时传输，比单模光纤传输性能差。多模光纤按形成波导传输的纤维结构分为阶跃型（突变指数型）和梯度型（渐变指数型）两类。阶跃型光导纤维的纤芯与包层间折射率是阶梯状的改变，入射光线在纤芯和包层的界面产生全反射，呈锯齿状曲折前进。梯度型光导纤维的纤芯折射串从中心轴线开始向径向逐渐减小（约以半径的二次方的反比例递减），因此入射光线进入光纤后，偏离中心轴线的光将呈曲线路径向中心集束传输。由于光束在梯度型光纤中传播时，形成周期性的会聚和发散，呈波浪式曲线前进，故梯度型光纤又称聚焦型光纤。图 4-4 为阶跃型和梯度型光纤中光线传输方式示意。

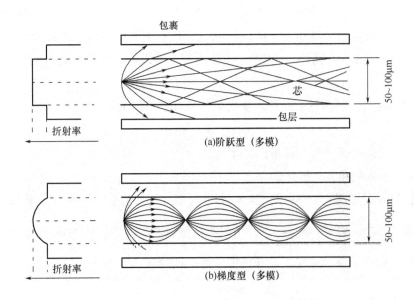

图 4-4 阶跃型和梯度型光纤中光线传输方式

3. 按使用材料分类 可分为无机光导纤维和有机光导纤维（也称为聚合物光导纤维，塑料光导纤维）两种。

（1）无机光导纤维。包括玻璃光导纤维和石英光导纤维，石英光导纤维具有低光损耗、可扩大光波使用范围、实现长距离通信的优点，已成为无机光导纤维的主体。但由于无机光导纤维的价格昂贵，不易弯曲，难加工，在某些应用领域要求开发和应用有机光导纤维。

（2）有机光纤。有机光导纤维（也称聚合物光纤 POF 或塑料光纤）是一种很细的皮芯型光学合成纤维，其芯丝是高光学纯的有机聚合物，直径 $0.005 \sim 0.1mm$，在芯丝外面包裹一层折射率较低的有机高聚物薄膜皮层。有机光纤的透光率等方面比石英类无机光纤差，光传输损耗较大，光传导距离较短，主要是由结构不规整性及纺丝工艺等因素造成，随着合成技术、纤维加工技术的提高，有机光纤的传递损耗逐步降低。

采用高透明度的有机聚合物制成光纤最大优点是柔软性特别好，多次弯曲而不断裂，它重量轻、牢度好、有一定的防射线辐射的能力、加工容易、耐冲击，能制成大直径的光纤，并能增大受光角度，加工成本低廉，是一种很有发展前途的光导纤维。

4. 按材料组成分类 可分为石英玻璃光导纤维和塑料光导纤维。

5. 按形状和柔性分类 可分为可挠性和不可挠性光导纤维。

6. 按纤维结构分类 可分为皮芯型和自聚集型（又称梯度型）光导纤维。

7. 按传递性分类 可分为传光和传像光导纤维。

8. 按传递光的波长分类 可分为可见光、红外线、紫外线、激光等光导纤维。

三、光导纤维传光传像的基本原理

1. 传光基本原理 光纤的基本结构是两层圆柱状媒质，内层为纤芯，外层为包层，芯层一般由高折射的石英玻璃或多组分光学玻璃制成，包层则由低折射率的玻璃或塑料制成。且纤芯的折射率 n_1 比包层的折射率 n_2 稍大。当满足一定的入射条件时，光波就能沿着纤芯向前传播。

当光通过两种不同媒质界面时将发生折射，且有下式的关系：

$$n_0\sin\phi_0 = n_1\sin\phi_1$$

式中：n_0，n_1 ——两种媒质的折射率，在此 $n_0 > n_1$；

ϕ_0，ϕ_1 ——入射角和折射角。

光线的折射情况如图 4－5 所示，当入射角 ϕ_0 较小时，ϕ_1 由上式确定；若加大 ϕ_0，ϕ_1 也随之增大，当 ϕ_0 达到 ϕ_c 时，$\phi_1 = \dfrac{\pi}{2}$，折射光线将沿着界面传播；当 $\phi_0 > \phi_c$ 时，则没有折射，只有反射，即全反射。光在光导纤维中传播依据的基本原理便是全反射。

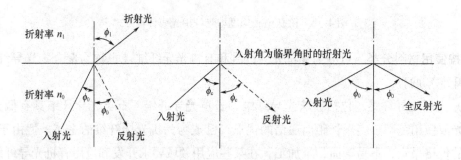

图 4－5 光线的折射

光导纤维的最大优点是能弯曲地传输光线，尽管纤维弯曲后其 *NA* 值、全反射次数、光路长度均受影响，但由于实际纤维的直径很小（5～500μm），局部光路仍可近似地看做直线传播，受弯曲的影响不大。

2. 传像基本原理 如果用大量的光导纤维集成一束，不仅可以传光而且能够传送图像。光导纤维传像的基本原理基于以下四点：

（1）在理想情况下，每根光纤都有良好的光学绝缘，都能独立地传光。

（2）光导纤维束中的每根光纤其端面都可以看作为一个取样孔，在传像过程中能独立地传输一个像元。像元的大小和光导纤维的取样孔径相等。

（3）光导纤维束的两端必须是相关排列、一一对应的。即每根光纤在入射端面和出射端面的几何位置应当是完全一样的。通常纤维束规则排列成正方形或正六边形。

（4）光线在光导纤维中的入射角和出射角应当是量值相等，符号视内全反射次数的奇偶而定。当次数为奇数时取" ＋ "号，当次数为偶数时取" － "号。

由于光导纤维上述特点，当一个图像入射在光导纤维的端面上时，该图像就能被光导纤维束传输到另一端，而保持图像的形状不变。

四、光导纤维的制造和成型

1. 无机光导纤维 以石英光导纤维为例介绍无机光导纤维的制造方法。

石英光导纤维的制造工艺，包括以气相为主的母材制造、母材加热熔融拉伸纤维化和树脂包覆等过程。母材的制造方法包括化学蒸汽沉积法（MCVD）、气相轴向沉积法（VAD）、改良的气相轴向沉积法（DVD）、等离子化学沉积法（PCVD）四种气相合成法，这些方法都是以添加了锗的折射率较高的石英玻璃（$GeO_2 \cdot SiO_2$）作芯，纯石英玻璃（SiO_2）作皮层。

（1）MCVD 法。即 1974 年美国首先提出的改良的化学蒸汽沉积法，是制造具有实用性可见光光导纤维母材的方法。其过程是：将气态原料 $SiCl_4$、$GeCl_4$ 和氧气一起送入石英管内，石英管沿着轴向转动，用氧气或氢气喷灯往复移动加热石英管外部，气体原料经氧化反应生成 SiO_2、GeO_2 的玻璃微粒沉积在石英管内部四周，形成透明的玻璃薄层。根据需要重复上述过程，达到一定厚度的玻璃薄层后，停止通原料气体，用更高的温度收缩石英管，使中心部位剩余的孔堵塞起来成为实心圆棒即光纤的母材。通过调节气体原料 $SiCl_4$、$GeCl_4$ 的比例，就可以形成所需折射率的断面结构。

（2）VAD 法。即日本创立的气相轴向沉积法。气体原料 $SiCl_4$、$GeCl_4$ 经过喷头送到氧、氢气火焰中，加水分解反应，生成 SiO_2、GeO_2 微粒沉积在石英棒的端部，石英棒以一定速度回转向上方推出（沿轴线方向），逐渐在轴线方向由微粒沉积成圆柱形多孔母材。根据母材中孔间的组成分布、堆积面的温度分布、火焰中原料的空间分布来调节所需母材断面的折射率分布。将得到的圆柱形多孔母材放在氯化氢气体中进行热处理，脱水而形成透明的石英玻璃。由于增加脱水工艺，能得到羟基含量极少的光导纤维，可以连续进行母材生产，是日本目前生产光纤母材的主要方法。

（3）DVD 法。即改良的气相轴向沉积法，是美国开发生产石英光纤母材的方法之一。其过程是：将气体原料送到火焰中，加水分解反应形成玻璃微粒，引出材料用铝棒，在铝棒外围形成多层多孔的母材，随后拔出铝棒，经加热脱水透明化，形成实心母材。使用这种母材制成的光纤含羟基极少。

（4）PVCD法。即等离子化学沉积法，由荷兰飞利浦公司开发。其过程是：在减压的石英管内部，利用微波发生等离子体，然后往石英管里送进气体原料进行氧化反应，在石英管内壁沉积成多层直接透明玻璃化的薄层，与MCVD法一样反复进行多次，达到所需的堆积厚度后，加热收缩成为实心母材。采用PCVD法原料反应的得率高。

采用上述方法制得的光纤母材置于驱动装置的上部，如图4－6所示，以一定速度送到拉伸炉中，约在2000℃的高温下熔融拉伸成直径很小（如125μm）的光导纤维。在加热炉中有发热体，一种是用碳为发热体的阻抗加热炉，另一种是用氧化锆为发热体的高频诱导加热炉。使用非接触式线径测量仪测量拉伸出的光纤外径，以此调整控制拉伸速度，可得到±1μm以下误差的精度。

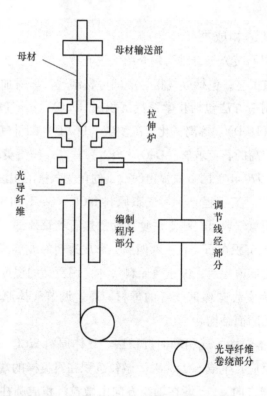

图4－6　石英光纤母材拉伸装置示意图

光纤的纤经和外径尺寸比率由母材来保持。拉出的光纤在与其他固体物质接触前，为保护和增强纤维的表面，一般先涂上有机化合物树脂，然后再卷绕在筒子上。涂布的树脂经热固化或紫外线固化炉固化。经有机化合物涂布的光纤具有一定的强度，不含缺陷的石英光纤的拉伸强度可达到500Pa，125μm直径的光纤的断裂负荷重达6N，延伸率为7%。一般涂覆的树脂是硅树脂或紫外线固化型丙烯酸类材料。

　　所得的光纤根据用途而做成各种形态，有的还要进行二次涂覆，或几根光纤编成条子形状，最后在组合成光缆。采用上述方法制备的石英光导纤维具有传输损耗十分低（传输光波长为 $1.3\mu m$ 时，$0.35dB/km$；$1.55\mu m$ 时，$0.2dB/km$）并有一定强度和耐久性，作为通信电缆已达到充分可靠和技术成熟。

　　随着无机光导纤维在海底通信光缆等长距离通信应用范围的扩大，要求无机光导纤维高性能、高可靠性、低价格。无机光导纤维在原料、涂层、成本等方面有了新的发展。上述石英光导纤维的芯材为 SiO_2 和 GeO_2，但随着 GeO_2 添加量的增加，会发生光的乱散射而损失，而且 SiO_2、GeO_2 石英玻璃在长期使用中会与氢气反应，导致光损耗增加，影响输送的可靠性。目前研究开发了纯石英玻璃为芯材，添加氟元素的 $SiO_2—F$ 玻璃为皮层的光导纤维。这种光纤传送损失为 $0.154dB/km$（波长为 $1.5\mu m$），这种光纤即使在高温的氢气里，在 γ 射线下传送损失也十分小，可用于海底光缆及无中转的长距离电缆通信系统中。使用有机树脂材料涂覆光纤是为了达到补强的目的，为了能在更严格的环境中使用，在玻璃周围涂覆密封性涂层，可以提高疲劳强度，防止氢气入侵，提高光纤的耐化学性、耐热性。例如，使用 $SiOH$、SiC、TiC、无定形炭等作涂层材料，在 CVD 法中，涂层厚度达到 $10 \sim 100nm$。这样，光导纤维的静态、动态疲劳强度都有很大的提高，防止氢气透过也有良好的效果。

　　要降低无机光纤的成本，应从提高生产率，即提高母材的沉积速度、拉伸速度等着手。例如，在气相轴向沉积法中，使用多重火焰喷头，使包覆部分的沉积速度达到 $20g/min$，拉伸速度达到 $1200m/min$。对传送距离较短，质量要求不太高的光纤，可用溶胶—凝胶法制造，以金属烷氧化物等作原料的液相中进行分子缩合反应制成玻璃，即不经过高温熔融过程的低温玻璃合成法，可实现低成本制造石英光导纤维光缆。

　　2. 有机光导纤维　制备有机光纤的有机高聚物必须透明性好、折射率高以及芯材与皮层的附着性优良，而且用于皮层的高聚物的折射率必须小于芯材聚合物折射率 $2\% \sim 3\%$。可供有机光纤使用的高聚物及其特性见表 4-1。

表 4-1　有机光导纤维用高聚物

高聚物	折射率	色散	透光率（%）
聚甲基丙烯酸甲酯（PMMA）	1.490	55.3	92
二乙二醇双碳酸烯丙酯	1.498	53.6	90
聚苯乙烯（PS）	1.590	30.9	88
聚碳酸酯（PC）	1.596	30.3	89
聚甲基丙烯酸三氟异丙酯	1.417	65.8	—
聚氯化苯乙烯	1.609	21.0	—
聚四氟乙烯	1.316	35.6	—

（1）芯材的选择。材料的透明度受光的吸收和散射两方面的制约，由于结晶性高聚物的晶区和非晶部分折射率差异很大，透明化困难，所以高透明度高聚物都是非结晶性高聚物，而非结晶性高聚物的透明度主要受光吸收（特别在近红外光区等长波长范围内）的制约。目前有机光纤的芯材主要是聚甲基丙烯酸甲酯（PMMA）和聚苯乙烯（PS），它们的透光性很好，又易于纤维化。聚碳酸酯（PC）耐热性能好，也可应用于要求耐热和较低价值的光纤用芯材。PMMA 的机械稳定性和耐久性比 PS 好，使得 PMMA 成为有机光纤的主要材料。

（2）皮材的选择。作为有机光纤的皮层材料，可选用比芯材折射率低的透明性高聚物。如选用折射率为 1.59 的聚苯乙烯为芯材时，可选用折射率为 1.49 的聚甲基丙烯酸甲酯为皮材。而选用聚甲基丙烯酸甲酯为芯材时，则要用折射率在 1.40 左右的氟化偏氯乙烯—四氟乙烯（VDF—TFE）共聚物或氟烷基丙烯酸甲酯（FRMA）聚合物做皮材。选择皮材时要充分考虑皮材的熔融性，其与芯材的熔融性差异要小，防止制造纤维时芯材变形大，还要充分考虑芯材和皮材的亲和性。

制备高纯度的芯材高聚物是获得光透性优良的有机光纤的基础。作为芯材单体的聚合，有乳液聚合、溶液聚合、悬浮聚合及本体聚合等方法。采用单体精制纯化直接本体聚合，能获得透光性优良的芯材高聚物。

（3）制备方法。制备有机光纤的两种典型方法是涂层法和复合纺丝法。

①涂层法是从挤出机纺出芯材纤维，外面包覆熔融的皮材高聚物，或涂上用合适溶剂溶解皮材聚合物的溶液，然后干燥去除溶剂。涂层法较简单，但涂皮材前要求芯材纤维绝对不能污染。而用皮材溶液涂覆时，不能用使芯材性质改变的溶剂。

②复合纺丝法是芯材高聚物和皮材高聚物熔融后在同心圆复合喷丝头挤出形成皮芯结构的纤维。复合纺丝法喷丝头多孔化，可以大大提高产量，但必须选用搭配合适的芯材和皮材高聚物，且熔融挤出条件十分重要。

五、光导纤维的应用

光导纤维是一种能够传导光波和各种光信号的纤维。利用光纤构成的光缆通信可以大幅度提高信息传输容量，且保密性好、体积小、质量轻、节省大量有色金属和能源。

光导纤维除了应用于通信领域之外，还具有传能、传像及传感等功能，因而在工业、军事等其他领域和医学上得到广泛应用，称为功能光纤。

1. 海底光缆　由于光纤通信的异军突起，近年来以海底光缆代替海底电缆已成为发展趋势。目前，全世界已经铺设海底光缆达 37 万 km，这个长度几乎可以围绕地球 10 圈。由于两端采用激光器，在传输中已经不再需要放大信号的中继器，使成本大大降低，通话费用相应减少。在现代化的全球通信网络中，最长的海底光缆已达 3.2 万 km，能够把 32 个国家和地区连通在一起。

2. 光导纤维浊度计　浊度是指液体中由于悬浮固体、微粒或者对基液来说具有不同反射指数的微粒所引起的液体浑浊程度，通俗讲即液体的透明度。一般浊度的测量均采用市售的取样式透射光浊度计，它是一种利用悬浊液对光的吸收和散射作用而建立起来的分析方法。这种测量方法属于传统的测量方式，它的优点是测量范围宽，缺点则是要求有标准测试瓶或测试槽，而且瓶的透光性要求特别高，另外入射光和反射光的光源分装在被试瓶两侧，给调整、聚焦等带来不便。

光纤式浊度计是与传统浊度计工作原理不同的最新设计，它可以将探头直接插入检测液体的不同位置进行在线检测。其特点是：探头结构简单，仪器小巧便携，数字显示，使用方便，测量范围宽广，不受水色的影响。光纤式浊度计能广泛应用于自来水工业、化学工业、食品工业、酿造工业等领域中，如用来测量自来水的洁净度、牛奶的浓度、酒类及饮料的浊度。

3. 光导纤维 pH 传感器　在工业生产中，随着自动化程度越来越高，过程参数的测量与监控越来越显得重要，特别是化工、石油、轻工、食品及制药等部门迫切需要。pH 就是其中之一，它体现的是溶液的酸碱度。许多化学反应的进行与溶液的酸碱度有密切关系。

光导纤维 pH 传感器的工作原理主要是利用光纤的颜色调制技术，pH 的变化将导致光纤传感探头中光频谱特性变化。这一变化的光信号通过光导纤维传输给处理单元。与传统的值测量方法（如电极电位法）相比，具有操作简便、灵敏度高、抗电磁干扰强等优点。它的不足之处是，对于不同的测量范围需要更换不同的化学指示剂探头。主要原因是研制化学指示剂时，为了提高颜色对 pH 的敏感度，不得不将 pH 的变化范围缩小，即为获取高灵敏度而牺牲了测量范围。

4. 光纤输电　美国拉里安公司成功地运用光纤完成输电功能，在电力领域中开拓了一条新途径。他们在发送端利用半导体激光二极管把电能转变为激光在光纤中传送，用太阳能电池作为接受端器件。这种器件用 $300\mu m$ 厚的砷化镓作为绝缘基片上面覆盖有 $20\mu m$ 厚的太阳能电池。它被分为六个独立的区域，这些区域出镀金的空气桥串联。当出光纤传来的激光照射到太阳能电池时，光能立即变成电能。每个区域产生的电压恰好是 1V。六个区域串起来就有 6V 电压，足可供大多数传感器的控制电路使用。如果把激光二极管的功率继续提高。再配上整套的电能传送系统，光纤输电就可以广泛地应用于军事、工业、商业等领域。

5. 光导纤维在智能建筑中的应用　智能建筑是现代自动化在建筑领域中的体现，是楼宇等建筑设施中结构、系统、服务、运营的有机结合，目的是使用户舒适、安全、方便地生活，使设备高效率、多功能地运行。主要内容包括通信自动化、建筑设备自动化、办公自动化和防灾保安自动化等。光纤不怕电磁干扰等优点，正好适用于楼宇等建筑群中。

光纤在建筑设备自动化和办公自动化中的应用很广，如供电与输配电系统、照明与采光系统、冷暖通风与舒适控制系统、给水排水系统、垃圾和污水处理系统以及卫生设施、仓库管理、车辆与电梯管理等，大多采用可编程控制器（PLC）进行程序控制或闭环的 PID 控制，使设备自动运行。风机水泵等大多采用变频调速，方便地调节流量，并达到节能的目的。现在生产的 PLC 同位机间的通信和上位机间的通信大多采用光纤，有的甚至采用廉价的塑料光纤。办公自动化中的计算机多媒体技术、通信技术、各种处理技术、信息复制与分发、无纸化办公等都需要光纤的配合。各种自动化中的检测，很多用了光纤传感，如利用电流的磁场效应引起光的偏振现象，通过光纤可以测量电流；利用电场对晶体光性能的改变可检测电压。

光纤在防灾与保安自动化系统中也有广泛应用。在报警系统中，除信息的传输已开始使用光纤外，火灾探测中感烟感温的传感器正研究采用光纤。现在在使用的一种分布式火灾报警器，就是在多模光纤上用芳纶丝捆上一根充满石蜡的塑料管，当局部温度升高到相当值时，石蜡熔化膨胀，光纤局部微弯曲，当窄脉冲激光通过此处时产生色散，通过检测返回的光，可分析出发生火灾及具体的地点，十分安全可靠。另一种无包层的石英光纤，局部被火灾加热时，散射效应改变，用光时域反射计（OTDR）检测返回的光，可探测出光纤各点温度分布的情况，即可知火灾的地点。石英的熔化温度为 1900℃ 左右，所以在火灾发生以后，光纤仍然可以传输信息。在智能建筑的保安系统中，进门的密卡已由简单的磁卡、条码卡等发展到无接触的内有 CPU 和 E2PROM 的 IC 卡。更先进的是用光纤检测指纹和眼底视网膜的门禁机，可以把它们凹凸的复制在卡片上，用光纤进行全息检测，十分安全可靠。在防盗系统中，光束遮挡式、热感红外式、侦光式、视觉式、接近式等都有光纤参与。在电视监视系统中，不仅信号可以用光纤传输，现在也正研究用光纤直接传输图像的技术。

6. 光纤防窃听 美国通信保密专家研制的一种无规律载波信号光纤通信技术，专门用以对付当今日益猖獗、手段高明的窃听高手。

该技术首先将话音之类的有用信息转换为数字脉冲信号，然后再将这些数字脉冲信号编码，调制到无规律变化的随机微波载体上。发送时，激光发射装置将载有信息的无规律载波信号经光纤通信系统发射至收信方。收信方的激光接收机以专用技术与发送激光装置同步动态协调工作，最终完成将有用信号从无规律载体上解调的任务。使用该技术，窃听高手们将再也没有用武之地。

7. 光纤内窥镜 光导纤维结构简单，柔软方便，可制作光纤内窥镜，应用于潜望镜和内窥视系统。在工业上可以深入人眼所观察不到或有损于人体健康的地方。国防上可以制成各种坦克、飞机或舰艇上的潜望镜。医学上可以制作对胃、食道、膀胱等内腔部位进行检查和诊断的各类医用窥镜。如果配有大功率激光传输的光导纤维，还可进行内腔激光治疗。

8. 分叉传光束 分叉传光束一端为若干根普通传光束，另一端集结在一起。它可把同一光源发出的光分配到几个需要照明的地方，这样可以减少使用光源的数目，提高照明的可靠性。汽车尾灯和各指示盘所需照明光就可用该法来实现。

第五章　防护功能纤维

第一节　防电磁波辐射纤维

自然界中的一切物体，只要温度在绝对温度零度以上，都以电磁波和粒子的形式时刻不停地向外传送能量，这种传送能量的方式被称为辐射。物体通过辐射所放出的能量，称为辐射能。辐射能量从辐射源向外所有方向直线放射。辐射能按伦琴/小时计算。能引起物质分子电离的辐射称为电离辐射，包括高速带电粒子（α粒子、β粒子、质子）、不带电粒子（中子）及X射线、γ射线等。较低能量的辐射，如紫外线、可见光、红外线、微波激光以及热辐射、声辐射等，都属于非电离辐射。

对电磁辐射的研究表明，电磁辐射不仅会造成电磁干扰、电磁信息泄漏，而且对人体有一定影响。电磁辐射的防护主要针对高频电磁波，根据现有的电磁辐射防护标准，对频率为30~300MHz的电磁波有最严格的防护标准，即暴露值最低。该频率范围以及更高的频率范围内的电磁波对人体的损伤主要是由电场造成的，对此进行防护主要采用反射电磁波的机理，而吸收电磁波的防护方式相对困难，除非允许采用很厚重的防护层，而这对于纺织品而言并不合适。对于低频电磁波，虽然对人体的损伤很小，但在特殊场合下，仍需将磁场集中在磁性纤维内，从而保证由磁性纤维护卫的人体内部只有很低的磁场强度。

随着手机、计算机及微波炉等办公、家用电器的普及，电磁辐射的危害也日益突出。为保护人体不受或尽量减少电磁辐射的危害，可对电磁辐射源进行屏蔽，减少其辐射量；还可穿着可有效防电磁波辐射的防护服装进行自我保护。

一、防电磁辐射纤维及纺织品的发展简史

最早用于个人防护的服装出现于20世纪60年代，是金属丝和服用纤维的混编织物，金属丝主要是由铜、镍和不锈钢及它们的合金制造的。它对电磁辐射有一定的屏蔽作用，但是手感较硬，厚而重，服用性能较差。

在此基础上，出现了金属纤维和服用纤维混纺织物，其服用性能有较大改善。金属纤维除具有良好的导电性、导热性、耐高温外，还有较高的强度。金属纤维主要有镍纤维和不锈钢纤维两种，直径为4μm、6μm、8μm和10μm。一般情况下金属纤维的混纺比在5%~20%。但两种纤维难以混合均匀，加捻成纱困难，屏蔽性能不太理想，还有尖端放电和刺人现象，对浅色和深色织物会影响色泽。

20 世纪 70 年代初，出现了镀银织物，其保护效果好，轻而薄，服用性能较好，但手感仍较硬，而且化学镀银价格昂贵，不能广泛应用。20 世纪 70 年代末，出现了镀铜或镍织物，性能与镀银织物相似，但价格较低，为实际应用提供了有利条件。20 世纪 80 年代初，出现了硫化铜织物，既可抗静电，又可屏蔽电场，消除磁场，还可以阻隔少量的 X 射线、紫外线等，该织物是利用聚丙烯腈纤维大分子链上的氰基和铜盐，借助还原剂、硫化剂等发生螯合形成的。还有人研究了金属喷镀织物，把金属加热熔化后，利用高压气流直接均匀地喷洒在织物表面，工艺流程短，金属层和织物的结合牢度大于化学镀层织物，与化学镀层织物性能相似，但喷镀均匀度直接影响电磁辐射的防护效果。现在已有喷铅、喷铝和喷锡织物。将已分散好的电磁波吸收剂加入涂层剂中制成涂层整理织物；利用吸波材料开发的防电磁辐射纤维，如本征型和复合型导电高聚物纤维、碳纤维和纳米级导电纤维等，都可制作防辐射织物。

德国是最早研究电磁辐射防护材料的国家，并制定出相应的评价标准。开发的 Snowtex 织物用聚酯或聚酰胺纤维与铜、不锈钢、碳或其他金属合金混纺后织制而成。德国最大的防护服生产厂家 Tempex 股份有限公司和纺织材料供应商 Ploucquet 合作，用银涂覆在织物的两面开发出的防电磁辐射纺织品，具有很高的拉伸强度，并且透气，制成服装后屏蔽效能不会因拉链和接缝而衰减。美国 NSP 公司和 Euclid 服装制造公司合作，制造了由微细不锈钢纤维制成的织物。莫斯科纺织材料研究院开发出由极细的含镍合金丝交织针织物制成的视频终端操作员防护服，对终端设备散发电磁波的屏蔽效能为 40dB，该织物可按一般针织品水洗条件多次洗涤，不损害功能和外观，且穿着舒适。瑞士 Swiss Shield 公司与 Spoerry 公司，采用非常细的镀银铜丝，外覆聚亚酰胺酯膜或一种特殊的银合金，再在外层用专利纺纱技术包覆一层棉或聚酯纤维，开发出屏蔽效能为 50dB 的薄型织物。织物可成型、剪裁、折叠、缝制加工并可免烫。

我国于 20 世纪 60 年代开始研究电磁辐射防护服。1979 年 10 月提出《微波辐射暂行卫生标准》，1985 年中央军委颁布了微波辐射的军用标准。1989 年颁布了 GB 9175—1988《环境电磁波卫生标准》。70 年代正式生产铜丝与柞蚕丝混纺织物制成的屏蔽服。70 年代、80 年代研制出微波吸收防护服、不锈钢软化纤维屏蔽织物与服装。近几年研制出多功能电磁波防护材料，以纳米技术研制的金属纤维与棉混纺，并加入远红外保健材料，制成具有电磁波防护与远红外保健双重功能的新织物。

二、防电磁辐射原理

1930 ~ 1940 年间，由 S. A. Schelkunoff 最先提出了一套完整的电磁屏蔽理论，其后经过多年的发展日趋完善。电磁波屏蔽的目的主要有两个方面：一是控制内部辐射区域的电磁场，不使其越出某一区域；二是防止外来的辐射进入某一区域。

电磁屏蔽的作用是切断电磁波的传播途径，从而消除干扰。在解决电磁干扰问题的诸多手段中，电磁屏蔽是最基本和有效的。用电磁屏蔽的方法来解决电磁干扰问题的最大好处是不会影响电路的正常工作，因此不需要对电路做任何修改。

电磁波传播到达屏蔽材料表面时，通常有三种不同衰减机理：一是在入射表面的反射衰减；二是未被反射而进入屏蔽体的电磁波被材料吸收的衰减；三是屏蔽体内部的多次反射衰减。

1. 屏蔽材料的屏蔽效果 根据 S. A. Schelkunoff 电磁屏蔽理论，金属材料的电磁波屏蔽效果为电磁波的反射损耗、电磁波的吸收损耗以及电磁波在屏蔽材料内部多次反射过程中的损耗三者之和。故屏蔽材料的屏蔽效果可用下式表示：

$$SE = R + A + B$$

式中：SE——电磁屏蔽效果，dB；

      R——反射衰减；

      A——吸收衰减；

      B——内部多次反射衰减修正因子（只在 $A < 15dB$ 情况下才有意义）。

电磁波衰减分级标准如表 5 - 1 所示。

表 5 - 1 电磁波衰减分级标准

SE（dB）	0	< 10	10 ~ 30	30 ~ 60	60 ~ 90	≥90
衰减程度	无	差	较差	中等	良好	优

2. 影响屏蔽材料屏蔽效能的因素

（1）材料的导电性和导磁性越好，屏蔽效能越高，但实际的金属材料不可能兼顾这两个方面，例如，铜的导电性很好，但是导磁性很差，称为导电型电磁波防护材料；铁的导磁性很好，但是导电性较差，称为导磁型电磁波防护材料。

（2）频率较低的时候，吸收损耗很小，反射损耗是屏蔽效能的主要机理，要尽量提高反射损耗。

（3）反射损耗与辐射源的特性有关，对于电场辐射源，反射损耗很大；对于磁场辐射源，反射损耗很小。因此，对于磁场辐射源的屏蔽主要依靠材料的吸收损耗，应该选用磁导率较高的材料做屏蔽材料。

（4）反射损耗与屏蔽体到辐射源的距离有关，对于电场辐射源，距离越近，则反射损耗越大；对于磁场辐射源，距离越近，则反射损耗越小。正确判断辐射源的性质，决定它应该靠近屏蔽体，还是远离屏蔽体，是结构设计的一个重要内容。

（5）频率较高时，吸收损耗是主要的屏蔽机理，这时与辐射源是电场辐射源还是磁场辐射源关系不大。

（6）电场波是最容易屏蔽的，平面波其次，磁场波是最难屏蔽的，尤其是（1kHz 以下）低频磁场，很难屏蔽。对于低频磁场，要采用高导磁性材料，甚至采用高导电性材料和高导磁性材料复合起来的材料。

3. 电磁屏蔽的基本原则 一般除了低频磁场外，大部分金属材料可以提供 100dB 以上的屏蔽效能。但在实际工作中，要达到 80dB 以上的屏蔽效能也是十分困难的。这是因为，屏蔽体的屏蔽效能不仅取决于屏蔽体的结构，屏蔽体还要满足电磁屏蔽的两个基本原则。

（1）屏蔽体的导电连续性。这指的是整个屏蔽体必须是一个完整的、连续的导电体，这一点实现起来十分困难。因为一个完全封闭的屏蔽体是没有任何使用价值的。一个实用的机箱上会有很多孔缝，如通风口、显示口、安装各种调节杆的开口、不同部分的结合缝隙等，由于这些导致导电不连续的因素存在，如果设计人员在设计时没有考虑如何处理，屏蔽体的屏蔽效能往往很低，甚至没有屏蔽效能。

（2）不能有直接穿过屏蔽体的导体。一个屏蔽效能再高的屏蔽机箱，一旦有导线直接穿过屏蔽机箱，其屏蔽效能会损失 99.9%（60dB）以上。但是，实际机箱上总会有电缆穿出穿入，至少会有一条电源电缆存在，如果没有对这些电缆进行妥善的处理（屏蔽或滤波），这些电缆会极大地损坏屏蔽体。穿过屏蔽体的导体的危害有时比孔缝的危害更大，因此妥善处理这些电缆是屏蔽设计的重要内容之一。

对于静电场屏蔽，屏蔽体是必须接地的。但是对于电磁屏蔽，屏蔽体的屏蔽效能却与屏蔽体接地与否无关。

三、防电磁辐射纤维的种类及应用特点

根据防电磁辐射原理，防电磁波辐射的途径一是利用材料的导电性，增加对电磁波的反射率，二是利用材料的磁性，提高对电磁波的吸收率。

金属纤维、碳纤维以及镀金属纤维具有良好的电磁波屏蔽性能，因而在防电磁波复合材料、织物、板材等结构中应用较多。各种防电磁辐射纤维及其应用特点如下：

（1）黄铜纤维价格低、屏蔽效果好。

（2）铁纤维填充塑料是新开发出来的一个品种，综合性能优良，成型加工性好。用铁纤维填充尼龙、塑料产品韧性好，价格虽然高但用量少，对塑料制品和设备的影响较小。

（3）石墨、炭黑具有成本低、分散性好等特点，但含量较高时才能具有一定的电磁屏蔽效果，这样就会导致产品力学性能显著下降，制品本身为黑色，影响产品外观，应用受到限制。

（4）碳纤维具有高强、高模、化学稳定性好、密度小等优点，但导电能力不能满足电磁屏蔽的要求，需要在纤维表面形成一层导电膜，才能提高电磁屏蔽效果。

（5）复合型高分子电磁屏蔽纤维以高分子材料为主体，加入多种导电物质（如炭黑、石墨、金属微粉、金属氧化物等）纺丝而成。为达到良好的屏蔽效能，需要加大导电物质的添加量，这样会导致纤维可纺性低，但因其潜在的应用前景，仍值得深入研究。

（6）本征型导电聚合物纤维是用 AsF_3、I_2、BF_3 等物质以电化学掺杂方法制得的具有导电功能的共轭聚合物，如聚乙炔类、聚吡咯类、聚苯胺类、聚杂环类等。这类材料刚度大，

难溶、难熔、成型成纤较为困难，导电稳定性、重复性差，成本极高，作为织物用纤维实用性有限。但将本征型导电聚合物分散于其他高分子物质中制成具有电磁屏蔽性能的共混导电纤维，如聚苯胺/PA11（PA11 为 ω – 氨基十一酸合成的聚合物）共混导电纤维还是可行的，将此纤维纯纺或混纺可加工成具有防电磁辐射性能的织物。

四、屏蔽效能测试

屏蔽体的有效性用屏蔽效能（shielding effectiveness，SE）来度量。屏蔽效能的定义如下：

$$SE = 20\lg\ (E_1/E_2)(dB)$$

式中：E_1——没有屏蔽时的场强；

　　　E_2——有屏蔽时的场强。

如果屏蔽效能计算中使用的是磁场强度，则称为磁场屏蔽效能，如果屏蔽效能计算中使用的是电场强度，则称为电场屏蔽效能。屏蔽效能的单位是分贝（dB）。

一般民用产品机箱的屏蔽效能在 40dB 以下，军用设备机箱的屏蔽效能一般要达到 60dB，TEMPEST（瞬时电磁脉冲发射标准）设备的屏蔽机箱屏蔽效能要达到 80dB 以上。屏蔽室或屏蔽舱等往往要达到 100dB。100dB 以上的屏蔽体是很难制造的，成本也很高。

1. 远场法　远场法主要用以测试防电磁辐射织物对电磁波远场（平面波）的屏蔽效能。具体有下面两种测试方法。

（1）同轴传输线法。该法是美国国家材料实验协会（ASTM）推荐的一种测量屏蔽材料的方法。根据电磁波在同轴传输线内传播的主模是横电磁波这一原理，模拟自由空间远场的传输过程，对防电磁辐射织物进行平面波的测定。优点是测试快速简便，不需建立昂贵的屏蔽室及其他辅助设备，测试过程能量损失小，测试的动态范围较宽，可达 80dB，适应频率的范围为 30MHz ~ 1.5GHz，材料的厚度可以薄至 10mm。其缺点是只可测远场的辐射源，测试结果受材料与同轴传输装置的接触阻抗的影响，重复性较差。

（2）法兰同轴法。该法是美国国家标准局（NBS）推荐的一种测量屏蔽材料的方法。原理和测试特点与同轴传输线法相似，但改进了样品与同轴线的连接，使其接触阻抗减小，重复性较好。对试样厚度有一定要求，负载试样的厚度不大于 5mm。

2. 近场法　主要用以测试防电磁辐射织物对电磁波近场（磁场为主）的屏蔽效能。主要的测试方法为双盒法。

双屏蔽盒的各个腔体分别安装一小天线用来发射和接收辐射功率。优点是不需昂贵的屏蔽室及其他辅助设备，测试快速简便。缺点是腔体工作频率将随腔体的物理尺寸而产生谐振，测量结果的重复性受指型弹簧支撑片的状态影响，适用频率范围 1MHz ~ 30MHz，试样的厚度不大于 4mm，测试的动态范围 50dB。

3. 屏蔽室法　该法是测试有无防电磁辐射织物的阻挡时，接收信号装置测得的场强和功率值之差，即为屏蔽效能。测试结果较为准确，结果受防电磁辐射织物与屏蔽室连接处的电磁泄漏影响，而且屏蔽室等设备较为昂贵。适用频率范围 1MHz～30MHz，对织物厚度没有太大要求。

屏蔽效能与屏蔽体的特性、电磁波的频率特性和辐射源到屏蔽体的距离有关。测试频率与屏蔽效能的关系如表 5-2 所示。

从频率的范围来看，同轴传输法、法兰同轴法、屏蔽室法适合实际的需要。从人们实际生活所处电磁场环境来看，很难划分为远场或近场，而屏蔽室法测试时发射天线与屏蔽体的距离可模拟实际人与发射源的距离，测试结果相对准确，能准确地评定电磁辐射织物的屏蔽效能，但设备昂贵。

表 5-2　测试频率与屏蔽效能的关系

频率（MHz）	测试参数	单位	屏蔽效能 SE（dB）
<20	H_1、H_2	μT	$20\lg(H_1/H_2)$
	V_1、V_2	μV	$20\lg(V_1/V_2)$
20～1000	E_1、E_2	μV/m	$20\lg(E_1/E_2)$
>1000	P_1、P_2	W	$10\lg(P_1/P_2)$

注　H_1、V_1、E_1、P_1 分别为无防电磁辐射织物屏蔽时测得的磁场强度、电压、电场强度、功率；

H_2、V_2、E_2、P_2 分别为有防电磁辐射织物屏蔽时测得的磁场强度、电压、电场强度、功率。

几种防电磁辐射织物的测试方法比较如表 5-3 所示。

表 5-3　防电磁辐射织物测试方法比较

辐射源	测试方法	适用频率	材料厚度	动态范围
远场环境	同轴传输线法	30MHz～1.5GHz	≤10mm	80dB
	法兰同轴法	30MHz～1.5GHz	≤5mm	>100dB
近场环境	双盒法	1～30MHz	≤4mm	50dB
	改进 MIL-STD-285 法	1～30MHz	范围较大	100dB 左右
日常生活的电磁环境	屏蔽室法	≥30MHz	范围较大	较宽

第二节　抗静电纤维

静电在某些场合下可能会成为正效应。如穿着带负电的氯纶衣裤对风湿性关节炎有一定的辅助疗效，还有静电纺纱、静电植绒、静电除尘等技术都是对静电效应的妙用。但在许多情况下，静电会造成危害。在纺织领域中，干燥的纺织材料是绝缘体，比电阻很高，特别是吸湿能力很差的合成纤维其比电阻更大，纤维在纺织加工和使用过程中由于摩擦产生静电现象，会给纺织生产和纺织品的使用带来种种不利的影响，如影响纺纱织造产品的质量，影响染整加工过程，影响服装的穿着性能，引发意外事故等。因此，在纺织染整和服装加工过程中，一般要设法消除纺织品所产生的静电。

一、静电产生的机理

一般静电的产生主要有两种方式，一种经接触产生静电；另一种为受到静电诱导而产生静电。接触产生静电主要是由于电荷的移动产生的，物体经过摩擦接触后，一物体表面开始累积正电荷，另一物体表面则带负电荷，进而产生静电。静电诱导产生静电则是当导电体在导体或绝缘体附近时，靠近导电体的一侧就会开始累积电荷，经长时间的诱导后，可使导体或绝缘体的正负电荷被完全分开，产生静电的效果。这两种情况所导致的结果都可称为电荷转移效应。

对于纺织材料，在温度30℃、相对湿度33%的条件下纤维材料的静电电位序列为羊毛、锦纶、黏胶纤维、棉、蚕丝、麻、醋酯纤维、聚乙烯醇纤维、涤纶、腈纶、氯纶、丙纶、氟纶。当两种纤维材料相互摩擦时，排在静电电位序列前面的物质带正电荷，靠后的带负电荷。

纤维材料的静电性能既取决于材料的分子组成和原子结构，又与材料及制品在使用中所处的环境条件及摩擦状态密切相关。纤维摩擦所带电荷不仅与原子电负性有关，还与纤维上的官能团有关。供电子能力强的基团易带正电，受电子能力强的则易带负电。部分官能团的带电能力如下所示：

$$(+)\ \ -NH_2 > -OH > -COOH > -OCH_3 > -OC_2H_5 > -COOCH_3 > -Cl\ \ (-)$$

环境的相对湿度对静电性能影响较大。一方面，环境相对湿度较高时，带电纤维周围的离子化较容易，材料上的电荷向环境的逸散速度较大；另一方面，相对湿度较高时，纤维的吸湿率高，使得本身比电阻下降，导电性提高，静电衰减加快，静电压下降。纤维材料含水率 M 与体积比电阻 ρ 存在如下经验关系：

$$\lg\rho = -n\lg M + \lg K$$

其中，n、K 为与纤维种类和极性有关的常数。

除此之外，纤维材料的静电性能还与环境温度、摩擦形式及摩擦条件有关。

二、静电的消除方法

抗静电就是将电荷转移效应减到最小，防止静电的聚集，减少与制品的摩擦或接触，进而达到抗静电的目的。实际生产中所采用的抗静电方法主要是提高周围环境湿度和增加纤维材料电导率。最基本、最主要的方法是降低纤维电阻，提高纤维的导电性。通常采用的抗静电方法有以下几种：

1. 提高纤维的亲水性 水是电的良导体，当纤维上含有较多的水分时，电荷可以通过水分快速逸散掉，纤维的吸湿能力越强，越不易产生静电。把含亲水性基团的助剂加到纤维上，以增加纤维的吸湿性是改变纤维抗静电性的重要方法之一。

2. 电荷中和法 该法是将处于静电序列两端的两种材料混合应用,使不同极性电荷互相中和。这种中和不是消除电荷,只是抵消表面电荷。在现实生产中,因受到各种助剂、设备材料、纤维混纺比例的限制,此法有较大的局限性,但也有可取之处,如纤维摩擦产生正电荷,可用阴离子型抗静电剂。

3. 静电逸散法 该法是采用导电纤维使静电荷逸散的。

目前,解决静电问题的方法,主要是采用在纤维内部混入吸湿性材料、引入亲水性基团或对织物进行吸湿性树脂整理,还可以在织物中交织导电纤维。

三、常用的抗静电剂及其应用特点

抗静电剂种类很多,根据抗静电效果的持续性可分为暂时性抗静电剂和耐久性抗静电剂;根据应用的方法和场合的不同,可分为外部用抗静电剂和内部用抗静电剂;根据分子带电情况,主要可分为阳离子型、阴离子型、两性型、非离子型等抗静电剂;还可根据抗静电剂本身属无机化合物还是有机化合物进行分类。

1. 阳离子型抗静电剂 阳离子型抗静电剂有烷基季铵盐、聚乙烯多胺、烷基胺盐等。阳离子型抗静电剂既有良好的抗静电效果,又有良好的平滑性和吸附性,但毒性较强,耐光性差,会使染料变色,腐蚀金属,刺激皮肤,而且耐热性较差,难以适应高温聚合纺丝的需要,多数用于表面处理。

2. 阴离子型抗静电剂 阴离子型抗静电剂有脂肪酸胺盐、烷基磺酸盐、烷基硫酸酯盐、烷基磷酸酯盐等。油脂、脂肪酸、高级醇的硫酸酯盐或磷酸酯盐的抗静电作用最有效,胺盐、乙醇胺盐等的效果相对较差。阴离子型抗静电剂水溶性较好,易被洗除。

3. 两性型抗静电剂 两性型抗静电剂有羧基甜菜碱、硫酸基甜菜碱、烷基丙氨酸等。两性型抗静电剂渗入聚合物表面的速度很慢,能充分防止水的迁移,兼有阴离子型抗静电剂和阳离子型抗静电剂的性能,但在较高温度下易褪色,且价格较贵。

4. 非离子型抗静电剂 非离子型抗静电剂有聚氧乙烯烷基醚、聚氧乙烯烷基胺、聚氧乙烯烷基酰胺、烷基多元醇等。非离子型抗静电剂具有一定的耐洗涤性,对皮肤刺激小、毒性小,大部分内部抗静电剂中含有非离子型抗静电剂,也可用作外部抗静电剂。

四、抗静电纤维的种类

抗静电纤维是指在标准状态下(20℃、65% 相对湿度)体积电阻率小于 $10^{10}\Omega \cdot cm$ 的纤维或静电荷逸散半衰期小于 60s 的纤维。抗静电纤维不易积聚静电荷。按抗静电效果的持续性分类有暂时性和耐久性两种。按导电成分分类有抗静电剂型、金属系、炭黑系、高分子型和纳米级金属氧化物型抗静电纤维五种。

1. 抗静电剂型抗静电纤维 抗静电剂型抗静电纤维加工工艺简单,抗静电剂对纤维的原有性能影响不大，可以在纤维表面形成导电层，降低其表面电阻率，使产生的静电迅速泄漏。同时，还可赋予纤维表面一定的润滑性以降低摩擦系数，抑制和减少静电荷的产生。目前常用的抗静电剂主要是一些表面活性剂，其分子结构中含有亲油基和亲水基两种基团。亲油基与聚合物结合，亲水基面向空气，排列在材料表面，形成"水膜"。因此，抗静电剂的使用效果取决于用量和诸多外界因素，如温度、相对湿度等。

2. 金属系抗静电纤维　金属系抗静电纤维是利用金属的导电性能制得的。主要方法是直接拉丝法，将金属线反复过模具，拉伸，制成直径为 $4 \sim 16 \mu m$ 的纤维。常用的金属有不锈钢、铜、铝、金、银等。类似的方法还有切削法，将金属直接切削成纤维状的细丝。另外，还有金属喷涂法，将普通纤维先进行表面处理，再用真空喷涂或化学电镀法将金属沉积在纤维表面，使纤维具有金属一样的导电性。金属系抗静电纤维的导电性能好、电阻率低，但纤维的手感比较差，而且纤维的混纺工艺难以控制，因此限制了它的进一步推广使用。

3. 炭黑系抗静电纤维　利用炭黑的导电性能来制造抗静电纤维，这是一种比较古老而普遍的方法。该方法可分为以下三类：

（1）掺杂法。将炭黑与成纤物质混合后纺丝，炭黑在纤维中成连续相结构，赋予纤维抗静电性能。这种方法一般采用皮芯复合纺丝法，既不影响纤维原有的物理性能，又使纤维具有了抗静电性。

（2）涂层法。涂层法是在普通纤维表面涂上炭黑。涂层方法可以采用黏合剂将炭黑黏合在纤维表面，或者直接将纤维表面快速软化并与炭黑黏合。

（3）纤维炭化处理。有些纤维，如聚丙烯腈纤维、纤维素纤维、沥青系纤维等，经炭化处理后，纤维的主链主要为碳原子，从而使纤维具有导电能力。丙烯腈系纤维多采用低温炭化处理法。

炭黑系抗静电纤维突出的缺点是产品的颜色单一，只能是黑色或深灰色，并且炭黑容易脱落，手感不好，在纤维表面不易均匀分布。此外采用皮芯层纺丝时需要专用设备，制造成本很高。

4. 高分子型抗静电纤维　高分子材料通常被认为是绝缘体，20 世纪 70 年代聚乙炔导电材料的研制成功，打破了这种传统观念。之后，又相继诞生了聚苯胺、聚吡咯、聚噻吩等高分子导电物质，人们对高分子材料导电性能的研究也越来越广泛。利用导电高聚物制备导电纤维，主要方法有两种：一是导电高分子材料的直接纺丝法，多采用湿法纺丝，如将聚苯胺配成浓溶液，在一定的凝固浴中拉伸纺丝；另一种是后处理法，在普通纤维表面进行化学反应，让导电高分子吸附在纤维表面，使普通纤维具有抗静电性能。高分子型抗静电纤维的手感很好，但稳定性差，抗静电性能对环境的依赖性较强，且抗静电性能会随着时间的延长而缓慢衰退，这就使其应用受到限制。

5. 纳米级金属氧化物型抗静电纤维　纳米级金属氧化物粉体的浅色透明特征，决定了可制得浅色、高透明度的纳米级金属氧化物型抗静电纤维。纳米级 SnO_2 透明导电粉末在抗静电纤维制备中占有重要的地位。首先制得纳米级 SnO_2（掺锑）透明导电粉末，然后在表面处理装置中加入一定量的表面处理剂进行局部包覆，得到分散性良好的纳米级透明导电粉末或其分散体，最后选择纤维材料基体，根据抗静电等级，按比例加入浓缩的导电色浆，充分分散，获得纺丝前驱体，经湿法或干法纺丝制得抗静电性能优良的纤维。

各类导电添加物的特性如表 5 - 4 所示。

表 5 - 4　各类导电添加物的特性

填料种类	电阻率（$\Omega \cdot cm$）	主要特性
炭黑	$0.1 \sim 1$	廉价，稳定；因产品颜色黑而影响外观，要求粒度小，电阻率较高
碳纤维	≥ 0.01	有优异的抗腐蚀、耐辐射性能；高强度、高模量；电阻率较大，而且加工困难
银	$10^{-5} \sim 10^{-3}$	性质稳定、电阻率低；价格昂贵，存在银的迁移问题
氧化锌晶须	10	用量少，稳定性好，颜色浅；电阻率较高
二氧化钛	10	稳定性好，颜色浅；电阻率较高
纳米二氧化锡（掺锑）	$1 \sim 2$	稳定性好，颜色浅，粒径小，透明度较高；电阻率较高

五、抗静电纤维的制备

1. 抗静电整理　利用抗静电剂对纤维进行整理，以获得抗静电纤维的制造方法总体来说有两大类：外部抗静电法和内部抗静电法。

（1）外部抗静电法。即使用外部抗静电剂附着在纤维表面的方法，又称为表面整理法，表面整理法可分为暂时性抗静电处理和耐久性抗静电处理两种方法。

①暂时性抗静电处理。一般采用外部喷洒、浸渍和涂覆暂时性抗静电剂等方法防止纤维制造和加工过程中静电的干扰。暂时性抗静电剂多为表面活性剂，它们的耐洗涤性和耐久性差，在加工完成后，抗静电性就基本消失。暂时性抗静电剂需要具备以下特点：不易挥发、低毒性、无泛黄效应、低可燃性以及在低湿度环境下（相对湿度低于40%）明显无腐蚀。主要可分为阳离子型、阴离子型、两性型、非离子型四类。通常非离子型和阳离子型抗静电剂使用较多，因为它们与纤维有更好的相容性，且吸湿率更高，油溶性也好。

②耐久性抗静电处理。在纤维表面，通过电性相反离子的互相吸引而固着，或通过热处理发生交联作用而固着，或通过树脂载体而黏附在纤维表面，从而具有一定的耐洗涤、耐摩擦和耐久性。但织物的风格和外观会受到较大的影响，手感变得粗硬，舒适性、透气性变差。理想的耐久性整理应是在纤维周围形成皮层，在中等湿度或低湿度时具有尽可能高的回潮率，且在水中具有尽可能低的膨胀率。

（2）内部抗静电法。即将抗静电剂掺入纤维内部的方法，有共聚法、共混法和复合法三种。内部用抗静电剂需要具备以下条件：应在较小的添加量下就能显示出明显的抗静电效果；

内部抗静电剂要经过或部分经过纺丝、拉伸、变形、定型、染色、整理等加工，经过高温处理，因此要有一定的热稳定性；内部抗静电剂与纤维聚合物之间有适宜的相容性和较好的流变匹配性，应耐水洗、汽蒸，并且没有毒性；对聚合物的性能没有不利的影响。

2. 纤维的化学改性 通过化学反应对纺织纤维进行改性获得抗静电纤维的方法有共聚法、共混法、复合纺丝法。

（1）共聚法。共聚法制备抗静电纤维有两种方法，一种方法是在聚合阶段引入抗静电单体或引入吸湿性抗静电基团制得抗静电纤维。此法是对聚合物本身进行改性。杜邦公司将含有多于两个羟基的硼酸多元醇酯加入对苯二甲酸二甲酯、乙二醇和催化剂，按一定比例配制成混合物，再进行缩聚，得到了具有良好染色性能的抗静电 PET 纤维。日本帝人公司用 3，5 - 二甲基苯磺酸钠、特定聚氧烷撑二醇、PET 进行共缩聚，制得了具有耐火性的抗静电 PET 纤维。

共聚法制备抗静电纤维的另一种方法是表面接枝法。利用亲水性单体在纤维表面进行接枝共聚。表面接枝法只改变聚合物表面的结构、性能。如将 PET 用紫外线照射 90min 后，在 PET 表面上接枝 PEM（甲基丙烯酸聚乙二醇酯），制得的抗静电 PET 纤维耐洗涤性、耐久性良好。光津敏博士等研究利用等离子体处理聚酯纤维表面，然后再用丙烯酸或丙烯酰胺与聚酯接枝聚合，最后用 2% ~ 5% NaOH 水溶液处理共聚物，所得纤维具有良好的吸湿性和抗静电性。这种方法因可以控制支化度，而且形成了钠盐，所以不仅可以提高聚酯的吸湿性，对纤维原有性能的影响也较小，手感不变差。由于空气低温等离子体处理的同时使纤维表面产生接枝共聚的工艺方法可连续进行，从而为工业化生产提供了可行性。

（2）共混法。在纺丝过程中用共混法将亲水性表面活性剂或聚合物渗入纤维内部，可以制得性能优良的抗静电纤维。1964 年，美国杜邦公司发表专利，以聚乙二醇及其衍生物作抗静电剂制备抗静电纤维，抗静电剂在聚酯或聚酰胺基体中以细长的粒子状（针状）分布。1966 年日本东丽公司的锦纶 Parel 商品化，是国外最早开发成功并实现工业化生产的抗静电纤维。20 世纪 70 年代末期，日本帝人和东丽公司相继发布了采取聚氧乙烯系聚合物共混纺丝的方法开发成功抗静电涤纶的消息。

（3）复合纺丝法。复合纺丝法是把纤维制成海岛型或芯鞘型复合纤维，其中岛相和芯部为含抗静电剂的聚合物部分，作为海相和鞘部的基体聚合物对抗静电组分起保护作用，以保持长期抗静电性能，同时不失去纤维原有的风格。

六、纺织品静电性能的评定

《纺织品 静电性能的评定》是我国目前最系统、最完备的纺织品静电性能评定的方法标准，共有七部分。对于非耐久型抗静电纺织品，洗前应达到要求；对于耐久型抗静电纺织品，洗前、洗后均应达到要求。静电压半衰期、电荷面密度、电荷量、电阻率、摩擦带点电压均应在温度为（20 ± 2）℃、相对湿度为（35 ± 5）%、环境风速小于 0.1m/s 条件下进行测试。

1. 静电压半衰期（GB/T 12703.1—2008）　静电压半衰期是指试样上电压衰减至原始值一半时所需要的时间。

随机裁取 3 组试样，试样尺寸 45mm×45mm 或适宜的尺寸。将样品夹于样品夹中，使针电极与样品表面相距（20±1）mm，感应电极与样品相距（15±1）mm，对样品进行消电处理，启动转动平台，转速在 1000r/min 以上，在针电极上施加 +10kV 高电压（静电压），30s 后断开高电压，根据示波器或记录仪输出的衰减曲线，测出样品的半衰期。当半衰期大于 180s 时，停止试验，记录衰减时间 180s 时的残余静电电压值。试验装置示意图如图 5-1 所示。

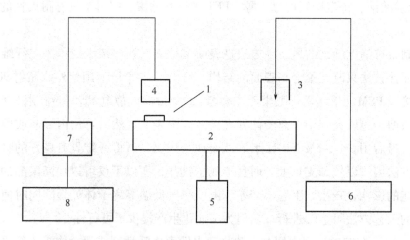

图 5-1　静电压半衰期测试装置示意图

1—样品　2—转动平台　3—针电极　4—圆板状感应电极　5—电机

6—高压直流电源　7—放大器　8—示波器或记录仪

每组试样试验两次，平均值作为该组试样的测量值。3 组试样测量值的平均值作为该样品的测量值。静电电压值修约至 1V，半衰期修约至 0.1s。半衰期技术要求如表 5-5 所示。

表 5-5　半衰期、表面电阻率、摩擦带电电压的技术要求

等级	A	B	C
半衰期（s）	≤2.0	≤5.0	≤15.0
表面电阻率（Ω）	<10^7	≥10^7，且 <10^{10}	≥10^{10}，且 ≤10^{13}
摩擦带电电压（V）	<500	≥500，且 <1200	≥1200，且 ≤2500

2. 电荷面密度（GB/T 12703.2—2009）　电荷面密度是指样品每单位面积上所带的电量，以 $\mu C/m^2$ 为单位。

随机裁取 6 块试样（经向 3 块，纬向 3 块），尺寸为 250mm×400mm，将长向一端缝制为

套状，未被缝部分长度为270mm（有效摩擦长度260mm）。将绝缘棒插入缝好的套内，放置于垫板上，勿使之产生皱折。双手握持缠有绝缘布的摩擦棒两端，由前端向体侧一方摩擦样品（注意不应使摩擦棒转动），约1s摩擦一次，连续5次。握住绝缘棒一端，使棒与垫板保持平行方向揭离，1s内迅速将其投入法拉第筒中，读取静电电压值或电量值。此时，试样应距人体或其他物体300mm以上。每块试样进行三次测试，每次测试后应消电直至确认试样不带电时再进行下一次测试。电荷面密度 σ 计算公式为：

$$\sigma = \frac{Q}{A} = \frac{CV}{A}$$

式中：Q——电量值测定值，μC；

C——法拉第系统总电容，F；

V——电压值，V；

A——样品摩擦面积，m^2。

计算每个试样3次测试的平均值作为该试样的测量值。取6块试样测试结果中的最大值，作为该样品的试验结果。电荷面密度应不超过$7.0\mu C/m^2$。

3. 电荷量（GB/T 12703.3—2009） 电荷量是指试样与标准布摩擦一定时间后所带电荷量。

每个样品随机取至少1件制品作为试样。开启摩擦装置，使其温度达到(60 ± 10)℃。将试样在模拟穿用状态下（扣上纽扣或拉链）放入摩擦装置，运转15min。运转完毕后，将试样从摩擦装置取出（须戴绝缘手套取出试样）投入法拉第筒中。操作过程中试样应距法拉第筒以外的物体300mm以上。用法拉第筒测出试样的带电量。重复5次操作。每次之间静置10min，并用消电器对试样及转鼓内的标准布进行消电处理。带衬里的制品，应将衬里翻转朝外，再次重复以上测试步骤。将结果计入报告。以5次测量的平均值为试验结果，修约至0.1。电荷量应不超过$0.6\mu C/$件。

4. 电阻率（GB/T 12703.4—2010） 电阻率是指试样常温下（20℃）的电阻与横截面积的乘积与长度的比值。

通常所说的电阻率即为体积电阻率，体积电阻率是指沿体积电流方向的直流电场强度与稳态电流密度的比值。

表面电阻率是指沿试样表面电流方向的直流电场强度与单位宽度的表面传导电流之比，用欧姆表示。

在测试前应使试样具有电介质稳定状态。为此，通过测量装置将试样的测量电极（被保护电极和不保护电极）短路，逐步增加电流测量装置的灵敏度到符合要求，同时观察短路电流的变化，如此继续到短路电流达到相当恒定的值为止，此值应小于电化电流的稳定值，或小于电化100min的电流。由于短路电流有可能改变方向，因此即使电流为零，也要维持短路状态到需要的时间。当短路电流I_0变得基本恒定时（可能需要几小时），记下I_0的值和方向。

然后加上规定的直流电压并同时开始计时,使用一个固定的电化时间(如1min)后的电流值来计算体积电阻和体积电阻率。施加规定的直流电压,在1min的电化时间后测定试样表面的两个测量电极(被保护电极和不保护电极)间的电流,计算表面电阻和表面电阻率。表面电阻率技术要求如表5-5所示。

(1)体积电阻率的计算。

$$\rho_V = R_V \times \frac{A}{h}$$

式中:ρ_V——体积电阻率,$\Omega \cdot m$ 或 $\Omega \cdot cm$;

$\quad\quad R_V$——体积电阻,Ω;

$\quad\quad A$——被保护电极的有效面积,m^2 或 cm^2;

$\quad\quad h$——试样的平均厚度,m 或 cm。

(2)表面电阻率的计算。

$$\rho_S = R_S \times \frac{L}{w}$$

式中:ρ_S——表面电阻率,Ω;

$\quad\quad R_S$——表面电阻,Ω;

$\quad\quad L$——被保护电极的有效周长,m 或 cm;

$\quad\quad w$——两电极之间的距离,m 或 cm。

5. 摩擦带电电压(GB/T 12703.5—2010)　　摩擦带电电压是指在一定的张力条件下,试样与标准布摩擦产生的电压。

摩擦带电的试验装置如图5-2所示。摩擦带电电压技术要求如表5-5所示。

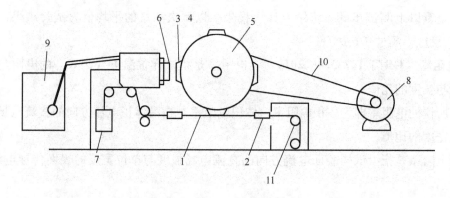

图5-2　摩擦带电的测试装置示意图

1—标准布　2—标准布夹　3—样品框　4—样品夹框　5—金属转鼓　6—测量电极

7—负载　8—电机　9—放大器及记录仪　10—皮带　11—立柱导轮

随机裁取4块试样(经向2块,纬向2块),并将每块试样裁剪为大小为40mm×80mm

的 4 块为一组。使测量电极板与样品框平面相距（15 ± 1）mm，将样品置于转鼓的样品夹里，转鼓转速 400r/min，再对标准布施加 500g 的负载，以确保标准基布能与样品进行切线方向的摩擦，启动电机，测量并记录 1min 内试样带电的最大值。

对 4 组试样分别测量后，计算 4 组试样测量值的平均值，作为试验结果。

6. 纤维泄漏电阻（GB/T 12703.6—2010）　　纤维泄漏电阻，表征纤维起静电性的一种指标，它是以不同容量的电容 C 对纤维固有电阻和纤维表面附着的抗静电油剂等综合电阻 R 的放电时间 t，乘以电阻指数 10^n 后所表示的纤维电阻值（$t \times 10^n$）表示，单位为 Ω。

利用阻容充放电原理，用不同纤维电阻跨接于充以电荷的固定电容两端，以其放电速度来测量纤维电阻值。

用镊子钳取多点有代表性的被测纤维（2 ± 0.1）g，每一批号称取 3 ~ 4 份，或根据需要自定份数。将试样均匀地放入试样筒内置入压砣，轻轻按实。测试时记录仪表指针从零点移至满刻度的时间 t。将代表一个批号的几份试样分别测试，测得的数据求得平均值，即为该批试样的泄漏电阻。

7. 动态静电压（GB/T 12703—2010）　　动态静电压是指纺织生产中各道工序中纺织材料和纺织器材的静电性能。

采用直接感应式静电测试仪，根据静电感应原理，将测试电极靠近被测体，经电子电路放大后推动仪表显示出其数值。

测试工序及测试位置：梳棉测试剥棉罗拉处的棉网；并条、粗纱、细纱测试皮辊罗拉牵出的须条；络筒测试槽筒、管纱和塑料筒管两端裸露部位；整经测试伸缩扣和导纱辊、大轴之间的纱排，瓷牙和导纱杆之间的区域；浆纱测量烘房送出的纱排在导纱辊前后各分绞杆之间和伸缩扣前后等处；织造测试打纬区间内，停车 3s 内快速测量，运转时测试综丝附近其他部位。

第三节　阻燃纤维

阻燃纤维是指在火焰中仅阴燃，本身不产生火焰，离开火焰，阴燃自行熄灭的纤维，广泛应用于服装、家居、装饰、非织造织物及填充物等。阻燃纤维与普通纤维相比可燃性显著降低，在燃烧过程中燃烧速率明显减缓，离开火源后能迅速自熄，且较少释放有毒烟雾。阻燃纤维的生产方法有化学改性法和物理改性法。纤维的阻燃整理可以通过喷雾、浸渍、浸轧或涂层等方式来实施。新型阻燃剂、纤维的燃烧及阻燃机理、阻燃整理工艺、阻燃性能测试方法和阻燃纤维标准等方面的研究，是阻燃纤维的主要研究内容。

一、阻燃技术的发展简史及发展趋势

公元前 83 年，希腊人克劳迪亚斯（Claudius）在希腊港比雷埃夫斯（Piraeus）的围攻战中采用矾溶液（铁和铝的硫酸复盐）处理木质碉堡，提高木质碉堡的阻燃性能。

1638 年，意大利剧院采用黏土和石膏作为油漆的阻燃添加剂，对剧院的幕布（大麻和亚麻制品）进行阻燃处理。

1736 年，阿弗尔德（Arfird）首次提出采用磷酸铵作为纤维素材料的阻燃整理剂。

1820 年，盖·吕萨克（Gay Lussac）发现磷酸铵、氯化铵和硼砂的混合物对亚麻和黄麻的阻燃十分有效，并成功地对巴黎剧院的幕布进行了阻燃处理。

1913 年，化学家珀金（Perkin）提出了较耐久的阻燃整理技术，采用锡酸钠浸渍绒布，再用硫酸铵溶液处理，然后水洗、干燥，使处理过程中产生的氧化锡阻燃剂进入纤维中去，获得较好的阻燃性能。

从 20 世纪 30 年代开始，人们开发了阻燃棉纤维的反应型阻燃剂。这类阻燃剂或者能与棉纤维直接反应，或者能在棉纤维上自身聚合。人们发现氧化锑、有机卤化物（如氧化石蜡）和树脂黏合剂混用，可使织物具有良好的耐久阻燃效果。在第二次世界大战期间，利用此项技术制成的"四防"（FWWMR：Fire，Water，Weather，Mildew Resistance）帆布用于军队。1930 年，人们发现氧化锑—氯化石蜡协效阻燃体系，并将其在高分子材料中广泛应用，卤—锑协效作用的发现被誉为近代阻燃技术的一个里程碑，至今仍是阻燃技术和研究的主流。盖·吕萨克和珀金对阻燃整理剂的研究成果及卤化物、氧化锑的应用被誉为纺织品阻燃技术的三个划时代的里程碑。

1938 年，Tramm 第一次提出膨胀型防火涂料的配方，它以磷酸二铵为催化剂，以二氰二胺为膨胀发泡剂，以甲醛为炭化剂。

20 世纪 50 年代，美国 Hooker 公司研制出多种含卤、含磷反应型阻燃剂单体，它们可应用于一系列缩聚高分子化合物。

20 世纪 60 年代开发的环状含氯化合物得克隆（Dechlorane Plus）以及相继开发出的芳香族系阻燃剂在塑料中得到广泛应用。溴系阻燃剂占据了阻燃领域内的主导地位，其消耗量占有机阻燃剂总量的 85%。当前国际市场上销售的主要添加型阻燃剂，溴系约有 30 种，氮系约有 10 种，磷系约有 20 种，20 世纪 70~80 年代中期这类阻燃剂的生产和应用得到了蓬勃发展。

20 世纪 70 年代中期，P. W. Van Krevelen 明确指出，高聚物燃烧时如生成炭层，可明显改善材料的阻燃性，提高高聚物燃烧时的成炭量，可达到阻燃目的。高聚物炭化已成为目前阻燃技术研究的一个热点。

自 1986 年以来阻燃领域开展了对多溴二苯醚类阻燃剂及其阻燃的高聚物在燃烧和高温降解时产生的毒性与对环境影响的争议。基于人类对环境保护的要求，无卤化的研究和开发得以迅速发展。阻燃剂的无卤化、低毒、低烟已成为当前阻燃研究的前沿课题。同时，由于溴系阻燃剂暂时无法被取代，因此其仍在阻燃领域占据着主导地位，高效、低毒的含溴阻燃剂新品种仍不断出现。

到 20 世纪 60~70 年代，天然纤维的阻燃技术已投入使用，并考虑到阻燃效果的耐久性。20 世纪 80 年代阻燃纺织品的研究开发进入活跃时期，阻燃合成纤维的研究也非常活跃，已开发出多种阻燃效果持久、阻燃性能满足各种标准的阻燃纺织品并投放市场。在赋予纺织品阻燃性的同时，应考虑纺织品色泽、白度、机械性能和安全性能。

从可溶性的磷酸盐、硼酸盐、氯化物到较耐久的氧化锡、氧化锑—卤素化合物阻燃体系，再到四羟甲基氯化膦耐久阻燃整理剂，这些成果代表阻燃技术的重大发展。

阻燃技术的发展趋势是研制出阻燃效率高、对环境友好、综合性能优良的阻燃剂和阻燃高分子材料，制定完善的阻燃标准和规范是阻燃科学的发展方向。如新型阻燃剂的开发，纤维燃烧性能的研究，阻燃机理的研究，测试方法、法规和标准的完善等。

二、纤维的燃烧性能及其影响因素

1. 纺织纤维的燃烧性分类 各种纤维材料由于化学结构的不同，其燃烧性能也不同。按纤维燃烧时引燃的难易程度、燃烧速度、自熄性等燃烧特性，可定性地将纤维分为阻燃纤维和非阻燃纤维。阻燃纤维包括不燃纤维和难燃纤维；非阻燃纤维包括可燃纤维和易燃纤维。目前国际上广泛采用极限氧指数 LOI（limiting oxygen index）来表征纤维及其制品的可燃性。极限氧指数是指在规定的试验条件下，氧氮混合物中材料刚好保持燃烧状态所需要的最低氧浓度。极限氧指数 LOI 值越大，材料燃烧时所需氧的浓度越高，即越难燃烧。纺织纤维的燃烧特性分类如表 5-6 所示，常见纤维的燃烧特性如表 5-7 所示。

表 5-6　纺织纤维的燃烧特性分类

分类		燃烧特性	极限氧指数（%）	纤维种类
阻燃纤维	不燃纤维	明火不能点燃	>35	玻璃纤维、金属纤维、石棉纤维、碳纤维、硅纤维等
	难燃纤维	遇火能燃烧或炭化，离火自熄	26~34	氟纤维、氯纶、偏氯纶、芳纶、改性腈纶、酚醛纤维等
非阻燃纤维	可燃纤维	遇火焰能发烟燃烧，但离开火焰就自行熄灭	20~26	涤纶、锦纶、维纶、醋酸纤维、蚕丝、羊毛等
	易燃纤维	容易点燃，燃烧速度快	<20	棉、麻、黏胶纤维、丙纶、腈纶等

表 5-7　常见纤维的燃烧特性

纤维	着火点（℃）	火焰最高温度（℃）	发热量（J/kg）	极限氧指数（%）
棉	400	860	15910	18
黏胶纤维	420	850	—	19
醋酯纤维	475	960	—	18

纤维	着火点（℃）	火焰最高温度（℃）	发热量（J/kg）	极限氧指数（%）
羊毛	600	941	19259	25
锦纶6	530	875	27214	20
聚酯纤维	450	697	—	20～22
聚丙烯腈纤维	560	55	27214	18～22

2. 影响纤维燃烧的因素

（1）熔点与分解温度。成纤高聚物的熔点或软化点越高，耐热性就越好。因此，凡是刚性链、高结晶或交联结构聚合物都具有较高的耐热性。

（2）熔点（或软化点）与着火温度间的差值。熔点（或软化点）与着火温度间的差值大，高聚物在热源作用下首先发生软化，消耗一部分热量，然后发生熔融滴落现象，避免燃烧的蔓延。薄织物遇热时，容易收缩、成球、滴落，所以薄织物燃烧倾向较厚织物的小。

（3）热解产物。聚合物在高温的作用下裂解产生的可燃性气体越少或固体残渣越多，则其阻燃性越好。

（4）化学组成及结构。在燃烧过程中，H·和HO·自由基起着根本的作用，所以聚合物的含氢量与燃烧性之间有着一定的相关性。只要控制H·和HO·自由基的生成或促进其终止，就可以控制火焰的增长。结构和聚集态的不同，其所表现的燃烧特性不同。网状结构的高聚物比线型结构的高聚物耐热性好，结晶型高聚物比非结晶型高聚物的耐热性好。

（5）其他影响因素。纤维纱线的形状、织物的厚度、编织方法与纺织品的燃烧性能也有一定的影响。

三、纤维的阻燃机理

阻燃是指可燃材料被外加火源点燃时燃烧速度很慢，离开火源后即自行熄灭的现象，反映了火源去除后被燃烧物不蔓延燃烧的能力。

纤维的燃烧是材料和高温热源接触，吸收热量后发生热解反应，热解反应生成易燃气体，易燃气体在氧存在的条件下发生燃烧，燃烧产生的热量被纤维吸收后，又促进了纤维继续热解和进一步燃烧，形成一个循环。

燃烧应有四个要素，即可燃物质、热源、氧气、链反应。纤维燃烧可分为三个阶段，即热分解、热引燃、热点燃，纤维燃烧过程如下所示。

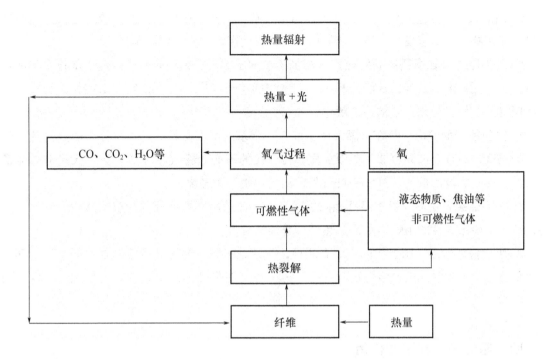

由燃烧过程可以看出，纤维的阻燃就是设法阻碍纤维的热分解，抑制可燃性气体生成和稀释可燃性气体，改变热分解反应机理（化学机理），阻断热反馈回路，以及隔离空气和热环境，来达到消除或减轻燃烧三要素（可燃物质、热源、氧气）的影响，从而达到阻燃目的。阻燃作用机理有物理的，也有化学的，阻燃效果较理想的是多种作用机理的复合。根据现有研究结果，可归纳为以下几种：

1. 吸热作用（冷却机理）　具有高热容量的阻燃剂，在高温下发生相变、脱水或脱卤化氢等吸热反应，降低纤维材料表面和火焰区的温度，减慢热裂解反应速率，抑制可燃性气体生成。

2. 覆盖作用（隔离膜机理）　阻燃剂受热后，在纤维材料表面熔融形成玻璃状覆盖层，成为凝聚相和火焰之间的一个屏障。既能隔绝氧气、阻止可燃性气体的扩散，又可阻挡热传导和热辐射，减少反馈给纤维材料的热量，从而抑制热裂解和燃烧反应。

3. 气体稀释作用　阻燃剂吸热分解释放出氮气、二氧化碳、二氧化硫和氨等不燃性气体，使纤维材料裂解处的可燃性气体浓度被稀释到燃烧极限以下。或使火焰中心处部分区域的氧气不足，阻止燃烧继续。此外，这种不燃性气体还有散热降温作用。它们的阻燃作用大小顺序是：$N_2 > CO_2 > SO_2 > NH_3$。

4. 凝聚相阻燃　通过阻燃剂的作用，在凝聚相反应区改变纤维大分子链的热裂解反应历程，促使发生脱水、缩合、环化、交联等反应，直至炭化，以增加炭化残渣，减少可燃性气体的产生，使阻燃剂在凝聚相发挥阻燃作用。凝聚相阻燃作用的效果，与阻燃剂同纤维在化学结构上的匹配与否有密切关系。

5. 熔滴效应　某些热塑性合成纤维，如聚酰胺、聚酯，在加热时发生收缩熔滴，与空气的接触面积减少，甚至发生熔滴下落而离开火源，使燃烧受到一定的阻碍。

6. 气相阻燃（自由基控制机理）　添加少量抑制剂，在火焰区大量捕捉羟基自由基和氢自由基，降低自由基浓度，从而抑制或中断燃烧的连锁反应，在气相发挥阻燃作用。气相阻燃作用对纤维材料的化学结构并不敏感。

7. 微粒的表面效应　若在可燃气体中混有一定量的惰性微粒，它不仅能吸收燃烧热，降低火焰温度，而且会如同容器的壁面那样，在微粒的表面上将气相燃烧反应中大量的高能量氢自由基转变成低能量的氢过氧基自由基，从而抑制气相燃烧。

8. 提高热裂解温度　可以降低相同情况下热裂解的可能性，从而减少了燃烧的发生，主要是选用一些永久性的阻燃体系或耐热的芳香族纤维等。

9. 阻燃协同效应　阻燃协同效应有两种，一种是多种阻燃元素或阻燃剂共同作用，其效果比单独用一种阻燃元素或阻燃剂效果好；另一种是在阻燃体系中添加非阻燃剂，可以增强阻燃能力。

四、阻燃剂及其阻燃作用

阻燃剂是一种能降低高分子材料燃烧性的物质，其主要作用是在保持材料原有性能的同时，防止织物发生燃烧。阻燃剂种类繁多，其化学结构、化学组成及使用方法各有不同，且分类方法很多。

1. 按化合物类型分类

（1）无机阻燃剂。无机阻燃剂是目前使用最多的一类阻燃剂，它的主要组分是无机物，应用产品主要有氢氧化铝、氢氧化镁、磷酸一铵、磷酸二铵、氯化铵、硼酸等。无机阻燃剂的特点是无毒或低毒、燃烧时无熔滴、不产生烟雾或有抑烟作用，缺点是在高分子材料中添加量大。阻燃剂粒径的超细化、阻燃剂的表面化学处理、高效复合型阻燃剂的开发是无机阻燃剂的发展趋势。

（2）有机阻燃剂。有机阻燃剂的主要组分为有机物，主要的产品有卤系（氯系和溴系）、磷酸酯、卤代磷酸酯等。大多数有机阻燃剂是以磷和溴为阻燃中心元素的化合物。

（3）有机/无机混合阻燃剂。有机/无机混合阻燃剂是无机盐类阻燃剂的改良产品，主要用非水溶性的有机磷酸酯的水乳液，部分代替无机盐类阻燃剂。

2. 按所含阻燃元素分类

（1）卤系阻燃剂。卤系阻燃剂是有机阻燃剂中一个重要的系列，由于其价格低廉、添加量少，且与高聚物材料的相容性和稳定性好，能保持阻燃制品原有的物化性能，是目前产量和用量最大的有机阻燃剂。卤系阻燃剂在热解过程中，分解出捕获传递燃烧自由基的 HX，HX 能稀释可燃物裂解时产生的可燃气体，隔断可燃气体与空气的接触。

（2）磷系阻燃剂。磷系阻燃剂在燃烧过程中产生了磷酸酐或磷酸，促使可燃物脱水炭化，阻止或减少可燃气体产生。磷酸酐在热解时还形成了类似玻璃状的熔融物覆盖在可燃物表面，促使其氧化生成二氧化碳，起到阻燃作用。

（3）氮系阻燃剂。在氮系阻燃剂中，氮的化合物和可燃物作用，促进交链成炭，降低可燃物的分解温度，产生的不燃气体，起到稀释可燃气体的作用。

（4）磷—卤系、磷—氮系阻燃剂。磷—卤系阻燃剂、磷—氮系阻燃剂主要是通过磷—卤、磷—氮协同效应作用达到阻燃目的，具有磷—卤、磷—氮的双重效应，阻燃效果比较好。

3. 按使用方法分类

（1）添加型阻燃剂。添加型阻燃剂在使用时将阻燃剂分散到聚合物中或涂布在聚合物表面，与聚合物不发生化学反应，属于物理分散性的混合。添加型阻燃剂的应用开发不需要大幅度改变原有生产工艺条件和设备，使用方便，适用面广，见效快。

（2）反应型阻燃剂。反应型阻燃剂作为一种组分参加了聚合反应或者能与聚合物发生化学反应，它们之间存在着化学键合，阻燃剂能长期稳定地存在于材料内部而不渗出流失。反应型阻燃剂的应用开发是研究新的聚合物体系，需要大量资金、人力和时间，结果只涉及一两个品种的阻燃问题。因此添加型阻燃剂的使用较多。

五、阻燃纤维的制备

阻燃纤维的制备方法分为本质阻燃和改性阻燃。

1. 本质阻燃 本质阻燃是纤维大分子的分子链本身具有阻燃性基团，纤维的阻燃性并不是通过改性处理而得到的。本质阻燃纤维包括苯并咪唑（PBI）纤维、聚苯硫醚（PPS）纤维、酚醛纤维、玻璃纤维、金属纤维、石棉纤维、碳纤维、硅纤维、氟纤维、氯纶、偏氯纶、芳纶等，一般都具有较高的阻燃性和耐热性。

几种本质阻燃纤维的极限氧指数如表5-8所示。

表5-8 几种本质阻燃纤维的极限氧指数

纤维名称	极限氧指数（%）	纤维名称	极限氧指数（%）
苯并咪唑（PBI）纤维	38~41	酚醛纤维	30~34
芳香族聚酰亚胺纤维	37~39	聚氯乙烯纤维	37.1
聚苯硫醚纤维	34~35	聚芳酰胺纤维1313	28.2

2. 改性阻燃 改性阻燃纤维是通过共聚、共混、复合纺丝、阻燃剂接枝等方法在最大限度保持原纤维特性的情况下赋予纤维一定的阻燃性，如改性涤纶、改性腈纶、改性丙纶、改性黏胶等。改性阻燃纤维的耐热性通常较差，并且有些改性阻燃纤维的永久阻燃性也是相对的。

（1）改变分子结构，提高成纤高聚物的热稳定性。纤维的热裂解是纤维燃烧的最重要的环节，因为热裂解将产生大量的裂解产物，其中可燃性气体或挥发性液体将作为有焰燃烧的燃料，燃烧后产生大量的热，又作用于纤维使其继续裂解，使裂解反应循环下去。纤维、热、氧气是纤维燃烧的三个关键要素。

提高成纤高聚物的热稳定性即提高热裂解温度，抑制可燃性气体的产生，增加炭化程度，从而使纤维不易燃烧。可有以下几种途径：

①在大分子链上引入芳环或芳杂环，增加分子链的刚性，提高大分子链的密集度和内聚力来增加纤维的热稳定性。

②通过纤维中线型大分子链间交联反应变成三维交联结构，从而阻止碳链断裂，成为不收缩不熔融的纤维。

③通过大分子中的氧、氮原子与金属离子螯合交联形成立体网状结构，提高热稳定性，促进纤维大分子受热后炭化，从而具有优异的阻燃性。

④将纤维在高温（200～300℃）空气氧化炉中处理一定时间，使纤维大分子发生氧化、环化、脱氧和炭化等反应，变成一种多共轭体系的梯形结构，从而具有耐高温性。

（2）共聚法。在成纤聚合物的合成过程中，把含有磷、硫、卤素等阻燃元素的化合物作为共聚单体引入大分子链中，经纺丝制成阻燃纤维。

（3）共混法。将阻燃剂加入纺丝熔体或浆液中进行纺丝，即成为阻燃纤维。

（4）皮芯型复合纺丝法。以共聚型或共混型阻燃纤维为芯，普通纤维为皮，制成的皮芯型复合纤维拥有更为完善的阻燃改性效果。因为一般的卤素化合物的热稳定性不好，在熔融纺丝温度下容易使纤维变色，且所得到的纤维的耐光性差。采用皮芯复合型纺丝法可使阻燃剂位于纤维内部，既可以充分发挥阻燃作用，又能保持聚酯纤维的光稳定性、白度和染色性等。

（5）接枝共聚。接枝的方法有高能辐射接枝和化学接枝。接枝单体为含磷、溴和氯的反应型化合物，用于聚酯纤维、聚乙烯醇纤维等的阻燃改性。纤维的接枝共聚是一种有效而耐久的阻燃改性方法。

（6）阻燃整理。阻燃整理是通过吸附沉积、化学键合、非极性范德瓦耳斯力结合及黏合等作用使阻燃剂固着在纤维、纱线或织物上，从而获得阻燃效果的加工过程。此法应用简便，但阻燃耐久性不理想，对织物的手感、强力等有一定影响。阻燃整理方法要求阻燃剂颗粒细，易渗入纤维，与纤维结合能力强，尽可能少的影响织物的强力、手感和色泽，对染色等助剂无不良影响，无须特殊装置便可在印染厂现有设备上进行阻燃整理。阻燃整理主要实施方法有浸轧烘焙法、浸渍烘燥法、有机溶剂法、涂布法和喷雾法等。

六、阻燃纤维的应用

阻燃纤维的种类繁多，其产品主要应用于防护服及家纺产品两大领域。

1. 防护服 随着本质阻燃纤维的不断开发和应用，阻燃耐高温服装应运而生。由于其具有永久防火隔热性能，在高温高湿等环境条件下能始终保持足够的强度和穿着舒适等一系列优良特性，因而在欧洲很多行业被广泛使用。比较有代表性的如杜邦公司的芳纶1313（间位芳纶）、英国 Celanses 公司的 PBI 纤维、德国 BASF 公司的三聚氰胺纤维（Basofil 纤维）等。目前的具体应用领域包括消防服，军警制服，税务海关等公职部门制服，科研和救护人员的隔离服，赛车服，石油、化工、电力、钢铁等行业的工作服等。

间位芳纶、对位芳纶因其出色的阻燃性能及强伸性能在防护服中大量应用，由此做成的服装不会因多次洗涤而降低其特性，对行业工人起到很好的防护作用。经阻燃后处理的纯棉、涤纶工作服的防静电性和阻燃性都会随洗涤或穿着磨损减弱，一旦被爆燃火焰点燃，反而会加重烧伤程度，因此性能远不能与芳纶防护服相提并论。

2. 家纺产品 从世界应用分布看，家纺是阻燃织物最大的应用领域。家纺产品主要是窗帘、桌布、拉绒毯子、床罩、床单、枕头、坐垫靠垫、枕套、机织地毯、家具贴布、填充物和装饰布等。使用的阻燃纤维以改性阻燃纤维居多，主要有偏氯纶、腈氯纶、阻燃腈纶、维氯纶、阻燃涤纶、阻燃黏胶等。

七、纤维的阻燃性能表征

1. 阻燃性能评定方法 纺织品的可燃性可以从两个方面加以评价：一是易点燃性，即着火点高低，它反映纺织品着火的难易程度；二是纺织品的燃烧性能亦即阻燃性能。

纺织品的阻燃性能可以通过燃烧试验进行检验，试验时，把被测样品按规定试验方法与火焰接触一定的时间，然后移去火焰，测定样品续燃时间（继续有焰燃烧时间）、阴燃时间（无焰燃烧时间），以及样品被损毁程度如损毁长度、损毁面积。有焰燃烧时间和无焰燃烧时间越短，被损毁程度越低，表示样品的阻燃性能越好。纺织品的阻燃性能也可以用极限氧指数高低、接焰次数、易点燃性、火焰蔓延速度、表面燃烧试验进行评判。

2. 阻燃性能要求 当人们越来越关注自身和周围环境安全时，纺织品的阻燃性能已成为重要的安全性指标，特别是针对某些特殊服用对象和使用场合，其重要性更是涉及人身安全和财产保全，因此，世界各国都非常重视服装面料的阻燃性能，有些国家将其纳入国民消防安全法规，制定了严格的阻燃法规，对纺织品的阻燃性能作出明确规定。部分国家对服装阻燃性的法规如表5-9所示。中国和美国对阻燃性能的技术规定如表5-10所示。

表5-9 部分国家对服装阻燃性的法规

国家	法规	适用范围
美国	可燃性织物法 CS191	衣料
	联邦试验方法标准 191 方法	
	儿童睡衣可燃性标准 DOC FF3	儿童睡衣
	消费者保护法	睡衣

国家	法规	适用范围
德国	DIN 53908（草案），53907，54330	纤维制品
瑞典	SIS - 650082	一般纺织品
瑞士	SVN198896	纺织品
中国	GB/T 8965.1—2009	阻燃服
	GB/T 8965.2—2009	焊接服
	GB/T 17591—2006	阻燃织物
	FZ/T 51007—2012	阻燃聚酯切片（PET）
	FZ/T 52013—2011	无机阻燃黏胶短纤维
	FZ/T 52022—2012	阻燃涤纶短纤维
	FZ/T 52026—2012	再生阻燃涤纶短纤维

表 5 - 10　中国和美国对阻燃性能的技术规定

国家	执行标准	技术要求		
中国	GB/T 8965.1—2009《防护服装阻燃防护第1部分　阻燃服》	防护等级	A 级	B 级	C 级
		续燃时间（s）	≤2	≤2	≤5
		阴燃时间（s）	≤2	≤2	≤5
		损毁长度（mm）	≤50	≤100	≤150
		洗涤次数	50	50	12
		熔融滴落	不允许	不允许	不允许
		测试方法	GB/T 5455—2014		
美国	CFR1610/CFR1615/CFR1616	光面织物燃烧时间不超过3s		
		起毛织物燃烧时间不超过7s		
		平均损毁长度不超过17.8cm（7英寸），任一块试样损毁长度不超过25.4cm（10英寸）		
		儿童睡衣在接触中等火焰3s后，移开，火焰必须熄灭		
	针对进口服装	服装标注上标有棉、麻、毛等动物和植物成分的必须进行测试。方法是脱水衣料在16mm高火焰上接触1s后，计算燃烧时间，超过7s为不安全产品，作退货处理		

第六章　舒适功能纤维

随着人民生活水平的不断提高，人们已不满足于纺织品传统的穿着美观、防寒保暖的要求，而是对服装面料的环保、安全、舒适等性能提出了更高的要求。舒适性已成为织物良好服用性能的重要参考指标。提高和改善织物的穿着舒适性可以通过纺织品后整理的方法得以实现，而采用舒适型纤维是另一个重要途径。舒适型纤维（natural comfort type fiber）品种较多，包括大部分天然纤维、再生纤维素纤维、再生蛋白质纤维，以及新型合成纤维中的吸湿排汗纤维、蓄热调温纤维、分形涤纶等。在本章中主要介绍亲水性纤维和吸湿排汗纤维。

第一节　亲水性纤维

亲水性纤维是指具有吸收液相水分和气相水分性质的纤维。天然纤维如棉、麻、丝、毛由于含有大量极性基团以及孔隙，亲水性优异，属于亲水性纤维，而合成纤维涤纶、腈纶、丙纶均为疏水性纤维。为了改进合成纤维材料的服用舒适性，人们将涤纶、腈纶、锦纶、丙纶等合成纤维通过化学或物理改性制成亲水性合成纤维。亲水性合成纤维（hydrophilic synthetic fiber）是指在标准状态下（20℃，相对湿度65%）含水率大于4.5%的合成纤维。常见的有亲水性聚丙烯腈纤维、亲水性聚酯纤维等。

所谓纤维的亲水性，一般是指纤维吸收水分的能力。人体皮肤表面分泌的水分有两种形式，即气态的湿气和液态的汗水，因此，习惯上将亲水性纤维按机理分为吸湿性纤维和吸水性纤维两种。纤维对气态水分的吸收能力，称为吸湿性，纤维吸湿性主要取决于纤维的化学结构，即纤维大分子链上亲水性基团的极性和数目，可以用吸湿率来表示，具有这一能力的合成纤维称为吸湿性合成纤维。纤维对液相水分的吸收能力，称为吸水性，对于合成纤维来说，吸水性的强弱主要取决于纤维的物理结构、构成纤维的表面和内层有没有能通导的微孔结构存在，具有这一能力的合成纤维称为吸水性合成纤维，一般用保水率来表示。

一、亲水性纤维的发展简史

合成纤维具有许多优良的特性，强度高、服用性能稳定、耐磨性好、防腐、防蛀，但其吸湿性普遍较低，穿着舒适性不如天然纤维或再生纤维，特别是内衣。为了提高合成纤维的亲水性能，改善其穿着舒适性，最早人们采用的方法是利用天然纤维的良好的亲水性能，将合成纤维与天然纤维进行混纺处理来获得亲水性能。随着研究工作的深入和合成纤维工业技术的不断发展，合成纤维的亲水化技术取得了很大进展。在世界范围内，德国、日本等国家走在了前列。德国拜耳公司开发了一种具有皮芯双重结构的纤维，该纤维芯部沿纤维轴向有许多微孔，皮层也有导孔与芯部贯通。这种多孔结构使纤维的润湿和吸水性接近棉纤维，而去湿速度是棉纤维的 $2 \sim 3$ 倍，相对密度也较普通聚丙烯腈纤维小 30% 左右。此外，日本的三菱人造丝、旭化成、爱克斯伦等公司也相继开发和试制出亲水性聚丙烯腈纤维。日本的帝人、东丽等公司先后研制出亲水性聚酯和聚酰胺纤维。近年来，我国在亲水性聚丙烯腈、聚酯纤维织物等方面的也进行了一些研究。

二、影响纤维吸湿性的因素

影响纤维吸湿性的因素很多，总结起来有内因和外因两个方面，而外因也是通过内因起作用的。纤维在空气中吸湿能力的强弱，主要决定于它的内因。内在因素主要是指纤维本身的结构特性，如分子结构中亲水性基团的数目及亲水性的强弱、纤维的结晶度、纤维内空隙的大小和多少、纤维比表面积的大小、纤维伴生物的性质和多少等。

1. 内在因素

（1）纤维化学结构的影响。纤维大分子结构中的羟基、酰胺基、氨基、羧基等极性基团，都是亲水性的基团，对水分子有一定的亲和力。它们主要通过氢键的作用和水分子之间发生缔合，使水分子失去热运动的能力，从而留存在纤维中。因此，纤维大分子中的亲水性基团数目越多，基团的极性越强，纤维的亲水性就越好。按亲水性大小，部分常见极性基团的排列顺序如下：

$$—COO^- > —NH_3^+ > —NH_2 > —COOH$$

（2）纤维物理结构的影响。纤维的物理结构是影响纤维吸水性的另一个方面。在纤维的物理结构中分为结晶区（或高序区）和非晶区（或低序区）。在纤维大分子的结晶区（或高序区内），活性基团之间都已形成交联，使得水分子难于扩散或渗入，使这部分区域呈现疏水性。而在纤维的非晶区（或低序区内）以及在形态结构粗糙的区域，水分子才易于扩散和渗透，会表现为亲水性。纤维结晶度越低，其吸湿能力也越强。除了结晶度影响纤维的亲水性外，结晶区的大小对亲水性也有影响。一般来说，结晶区小、晶粒的表面积大、晶粒表面未键合的亲水性基团也多的纤维，其亲水性也强。

（3）纤维中的微孔、空腔结构的影响。纤维中的微孔、空腔结构是水分吸附和传输的通道，也是水分驻留的空间。含有微孔和空腔的纤维与液态水接触时，由毛细作用可以快速吸附水分并向外界传输。棉和麻类纤维在自然生长时有水分和养料传输的需要，纤维结构中含有许多贯通的缝隙和空腔，因而具有良好的吸湿性。纤维内孔隙越多，水分子越容易进入，纤维的吸水性能越好。

（4）纤维比表面积的影响。纤维的比表面积也影响吸湿性能，比表面积越大，表面能越高，纤维接触水分子的机会越多，吸附的水分子越多，纤维的吸湿性能越好。纤维表面有沟槽和截面异形化也能够增加纤维的保水率，超细纤维和异形截面纤维，比同一品种的普通合成纤维具有更大的比表面积，吸湿性较好。

（5）纤维的各种伴生物和杂质的影响。纤维的各种伴生物和杂质也会对纤维的吸湿性能产生影响。棉纤维上的蜡状物质、脂肪等的存在会降低纤维的吸湿能力，一般棉纤维脱脂程度越高，吸湿能力越好。羊毛表面的油脂也会降低纤维的吸湿性。而麻纤维上的果胶物质和蚕丝上的丝胶能增加纤维的吸湿能力。对于化学纤维，表面油剂、染色印花、后整理等加工处理都会影响纤维的吸湿性。

2. 外在因素　影响纤维吸湿性的外部因素主要是指外界的温度和相对湿度。在确定的温度下，空气中相对湿度越高，水蒸气压力越大，单位体积空气中的水分子越多，到达纤维表面的概率越大，纤维的吸湿性越高。在相对湿度相同的条件，空气温度越高，水分子的活动能量越大，纤维分子的热振动能也越大，会使纤维大分子与水分子的结合力减弱，水分子易于从纤维内逸出，纤维的吸湿性降低。

三、亲水性纤维的制备

由于合成纤维吸湿性差，易产生静电，穿着舒适性差等缺点，限制了其发展应用。开发亲水性的合成纤维，提高合成纤维的穿着舒适性，已经引起了人们的关注。要赋予合成纤维类似天然纤维的亲水性能，就必须使合成纤维具有类似天然纤维的亲水结构。受天然纤维结构研究的启发，疏水性合成纤维亲水化有下述两个途径：第一个途径是在纤维中引进各种亲水基团，通过它们建立氢键与水分子缔合，使水分子失去热运动的能力，暂时留存在纤维中。第二个途径是使纤维中出现孔隙、微孔、裂缝，以成倍地增加比表面积，通过表面能效应吸附水分子，同时又可以通过毛细管效应吸附和传递水分。

为了提高合成纤维的亲水性，我们可以从化学结构和物理结构两个方面来着手。目前，合成纤维亲水化的方法大致可以分为化学方法和物理方法。化学方法：包括改善纤维的人分子结构，将纤维分子与亲水性单体共聚、与亲水性单体接枝共聚，在纤维表面进行亲水化整理等。物理方法：添加亲水物质的共混、复合纺丝，纤维微孔处理、表面粗糙化、异形横截面等。

1. 改善纤维大分子化学结构　通过共聚反应，在合成纤维的大分子链上引入亲水性基团，是改善疏水性纤维的吸湿性能，并使之具有持久亲水性的有效方法之一。但是这种方法的不足之处在于亲水性单体加入的数量受到制约。亲水性单体占比例少，引入亲水性基团少，对纤维吸湿性的改善不够明显；亲水性单体过多，纤维中亲水性基团数量大，则会影响纤维的其他性能，使其原有的优良性能受损。

聚酰胺纤维分子中虽然含有亲水性的酰氨基，但是聚酰胺6和聚酰胺66的回潮率并不高，这与酰氨基在纤维中所占比例较少有关。在聚酰胺纤维分子中减少非极性的亚甲基的数量，能够改善纤维的吸湿性。亚甲基减少，亲水性酰胺基比例增加，纤维的吸湿性明显提高。

聚酰胺纤维的结晶度、晶区的大小也对纤维的吸湿性有明显的影响。研究认为，通过共聚，改变纤维大分子结构的规整性，降低结晶度或减少晶区，是提高纤维吸湿性的另一种有效方法。如在聚酰胺大分子中引入哌嗪环，就能获得与蚕丝相近的回潮率；锦纶6与聚二噁酰胺熔融共混制得嵌段共聚物Fiber S，其手感、透气性、穿着舒适性都较好。

采用丙烯酸和丙烯腈共聚，在聚丙烯腈分子结构中引入亲水性基团——羧基，能够提高纤维吸湿能力，得到亲水腈纶。也可通过在常规腈纶的共聚反应中，增加第二单体（如丙烯酸甲酯等）的含量，纺丝后，酯经水解反应后在纤维上引入羧基，提高纤维的亲水性能。采用乙烯基吡啶或二羰基吡咯化合物等亲水性单体与丙烯腈共聚，也可以得到吸湿性良好的纤维。或用化学处理的办法，使纤维中一部分氰基转化为酰氨基或羧基。以丙烯腈、甲基丙烯酸甲酯为单体，以 N-羟甲基丙烯酰胺为潜交联剂，溶液聚合后湿法纺丝成型，经后交联和碱性水解处理，可以制成具有三维网状结构特征的亲水性共聚丙烯腈纤维。

涤纶是一种结晶度较高的纤维，分子主链中没有亲水性的基团，因此呈疏水性。其亲水性可以通过与亲水性单体的共聚来改善。采用聚酯—聚醚嵌段共聚物、用硼氧化物和聚亚烷基二醇改性的聚酯纤维，其亲水性得到改善。

2. 纤维接枝共聚 丙烯腈与天然蛋白质通过接枝共聚制得亲水性改性腈纶是一个成功的范例，如1969年由日本东洋纺公司开发的牛奶蛋白和丙烯腈接枝共聚反应得到Chinon纤维，即"牛奶"纤维。美国杜邦公司用放射线将丙烯酸或顺丁二酸接枝于锦纶66，得到了高吸湿性的聚酰胺纤维等。选择具有亲水性能的单体或聚合物作为支链，在涤纶大分子上接枝，就可改善涤纶的亲水性。可用于接枝改性涤纶的单体或聚合物有两类，一类是丙烯酸及其酯类，如丙烯酸、甲基丙烯酸、甲基丙烯酸甲酯等；另一类是醇类，如乙二醇、聚乙二醇等。涤纶的表面接枝聚合比较困难，效果不够理想。

3. 纤维表面的亲水化整理 纤维表面的亲水化整理是纤维获得亲水性的一种比较简单方便的处理方法。这种处理的实质是在纤维或织物表面上施加一层亲水性整理剂。英国ICI公司在20世纪70年代初首先推出了聚酯类亲水整理剂，用于涤纶面料的整理。随后美国杜邦公司也开发出类似的产品。80年代初，亲水整理剂以聚酯类为主。之后，聚氨酯类亲水整理剂出现，其具有亲水、抗静电、易去污等多种功能。近年来，又出现了聚硅氧烷类亲水柔软剂的研究。

亲水性整理剂的性能决定纤维的整理效果。目前使用的亲水整理剂有以下几类。

（1）聚酯类亲水整理剂。这类整理剂是由二元羧酸与二元醇通过酯化和缩聚反应合成的水系聚酯乳液，在分子中含有大量的亲水基团，具有亲水、柔软、抗静电和防污的功效。由于它与涤纶具有类似的酯型结构，在热处理过程中能够与涤纶形成共结晶或共熔物，具有优异的耐久性。

聚酯类亲水整理剂主要分为三类：

①嵌段聚醚型聚酯。这类整理剂是由对苯二甲酸（及其低醇酯）、乙二醇或聚乙二醇等

缩聚而成的聚醚—聚酯嵌段共聚物，是第一代水系聚酯类整理剂。

②磺化聚酯。在聚酯分子中引入磺酸基，不但增强亲水性能，还能够提高产物的水溶性，使其处理过程能够顺利进行。

③混合型聚酯类整理剂。这类聚酯是将上述两种整理剂混合，整合聚醚型聚酯良好的防污性能和磺化聚酯的防干洗再沾污性，能使涤纶织物具有吸水、抗静电、防污、防干洗再沾污性、提高染色牢度等多种功能。

目前，国内生产的亲水整理剂多为聚酯类产品，性能优良，可媲美国外的同类产品。

（2）聚氨酯类亲水整理剂。这类整理剂通常是由水溶性热反应型聚氨酯构成，在赋予织物耐久亲水性的同时，还能改善合成纤维的抗静电性。

（3）聚硅氧烷类亲水整理剂。聚醚改性聚硅氧烷因其分子结构中含有亲水性的聚醚链段，因此可以作为亲水整理剂。在聚硅氧烷分子结构中引入环氧基或氨基，构成的混合改性聚硅氧烷，不但亲水性良好，还能增强整理剂的反应性和柔软性。

（4）聚丙烯酸类亲水整理剂。这类整理剂多采用丙烯酸系单体、交联单体及引发剂的混合液，在织物的整理加工过程中，在热作用下于纤维上发生聚合反应，使纤维获得亲水性。

纤维表面的亲水化整理可以采用多种整理工艺，如浸渍法、浸轧—汽蒸、浸轧—焙烘等进行加工。

在纤维上引入亲水基团和接枝共聚法往往会使纤维丧失一些优良性能，如造成染色牢度下降、手感硬化等。因此，实际生产中亲水基团的加入量或接枝数量受到限制。表面亲水化整理的方法应用简单，适应性强、成本低廉，能够基本保持纤维原有特性而增加纤维的吸湿性，其不足之处是亲水整理的效果耐久性差，特别是耐洗涤性差。

4. 与亲水性物质共混或复合纺丝　与亲水性物质共混就是在纺丝前，把亲水性物质混入纺丝熔体或溶液，然后再按照常规纺丝的方法进行纺丝，就能够得到亲水性纤维。美国的杜邦公司采用4%～25%的 N-己丙酰胺和聚酰胺共混纺丝，得到聚酰胺纤维的吸湿率达到8%～9%。日本帝人公司采用碳原子数大于12的脂肪酸、脂肪胺或脂肪醇的低分子化合物和高分子物聚醚与聚酰胺多元共混制得高吸湿腈纶；用聚丙烯酰胺与聚丙烯腈共混制得高吸湿腈纶；用聚乙二醇衍生物、聚亚烷基二醇等亲水性高聚物与聚酯共混纺制高吸湿涤纶等。

复合纤维主要是通过亲水性高聚物组分和待改性的疏水性高聚物组分的复合纺丝，使这种纤维既具有亲水性，又能保持原来纤维的优良特性。日本的旭化成公司采用丙烯腈共聚体作皮层，用含羧基的共聚物作芯层，纺制得到的中空复合纤维的吸水率可达30%。东洋纺公司以普通聚酯作皮层，以经聚醚改性的聚酯作芯层，经熔纺得到复合纤维，再进行皂化处理，就能得到吸湿性和抗静电良好的聚酯纤维。可乐丽公司制得了以乙烯—乙烯醇共聚物为皮层，聚酯为芯层结构的复合纤维，由于皮层纤维上的亲水性基团的存在，纤维吸湿性好，人体汗水可以被快速吸收并扩散。

5. 纤维微孔化处理 通过改变合成纤维的形态结构，使其也能像棉、羊毛天然纤维那样，具有许多内外贯通的微孔，能够利用毛细现象吸水，以此物理方法来改善合成纤维的吸水性。经过微孔处理的纤维，其力学性能的改变较小，而且此类纤维还具有密度小、干燥快、保暖性好、耐污垢等优点，对服装产品的舒适性改善明显。德、美、日、意等国家相继开发研究微孔腈纶、多孔聚酯。

腈纶的亲水性可以通过开发多孔型吸水腈纶来实现，成孔的方法基本有三大类：孔洞固定法、孔洞稳定剂添加法及高聚物共混法。多孔型吸水涤纶的制备方法可分为三种：溶出法、发泡法、相分离法。

利用涤纶与阳离子改性聚酯共混纺丝制成中空纤维，然后用 NaOH 溶液处理，使纤维上产生大量的微孔，且有一部分微孔是互相贯通，并通至中空部分。碱液浓度增加，微孔数量增多，大大提高了涤纶的亲水性。

6. 纤维截面异形化和表面粗糙化 纤维截面异形化和表面粗糙化是提高纤维亲水性的有效的方法。通过在纺丝时改变喷丝孔的形状可以纺制异形截面的纤维，比如中空（单中空、多中空、异形中空）纤维、三角形纤维、三叶形纤维、多角形纤维、多叶形纤维、字形纤维、特形横截面纤维等。异形纤维使得纤维表面不光滑、不完整，可以由毛细管现象提高纤维的吸水性。异形纤维与普通的圆柱形纤维相比，比表面积增加，纵向还增加了许多的沟槽，改善纤维的吸湿功能。如日本的旭化成生产的 L 形横截面的锦纶间可形成许多毛细孔，洗涤后吸水性不变化；钟纺公司的名为 Killat N 的中空锦纶 6，吸湿性提高。异形纤维还使得纤维间的空隙变大，能够增加纤维的透气性，提高穿着舒适度。纤维表面粗糙度增加，表观接触角可减小，也可以提高纤维的亲水性。

在实际生产中，除了单独使用以上几类方法外，还可以把几种不同的方法结合起来使用，以获得更好的效果。

第二节　吸湿排汗纤维

吸湿排汗纤维（sweat‑absorption and quick dry fiber），又名吸湿速干纤维、吸湿导湿纤维。这种纤维不仅能很快将水分吸收，而且能较快传输，从而达到快干的效果。天然纤维的吸湿性能好，穿着舒适，但当人大量出汗时，棉纤维会因吸湿而膨胀，透气性下降并粘贴在皮肤上，妨碍身体的活动，其水分散发速度也较慢，从而给人体造成一种冷湿感。合成纤维力学性能优良，受到人们的喜爱，得到了广泛的应用。但大多数合成纤维缺乏良好的吸水、吸湿性能，在高湿、高温状态下，人们穿着合成纤维的服装会有闷热感。同时，在湿热状态下人体与衣服间摩擦力增大，沉重感增加，对人的心理及生理变化产生不良影响。因此，提高合成纤维织物的吸湿排汗性是未来纺织品舒适性能改善的方向之一。

一、吸湿排汗纤维的发展简史

为了提高服用的舒适性，美国、日本、韩国、中国等著名纤维公司相继研究并推出具有吸湿排汗性能的聚酯纤维。

1. 国外研究发展情况

（1）美国。杜邦公司 1986 年首次推出具有专利技术的四管道吸湿排汗聚酯纤维材料 Coolmax。它通过异型截面形状十字形来散湿快干，之后该公司又推出截面呈 C-O 形的纤维，其与十字形 Coolmax 纤维相比，导湿快干能力更强。Optime 公司开发的 Dri-Release 高吸湿纱线，采用微混法在棉纤维的纺纱过程中纺入少量的特殊涤纶，把棉和涤纶的优点发挥到最大限度来吸湿快干。

（2）日本。东洋纺开发成功的 Triactor 涤纶面料，通过 Y 形截面来散湿，东洋纺开发的会呼吸的涤纶织物"Ekslive"，是通过将聚丙烯酸酯粉末与涤纶混合纺丝获得吸湿排汗功能。Unitika 纤维公司推出的 Hygra 纤维是一种同心复合皮芯型的复合纤维，皮是锦纶，芯是由 Unitika 公司独自开发的具有特殊网状结构的高吸湿聚合物。这种皮芯结构使纤维具有更好的功能性和舒适性。

（3）韩国。晓星公司开发的 Aerocool（艾丽酷）新型聚酯纤维，通过像苜蓿草的四叶形的细微沟槽和孔洞来吸湿排汗。东国贸易株式会社研发的 I-COOL 系列纤维，也是通过异形截面的毛细管现象来吸湿排汗。

2. 国内研究发展情况　　近年来，国内纺织品市场对吸湿排汗纺织品的需求也逐渐高涨，引起业界人士的关注。这类产品的市场已相当火爆，国内一些合纤研究机构和生产企业也已开发出这类纤维。泉州海天轻纺集团开发的 Cooldry 纤维，通过特殊表面沟槽具有吸湿排汗功能。中国石化仪征化纤股份公司生产的 Coolbst 纤维具有 H 形截面，使纤维和纤维集合体具有较强的毛细效应，具有吸湿快、放湿快、导湿快、蒸发快的特点。广东顺德金纺集团与东华大学合作开发的 Coolnice 纤维，通过采用独特的四沟槽十字形截面吸湿导汗。中国台湾远东纺织公司开发 Topcool 纤维，其截面形状近似十字形，表面有四道凹槽，利用这种结构达到导湿排水效果。中国台湾中兴纺织厂开发的 Coolplus 纤维其截面为十字形，纤维表面形成细微沟槽，利于纤维吸湿排汗。2008 年，上海兴诺康纶纤维科技股份有限公司推出的 Cleancool 纤维同时具有吸汗速干和抗菌除臭两大功能，是吸湿快干产品的一次革命性升级，具有很好的应用前景。

二、影响纤维吸湿排汗的因素

棉、丝等亲水性纤维吸水迅速，在标准温湿度条件下，棉和蚕丝的平衡吸湿率分别为 8% 和 11%，但在人体大量出汗时，其吸湿速度、水分扩散速度和蒸发速度都不够理想，不能及时向空气传递散发热湿，使人感觉不舒服，穿着不够舒适。原因主要是吸湿发生后，天然纤维的杨氏模量大幅度降低，产生较大的溶胀，例如，棉纤维、羊毛的膨润度可达 20% 和

25%，这样就堵塞了汗水渗出的孔道。

涤纶是一种结晶度较高的纤维，具有优良的性能。但是，由于其分子结构中缺乏亲水性的基团，吸湿性差，是一种疏水性纤维。以涤纶为面料的服装透湿性差，穿着有闷热感，并且易产生静电积累，影响了人们的穿着舒适性。但其吸湿后基本不产生膨润现象，因而在导湿性方面比天然纤维有优势。

吸湿排汗包含两种意思，即织物同时具有吸水性和快干性。一般来说，无论天然纤维还是合成纤维，都很难兼具这两种性能，但吸湿排汗加工技术则可以实现这一点。用现代吸湿快干性聚酯纤维做成的织物，能把皮肤上的汗水迅速从织物内层引导到织物外表，并散发到空气中去，从而保持贴身层始终处于干爽状态，使人体感觉舒适。

影响吸湿排汗的因素主要有如下几点：

1. 纤维的微观结构　纤维中羟基、氨基、羧基等亲水基团对水分子有较强的亲和力。它们能与水分子缔合形成氢键，使水蒸气分子失去热运动能力，而在纤维内依存下来。纤维中游离的亲水基团越多，基团的极性越强，纤维的吸湿能力就越高。天然的动物纤维和植物纤维都含有较多的亲水基团，因而吸湿率都很高；而合成纤维大分子中亲水基团比较少，只有依靠物质所固有的表面张力使纤维表面或内部微孔和孔隙的表面吸附水气，因此，合成纤维的吸湿率很低。

此外，纤维的结晶度也影响吸湿性。纤维大分子中结晶区排列紧密，水分子不容易渗入结晶区，因此，纤维的结晶度越低，吸湿能力越强。

2. 纤维的形态结构　纤维表面具有凹槽或截面异形化，不仅能增加纤维表面积，使吸湿能力增加，同时也能使纤维间毛细空隙保持的水分增加，因此，这类纤维的吸湿率比同组分的、圆形截面、表面光滑的纤维要高。

由以上分析可知，对涤纶等合成纤维来说，要获得吸湿排汗功能，首先要改善纤维的吸湿能力，然后改变纤维的表面形态及结构，利用纤维表面微细沟槽所产生的毛细现象使汗水经芯吸、扩散、传输等作用，迅速迁移至织物的表面并发散，达到导湿快干的目的。

三、吸湿排汗纤维的制备

通过对涤纶等合成纤维进行改性，可以实现纤维吸湿性能与导湿性能的有机结合，提高纤维的吸湿排汗性能。这些方法大致包括物理改性和化学改性以及两者的结合。

1. 物理改性法

（1）改变喷丝孔形状。改变喷丝孔形状对于提高纤维导湿性是简单、直观和行之有效的方法。近年来吸湿性纤维的开发主要集中在异形截面上。异形包括同板异形、共纺异形及复合异形。通过在纺丝时改变喷丝孔的形状可纺制异形截面的纤维，如中空纤维，十字形、F形、三角形、三叶形、H形、L形截面的纤维等。

异形截面使得纤维表面趋于不完整、不光滑，从而产生毛细现象而具有吸水能力；或者增大纤维的表面，使纤维内的亲水基团（在纤维内含有亲水基团的情况下）更多地与人体表面接触，提高吸湿性。具有吸湿快干功能的纤维，一般都要有高的比表面积，其纤维的截面必须具有沟槽，利用这些沟槽，织造时纤维和纤维之间形成通道，通过这些沟槽的毛细效应使汗水经芯吸、扩散、传输等作用，迅速迁移至织物的表面并发散，使其能够快速挥发，从而保持人体皮肤的干爽感。同时，在湿润状态时也不会像棉纤维那样倒伏，始终能够保持织物与皮肤间舒适的微气候状态，达到提高舒适性的目的。

通过比较各异形纤维可以发现，纤维的吸湿功能不仅与异形度有关，还与沟槽的深度和形状有关。而不同异形截面的纤维在异形度相同时，导湿性能也不一样，带有较深且较窄沟槽的异形纤维导湿性能好。事实证明，不同截面的纤维织物吸水性都要比常规的圆形截面纤维要好。不同截面异形纤维的导湿性能如表6-1所示。

表6-1 不同孔型的异形纤维的导湿性能

试样	截面形状	B（%）	毛效值（mm）	带液率（%）	干燥速率（%）
1#	●	—	10	16.08	15.20
2#	Π	59.2	20	23.90	26.80
3#	~	53.8	22	18.07	30.18
4#	★	53.4	25	13.89	29.90
5#	+	55.8	30	26.27	23.07
6#	H	61.5	40	25.99	21.27
7#	×	54.1	25	15.22	24.42
8#	∞	57.7	22	17.22	23.40

注 1. 异形度 $B = (1 - r/R) \times 100\%$，其中 r、R 分别为异形纤维截面内、外接圆半径。

2. 带液率 $I = (w_1 - w_0) / w_0 \times 100\%$。

3. 干燥速率 $V = [1 - (w_1 - w_2) / (w_1 - w_0)] \times 100\%$，其中 w_0、w_1、w_2 分别为束纤维在 60℃时烘 10h 后的干重、束纤维用蒸馏水浸泡 3h 并取出脱水 2min 时的重量以及 w_1 重量基础上 37℃条件下再烘 5min 的重量。

（2）多孔中空截面法。多孔中空截面纤维就是从纤维表面到中空部分有许多贯通的细孔的中空纤维，具有优良的导湿排汗功能。其微孔的产生多用成孔改性剂，纺丝时加入，后整理时溶出成孔。纤维通过外表孔洞吸湿、散湿，通过内部中空传输水分。

（3）双组分复合纺丝法。借助共轭熔融纺丝技术，将两种聚合物分别通过两台螺杆挤压机连续熔融挤出，经过各自的熔体管道，并经过量泵定量输入纺丝组件，在组件内适当部位两组分以一定方式复合，从同一块喷丝板喷出后经卷绕成型，最终得到截面为星形、橘瓣形、米字形结构，单丝线密度小于 0.3dtex 的裂片型复合超细纤维或单丝纤维小于 0.08dtex 的海岛型复合超细纤维。德国巴斯夫（BASF）公司申请了吸湿排汗纤维专利，该专利是利用改进喷丝孔形状和选用 PET、PA 双组分复合纺丝的方法，使纤维吸湿排汗性能具有持久性。日本可乐丽公司的 Sophista 纤维将 EVOH（乙烯—乙烯醇共聚物）与聚酯制成双组分皮芯型的复合纤维，该纤维的表层为具有亲水性基团（—OH）的 EVOH，芯层为聚酯纤维。在穿着 Sophista 纤维制成的运动装时，由于亲水性基团的存在，汗水很快被纤维表面吸收并扩散出去，又由于芯层的聚酯纤维几乎不吸湿，吸收到纤维内部的水分与棉纤维相比要少得多，因此，从皮肤吸入纤维内部的水分可以很快扩散蒸发出去，从而有干爽舒适的穿着感，织物不会粘在身上。EVOH 的热传导率高，可以使面料的温度下降，产生凉爽感，因此，用 EVOH 纤维面料制作的运动服还具有凉爽功能。

（4）纤维线密度的超细化。当纤维的直径大大小于常规纤维时，也增加了纤维的芯吸性能，提高了吸湿、导湿性。细旦纤维织制的织物表面立起的细纤维形成无数个微细的凹凸结构，相当于无数个毛细管，因此织物毛细芯吸效应明显增加，能起到传递水分子的作用，超细纤维还具有大的蒸发比表面积，这些都有利于改善织物的吸湿导水性能和速干能力。但是织物对水的润湿性较差，现在细旦导湿工艺主要用于丙纶织物。

（5）原料共混纺丝。通过在聚合时加入含有亲水基团的化合物，或与这类化合物进行共聚、共混来改善疏水纤维的吸湿性能，生产吸湿排汗纤维。例如，日本东丽公司采用共聚的方法制备 PET 和 PA6 的嵌段共聚物，然后再与 PET 共混纺丝，制成的 82.5dtex/24f 的共混纤维显示出良好的吸湿性。以 PET 作皮组分，锦纶 4 作芯组分，经复合纺丝得到非圆形截面的皮芯双组分复合纤维，在标准状态下平衡吸湿率为 4.2%。

2. 化学改性法　通过接枝共聚方法，通常在大分子结构内引入羧基、酰氨基、羟基和氨基等，增加对水分子的亲和性，从而增强纤维的吸湿排汗性能。

（1）应用第三单体合成具有亲水性的共聚物。如以间苯二甲酸 - 5 - 磺酸钠作为第三单体合成共聚酯，然后再与普通聚酯共混纺出中空纤维，然后对其织物进行碱减量处理。由于共聚酯容易为碱液所水解，在纤维内部形成许多与中空部连通的微孔，从而使之具有良好的吸水透湿性。

（2）丝胶朊聚酯。用化学方法将真丝织物煮练中所抽提出的丝胶朊附着于聚酯纤维分子上。丝胶朊具有良好的吸湿性，而且与构成人体皮肤的氨基酸的组成接近，因此使纤维更具有吸湿功能，并对皮肤无任何不良作用。

（3）等离子体技术。利用等离子体技术可使纤维表面粗糙化或与亲水单体结合，增加纤维的吸湿、散湿性。利用等离子体装置，对纤维表面进行处理并在表面进行丙烯酸分子接枝共聚，可使纤维表面很好地吸收水分，而里面不沾水。

3. 利用纺、织技术获得吸湿速干性

（1）与纤维素纤维的复合。将纤维素纤维和聚酯纤维的特性相互结合制成的复合纤维已问世。由日本东洋纺公司开发的多层结构丝，它能控制由于大量出汗引起的黏糊感和湿冷感，纤维结构最内层是疏水性长丝，中间层为亲水性短纤维，最外层用疏水性复丝包覆。

（2）采用多层织物结构。通过多层结构织物和针织物达到吸湿排汗性能的材料也已经被开发出来。利用亲水性纤维作为织物内层结构，将人体产生的汗液迅速吸收，再经外层织物空隙传导散发至外部，从而达到舒适凉爽的性能。日本东丽公司与帝人公司开发了100%聚酯多层结构针织品，靠近肌肤一侧用粗纤维形成粗网眼，外侧则配置细纤维形成的细网眼，通过这种形式使汗水迅速向外部散发。

4. 利用染整加工方法使纤维、织物获得吸湿速干性　利用吸湿速干整理剂，在印染过程中通过后整理的方法，使之均匀而牢固地固着在纤维表面，赋予织物或者纱线亲水性能。

一般可以水分散性聚酯为主组分的复配物亲水性整理剂对纤维进行涂层处理以改变纤维的疏水表面层，目前，市场上有多种以亲水性为主，兼有防污、抗静电性能的整理剂。但亲水剂与纤维结合牢度影响耐久性，经过洗涤，吸湿功能会渐渐降低。可与涤纶生成共熔结晶型的聚乙二醇嵌段共聚物是最好的加工剂，它可以使面料具有毛细管效应，让水分子在最短的时间散发出去，从而使面料保持干爽。

四、吸湿排汗纤维的性能

1. 吸湿排汗纤维的物理性能　不同厂家、不同截面形状、不同结构的吸湿排汗纤维的物理性能不同，下面分别介绍几种。

（1）Coolplus 纤维。Coolplus 纤维是中国台湾中兴纺织厂开发的一种模仿自然生态，并赋予纤维表面无数细微长孔的新型聚酯纤维。其截面为十字形，纤维表面形成细微沟槽，同时纤维中还添加有特殊的聚合体，它利用材料溶解性的差异，纺丝时赋予纤维无数微细孔隙。通过这些细微沟槽和孔隙产生的毛细效应，可将纤维表层的湿气和汗水经由芯吸、扩散和传输等作用瞬间排出，从而使皮肤保持干爽。Coolplus 纤维的纵向形态、横截面及其吸湿排汗原理见图 6 - 1。

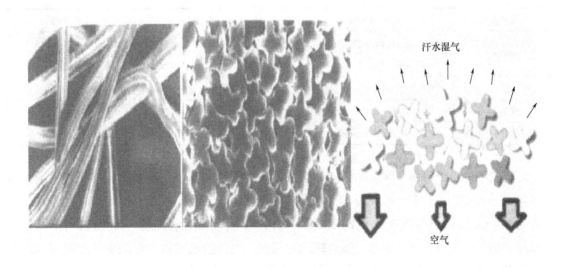

图 6 - 1　Coolplus 纤维的纵向形态、横截面及其吸湿排汗原理

Coolplus 纤维与其他纤维性能对比见表 6 - 2，Coolplus 织物与其他织物特性比较见表 6 -

3。Coolplus 纤维可纺性好，其强度比普通涤纶低，但强度、伸长率均高于纤维素纤维，与 Tencel、Modal 以及棉等纤维混纺，不但可提高纱线的强度，而且可改善纱线的条干均匀度。由于其截面的几何特征，故其抗弯性能要优于其他圆形截面纤维，因而增加了纤维间的抱合力，使织物蓬松、透气性好，且光泽柔和、素雅效果好，消除了圆形截面纤维织物的蜡状感，使织物手感舒适。Coolplus 纤维透气性好，其吸湿排汗性比 Coolmax 纤维的吸湿排汗性差，但比棉、锦纶、涤纶织物等的吸湿排汗性好；Coolplus 纤维吸水性较其他纤维高，是因其纤维表面的纵向沟槽和无数微孔通过毛细管作用吸收汗液，汗液吸收的速度和扩散的速度比棉快，使皮肤表面保持干燥，使人感觉凉爽、清新又无寒冷的感觉。微孔效应使其织物更具温暖、柔软、活泼的手感，可用于制作各种直接接触皮肤的服装，如儿童服装、内衣、运动服、休闲装、衬衫、毛巾制品、床上用纺织品等。

表 6 - 2　Coolplus 纤维与其他纤维性能对比

纤维种类	干强（cN/tex）	湿强（cN/tex）	干伸长率（%）	湿伸长率（%）	吸水率（%）
Coolplus	37～54	36～50	15～45	18～30	65～85
Tencel	38～42	34～38	14～16	16～18	65～70
Modal	32～34	19～21	13～15	14～16	75～80
棉	20～49	26～48	3～10	12～14	45～55
涤纶	55～60	54～58	25～30	25～30	2～3
大豆蛋白	55～67	39～52	15～21	16～24	30～45

表 6 - 3　Coolplus 织物与其他织物特性比较

织物种类	湿气调节性	透气性	易处理性
Coolplus	扩散能力较棉高 12%～74% 干燥效率较棉高 11%～74%	良好	易洗快干、防缩
棉	粘贴湿冷	纤维吸湿后膨胀透气性降低	收缩、歪斜
聚酯	不吸汗	闷热湿贴	易洗快干
聚酰胺	不吸汗，湿冷	闷热湿贴	易洗快干

普通的涤纶由于截面呈圆形，纵向光滑，纤维之间抱合力差，经摩擦容易产生毛羽，而纤维本身强力较高，毛羽不易断裂，久之聚集成小球附着于织物表面，影响织物的美观和穿着舒适性。Coolplus 纤维截面呈十字形，纵向有沟槽，纤维表面较粗糙，纤维之间抱合力强，经摩擦不易产生毛羽，且纤维本身强力较低，即使产生少量毛羽也会随毛羽的断裂而脱离织物，不易缠结成小球。因此，Coolplus 纤维织物具有明显的抗起球性能。

（2）Coolmax 纤维。Coolmax 吸湿排汗纤维是杜邦公司研制的异形截面聚酯纤维，其性能优异且最为常用。该公司最早推出的 Coolmax 纤维截面呈十字形，表面有四个凹槽，纤维与纤维之间形成最大的空间，保证最好的透气性，能把皮肤表面散发的湿气快速传导至外层纤维。当汗水排至该纤维织物表面后，能快速蒸发到周围大气中去，具有优良的导湿快干性能。Coolmax 纤维的截面及其吸湿排汗工作原理见图 6 – 2。Coolmax 纤维在吸汗和排汗方面都很出色，用其制作的服装穿着舒适、透气，无闷热感，称作"会呼吸的纤维"。该公司之后推出一种 Coolmax 纤维，其截面呈 C – O 形，管壁上有很多细小的微孔，圆形部分为中空。该纤维截面异形度大，平均线密度仅为 0.08tex，属于细且纤维，与十字形 Coolmax 纤维相比，其导湿快干能力更强，更适合于开发运动休闲服装面料。

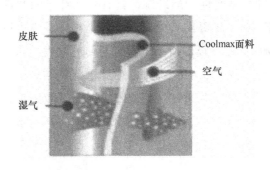

图 6 – 2　Coolmax 纤维吸湿、排汗工作原理

Coolmax 是超细多孔纤维，它的织物比较轻薄，手感柔软细顺，由于多孔，透气性非常好，完全不同于一般的涤纶。试验证明，Coolmax 比其他纤维干燥更快。Coolmax 有近于棉的吸湿性能，而且还能快速变干。Coolmax 纤维的力学性能见表 6 – 4，Coolmax 纤维与其他纤维性能的比较见表 6 – 5。

表 6 – 4　Coolmax 纤维的力学性能（规格 1.5dtex × 38mm）

项目	参数	项目	参数
线密度（dtex）	1.5	干伸（%）	24.5
长度（mm）	38	湿伸（%）	26.2
干强（cN/dtex）	3.84	质量比电阻（$\Omega g/cm^2$）	8.5
湿强（cN/dtex）	3.64	超长纤维率（%）	0
回潮率（%）	7.8	倍长纤维率（%）	0

表 6 – 5　Coolmax 纤维与其他纤维性能的比较

测试项目	锦纶6	涤纶	腈纶	黏胶	Coolmax	棉	真丝	羊毛
密度（g/cm³）	1.14	1.39	1.18	1.52	1.32	1.52	1.34	1.31
强度（N/dtex）	0.061	0.066	0.044	0.028	0.055	0.044	0.044	0.018
吸湿率（%）	4.1	0.2 ~ 0.4	1.0 ~ 2.0	11.0	5.6	7.5	10.0	14.0 ~ 18.0

2. 吸湿排汗纤维的染整性能 目前，多数吸湿排汗纤维如 Coolplus、Coolmax 等在化学结构上仍属于聚酯纤维，具有聚酯纤维的一般化学特性。因此，吸湿排汗纤维或织物（纯纺和混纺）在染整加工时可参照常规的聚酯和聚酯棉混纺织物的工艺流程和技术条件。但是由于吸湿排汗聚酯纤维的特殊结构形态，为了保持纤维（织物）的吸湿排汗的性能，保持特殊的织物风格，保证很好的染色牢度，在前处理、染色、后整理等加工过程中要有一些特别关注的问题。以目前市场上比较成熟的 Coolplus 纤维和 Coolmax 纤维为例介绍其染整加工特性。

（1）Coolplus 纤维。

①前处理。Coolplus 纤维属变性聚酯纤维，具有聚酯纤维的共性，在高温碱性条件下易水解发生剥皮现象。由于 Coolplus 纤维特殊的形态和结构，碱液可以直接进入纤维大分子内部，增加了纤维与碱的接触面积和反应概率，更容易使纤维发生水解反应。这就会造成纤维强力过度损伤，而且水解会改变 Coolplus 纤维截面的形状和结构，影响其吸湿排汗功能及染色性能。因此，Coolplus 纤维前处理不宜采用传统的高温碱煮练工艺，而应采用较温和的工艺条件，必须严格控制碱液的浓度、温度和处理时间，同时还应兼顾棉纤维上浆料及杂质的去除，保证棉纤维的前处理效果如棉的白度、毛效等，为棉纤维的染色上染率、匀染性和色泽鲜艳度打好基础。

②染色。Coolplus 纤维属聚酯纤维，其染色时可采用分散染料进行染色。无论是溢流还是热熔法染色工艺，都与常规涤纶相近。由于 Coolplus 纤维表面的沟槽和微孔更易吸收染料，对染料上染比较有利，改善了聚酯纤维的染色性，提高了鲜明度且具有染深效果，同时可节约染料、降低染色成本。Coolplus 纤维对染色条件要求较低，分散染料染色时，低温焙烘即可获得理想的染色效果。由于 Coolplus 纤维不耐高温，宜采用低温型分散染料染色。

③柔软整理。由于 Coolplus 纤维属吸湿排汗功能纤维，若柔软剂选择不当，会严重影响织物的芯吸作用，从而降低织物的吸湿排汗功能。一般认为，吸湿排汗整理剂对 Coolplus 纤维吸湿排汗功能的保持最有利，阴离子或非离子亲水性有机硅柔软剂效果次之，氨基硅油柔软剂由于亲水性较差，不利于纤维吸湿排汗性能的保持，不适合 Coolplus 纤维织物的后整理。

（2）Coolmax 纤维。

①前处理。在 Coolmax 与棉的混纺或交织物中，由于棉纤维的含杂程度较高，如果去除不净，则织物的毛效低、手感差，直接影响染料的上染率、匀染性，而且成品色光萎暗。因此，织物必须进行退浆、煮练处理，以去除杂质。由于 Coolmax 纤维是四管道中空纤维，在纤维的化学结构中酯键有一定的化学反应能力，对碱剂的水解比较敏感。传统的煮练工艺都是在接近 100℃时长时间处理，显然会导致 Coolmax 纤维的降解，从而影响其强力等性能，在生产过程中应引起足够重视。低浓度碱虽然能使织物的毛效达到要求，但由于棉纤维煮练不够充分，仍有棉籽壳残存，布面泛黄，故在烧碱处理后，采取氧漂处理织物，在不损伤强力的情况下选择氧漂工艺。

Coolmax 纤维混纺后，在染色前要进行预定形，这是整个染整工艺中关键的一道工序。定形工艺温度不宜太高。温度太高，布面手感粗糙，悬垂性差。定形温度一般为185~190℃。

Coolmax纤维为中空纤维，不耐强碱，对高浓强碱的稳定性较差，而且轧车压力太大会影响Coolmax纤维的吸湿排汗功能。因此，Coolmax纤维织物的丝光，采用半丝光工艺：NaOH为170~190g/L。设备宜采用布铗丝光机，以避免直辊丝光机的挤压力损伤纤维中的空隙。

②染色。Coolmax纤维是多孔的超细改性涤纶，和普通的涤纶在染色性能上有所不同。一般的分散染料在染Coolmax时得色率比较低，Coolmax异形截面纤维的得色量较普通涤纶浅。这是因为纤维截面沟槽形成的多面体效应，使Coolmax纤维的比表面积比同线密度的圆形横截面纤维大得多，其染色性能与超细纤维相似。

根据Coolmax/棉织物的组分、组织结构等，可以采用溢流染色也可采用连续热熔染色。由于Coolmax比一般涤纶容易染花，因此，要严格控制染色工艺。对于Coolmax/棉织物可以采用分散、活性两浴法染色。Coolmax纤维分散染料染色时采用120℃染色，比正常染涤纶温度低10℃。

③柔软整理。为保证理想的吸湿排汗效果，Coolmax纤维织物进行柔软整理时，应选择亲水性柔软剂。

五、纺织品吸湿速干性能的技术要求及评价方法

1. 纺织品吸湿速干性能的技术要求　2008年4月29日，中国国家质检总局和国家标准化管理委员会发布了推荐性国家标准GB/T 21655.1—2008《纺织品吸湿速干性的评定　第1部分：单项组合试验法》，规定了纺织品吸湿速干性能的单项试验指标组合的测试方法及评价指标，单项测试包括吸水率、滴水扩散时间、芯吸高度、蒸发速率和透湿量共5项。在这5项指标中，前3项对应纺织品的吸湿性评价，后2项则对应纺织品的速干性评价。按该标准规定，只有当产品洗涤前和洗涤后的各项性能指标均达到表6-6或表6-7的规定要求时，才能明示为吸湿速干产品，否则不应称为吸湿速干产品。此外，对于吸湿产品，可仅考核吸湿性的3项指标；对于速干产品，可以仅考核速干性的2项指标。

表6-6　针织类产品吸湿性和速干性技术要求

项目		指标要求
吸湿性	吸水率（%）	≥200
	滴水扩散时间（s）	≤3
	芯吸高度（mm）	≥100
速干性	蒸发速率（g/h）	≥0.18
	透湿量［g/（m²·d）］	≥10000

　注　芯吸高度以纵向或横向中较大者考核。

表6-7　机织类产品吸湿性和速干性技术要求

项目		指标要求
吸湿性	吸水率（%）	≥100
	滴水扩散时间（s）	≤5
	芯吸高度（mm）	≥90
速干性	蒸发速率（g/h）	≥0.18
	透湿量［g/（m²·d）］	≥8000

注　芯吸高度以经向或纬向中较大者考核。

2009年6月19日，中国国家质检总局和国家标准化管理委员会发布了另一个推荐性国家标准 GB/T 21655.2—2009《纺织品吸湿速干性的评定　第2部分：动态水分传递法》。该标准是基于香港理工大学研发的液态水动态传递性能测试仪而起草制订的一个综合评价纺织品吸湿速干性能的仪器测试方法。

当试样浸水面滴入测试液后，利用与试样紧密接触的传感器，测定液态水动态传递状况，仪器会根据设定，自动计算并显示出一系列性能指标测试结果，以此评价纺织品的吸湿速干、排汗等性能。性能指标包括：浸湿时间、吸水速率、最大浸水半径、液态水扩散速度、单向传递指数和液态水动态传递综合指数。

表6-8　性能指标分级

性能指标	1级	2级	3级	4级	5级
浸湿时间（s）	>120.0	20.1~120.0	6.1~20.0	3.1~6.0	≤3.0
吸水速率（%/s）	0~10.0	10.1~30.0	30.1~50.0	50.1~100.0	>100.0
最大浸湿半径（mm）	0~7.0	7.1~12.0	12.1~17.0	17.1~22.0	>22.0
液态水扩散速度（mm/s）	0~1.0	1.1~2.0	2.1~3.0	3.1~4.0	>4.0
单向传递指数 O	<-50.0	-50.0~100.0	100.1~200.0	200.1~300.0	>300.0
液态水动态传递综合指数 M	0~0.20	0.21~0.40	0.41~0.60	0.61~0.80	0.81~1.00

注　浸水面和渗透面分别分级，分级要求相同，其中5级程度最好，1级最差。

表6-9　织物的吸湿速干性能技术要求

性能	项目	要求
吸湿性[1]、[2]	浸湿时间	≥3级
	吸水速率	≥3级
速干性[2]	渗透面最大浸湿半径	≥3级
	渗透面液态水扩散速度	≥3级
	单向传递指数	≥3级

性能	项目	要求
排汗性[2]	单向传递指数	≥3 级
综合速干性	单向传递指数	≥3 级
	液态水动态传递综合指数	≥2 级

①浸水面和渗透面均应达到。

②性能要求可以组合，如吸湿速干性、吸湿排汗性等。

根据表 6 - 8 的分级规定，当有需要时，可按表 6 - 9 对纺织品的吸湿、排汗和速干性能进行评价。产品洗涤前和洗涤后的相应性能均达到表 6 - 9 技术要求的，可在产品的使用说明上明示为相应性能的产品。

2. 纺织品吸湿速干性能评价的主要项目及方法

（1）吸水率。吸水率是指将试样在水中完全浸湿后取出至无滴水时，试样所吸取的水分对试样原始质量的百分率。

（2）滴水扩散时间。滴水法是观察水在织物表面的扩散，其结果取决于织物所用纤维材料的接触角、织物表面粗糙度。滴水法一般要求测试织物的正反两面，要达到吸湿速干的效果，正反两面都要求有好的吸湿性，而且正面的吸湿性要比反面的好。

GB/T 21655.1—2008 中的滴水扩散时间测试：将织物试样在实际使用中贴近人体皮肤的一面朝上，将 0.2mL 的三级水滴在试样上（滴管口距试样表面距离不超过 1cm），观察水滴扩散情况，记录直至表面完全扩散（不再呈现镜面反射）的时间；若大于 300s 仍未完全扩散，则可停止测试。通常对于针织面料的要求为不大于 3s，对于机织面料的要求为不大于 5s。

（3）芯吸高度。芯吸效应即毛细管效应，水通过毛细管作用，沿着纺织材料上升的过程。芯吸测试的主要标准有日本的 JIS 1907—2010，中国的 FZ/T 01071—2008 和 GB/T 21655.1—2008 等。测试样品分经纬向取样，垂直悬挂使试样下端浸入水中，放置一定时间后，记录试样因毛细管作用所产生水线爬升的高度，或者规定高度测定所需时间，比较织物吸湿、导湿性能。

（4）透湿量。透湿性测试有吸湿法和蒸发法两种。吸湿法是指将盛有干燥剂并封以试样的透湿杯放置于规定温湿度和有一定风速的密封环境中，根据特定时间内透湿杯质量的变化计算试样的透湿率。蒸发法是指将盛有指定温度蒸馏水并封以试样的透湿杯放置于规定温湿度和风速的密封环境中，根据一定时间内透湿杯质量的变化，计算出试样单位时间、单位面积的湿气透过量，即透湿率。在相同时间内，透湿率越高，透湿功能越好。

（5）速干性。通过试样干燥时间的长短可以评价纺织品的速干性，时间越短，则速干性越强。速干性的测试方法也有多种。GB/T 21655.1—2008 的蒸发速率测试方法如下：将已滴入 0.2mL 三级水并完全扩散的试样自然平展地垂直悬挂于标准大气中，每隔 5min 称量一次，直至连续两次称取的质量变化率小于1%为止。根据各个时间段的试样质量，按下式计算水分蒸发量和水分蒸发率：

$$水分蒸发量 = 试样润湿后质量 - 润湿后某一时刻质量$$

$$水分蒸发率 = \frac{水分蒸发量}{试样未滴水润湿前质量} \times 100\%$$

六、吸湿排汗纤维的应用

吸湿排汗纤维能够广泛应用于紧身衣裤、衬衣、女式外衣、运动服、西裤、衬里、装饰制品等领域。特别是女式外衣应用上对于附加弹性、清凉性、轻快性等时装性已成为材料开发的重点。

在吸湿排汗纤维的用途中，最突出的开发工作是在与运动有关的领域，围绕运动服、竞赛服等大量的应用。在过去，人们都喜欢用棉花做制造运动服的纺织原料，因为棉纤维本身就具有亲水基团，吸水能力优良。但是，亲水的棉制品也有其严重不足之处：棉纤维在吸收了汗水之后，一旦为汗水所饱和，干燥速度慢，从湿润状态到水分平衡所需时间非常长，浸润水分的棉织物重量加重，使人体皮肤有不快之感，衣服纤维贴在皮肤表面时，往往妨碍身体的活动。而吸湿排汗纤维原料制造出的织物就解决了棉纤维诱发出的实际问题，吸湿排汗纤维在出汗时不会使纤维粘贴于皮肤表面，因此在运动服、竞赛服等用途上已经有被大量使用的趋势，运动服领域对该类纤维需求十分强劲。

吸湿排汗纤维在针织产品中有很广阔的应用前景，由吸湿排汗纤维开发的吸湿排汗织物是今后针织物设计的一大重点。主要可从原料、织物组织结构与后整理等方面设计入手，合理使用吸湿排汗纤维纱线材料，充分利用各种纤维的特性，进行科学的技术组合和性能优化，不断开发出各式各样的吸湿排汗针织产品。

虽然目前市场上研究较多的是吸湿排汗针织物，但吸湿排汗机织物需求量也很大，如衬衫、餐巾、领围、头带以及应用较多的牛仔布。吸湿排汗机织物新品种正在不断出现。聚酯、棉及珍珠纤维混纺方格织物，穿着舒适，线条柔和，具有吸湿速干功能，后整理过程中不需要添加过多整理剂，可以作为夏季衬衫、婴儿用品、手帕等织物面料。珍珠纤维的使用使织物具有一定的保健功能，增加了穿着舒适感，成品手感滑爽，具有良好的服用性能，市场前景广阔。

第七章　吸附与分离功能纤维

第一节　中空纤维膜

一、概述

1. 膜的概念　膜（membrane）是指在一种流体相或是在两种流体相之间的一层薄的凝聚相，它把流体相分隔为互不相通的两部分，并能在这两部分之间产生传质作用。这一薄层物质被称为膜，其厚度可薄至数纳米，厚可达数毫米。膜分离技术是近几十年来发展起来的一门新兴多学科交叉的高新技术，利用具有特殊选择透过性的有机高分子材料或无机材料，形成不同形态的膜，并在一定的驱动力作用下，将双元或者多元组分分离或浓缩。

按照膜的结构可将之分为平板膜、管状膜、卷状膜和中空纤维膜。

2. 中空纤维膜的优点　中空纤维膜是一种外形为纤维状，具有自支撑作用的膜（图 7 - 1，图 7 - 2），是膜分离领域中的一个重要分支。与其他分离膜相比，中空纤维膜具有以下的优点：

（1）膜结构为自支撑结构，无需另加其他支撑体，可使膜组件的加工简化，费用降低。

（2）单位体积装填密度大，可以提供很大的比表面积。如 0.3m³ 的中空纤维膜组件可以提供 500m² 有效膜面积，同样条件下的平板膜组件为 20m³，管式膜组件为 5m³。

（3）重现性好，放大容易。

图 7 - 1　中空纤维膜

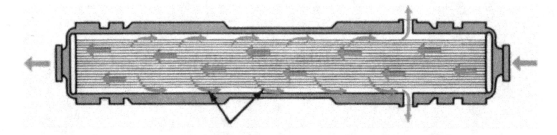

图 7-2 中空纤维膜组件示意图

3. 中空纤维膜的分类 中空纤维膜的种类和功能繁多，一般可分成两大类，一类是以压力梯度为驱动力的中空纤维微滤（microfiltration，MF）膜、中空纤维超滤（ultrafiltration，UF）膜、中空纤维纳滤（nanofiltration，NF）膜、中空纤维高滤（reverse osmosis，RO，也称反渗透）膜；一类是以浓度梯度为驱动力的中空纤维透析（dialysis）膜。

4. 中空纤维膜的发展简史 我国中空纤维膜的发展始于 20 世纪 70 年代，1974 年开始在大连、天津、上海等地开展了中空纤维膜的研究，并于 20 世纪 70 年代末研制成功以芳香聚酰胺酰肼为原料的反渗透中空纤维膜及小型膜组件。20 世纪 70~90 年代研制了板框式渗透膜和聚丙烯腈（PAN）中空纤维渗透器。20 世纪 80 年代初，中空纤维膜的研究转入超滤膜领域，并得到了较大的发展，中空纤维膜反渗透组件也进入工业化阶段。在 20 世纪 90 年代，国家把膜技术开发列入了科技攻关和发展计划，在引进国外反渗透膜、元器件及产品的同时，新的膜种类陆续研制成功，一些技术上成熟的膜分离过程开始得到应用，我国的中空纤维超滤膜组件、反渗透膜组件已初步形成生产规模，并在众多的工业领域得到成功应用。如今，中空纤维膜已成为分离膜生产中最主要的几个品种之一，作为具有特殊功能的高分子合成膜，近年来发展非常迅速，其应用已遍及膜分离技术的各个领域。

二、中空纤维膜的制备

1. 膜材料的选择 膜材料的化学性质与膜的结构一样对膜分离性能都起着决定性的影响。一般而言，制备膜的材料要有良好的成膜性、热稳定性和化学稳定性。目前的膜材料大多通过对已有的商品化高分子材料筛选得到，很少为某一分离过程而设计、合成特定材料。有时还要采用对膜材料改性或表面改性的方法，使膜具有某些特殊性能。

目前，常被用作中空纤维膜的高分子材料主要有聚丙烯、聚氯乙烯、聚偏氟乙烯、聚丙烯腈、聚砜、聚醚砜、醋酸纤维素等。这些制备膜的高分子材料大致可分成疏水性材料和亲水性材料两大类，疏水性的膜材料主要是聚烯烃类，亲水性的膜材料有聚砜、醋酸纤维素、聚芳醚酮、聚醚砜和聚酰亚胺等。

（1）聚烯烃类。

①聚丙烯。聚丙烯（PP）中空纤维膜表面有很多微孔，是一种有皮层的异形截面多孔膜，具有不对称膜的特性与优点。由于聚丙烯分子的非极性特征，使其表面自由能和表面张

力较低，具有典型疏水性能，在血液相容性方面具有一定的优势。因此，聚丙烯中空纤维膜是制作膜式氧合器的常用材料。

②聚丙烯腈。聚丙烯腈（PAN）中空纤维膜具有优异的化学稳定性和热稳定性、耐霉菌性。更重要的是 PAN 中空纤维膜具有良好的透水性能。PAN 材质亲水化膜的透水量是同样面积的聚丙烯腈和聚砜超滤膜的数倍。因而，PAN 中空纤维膜多被广泛用于水的初级净化、血浆渗析膜和血浆超滤膜。另外，PAN 中空纤维膜还被用于气体分离和作为气体分离膜的支撑体材料。

目前，PAN 材质的中空纤维膜受到膜科学工作者的广泛重视。无论在国内还是在国外，有关该膜的报道都较多，例如，日本东丽公司在 PAN 材质的中空纤维膜制备方面已取得了较大的进展，他们采用重均分子量为 20 万的聚丙烯腈作为膜材料，制成机械强度较高的聚丙烯腈中空纤维膜，并且已成功应用于水的净化。有人还将 PAN 中空纤维膜进行炭化，制成了一种新型的 PAN 基中空纤维碳膜，可望在高温气体分离等领域发挥重要作用。

（2）纤维素类。亲水性膜材料中常用的是醋酸纤维素。醋酸纤维素作为多孔膜材料，具有选择性高、透水量大、加工简单等特点，尤其适用于过滤材料。由于具有优良的亲水性能和较好的耐污染性能，醋酸纤维素膜能用于海水和苦咸水淡化、氢气分离和纯氮制备等。

目前，国内已经能采用成熟的 Lyocell 工艺，制备新型溶剂法纤维素中空纤维膜，并将其用于油水分离研究。也有人尝试用 NMMO 法来纺制纤维素中空纤维膜，并对这类膜的结构形态进行了研究。

（3）聚砜类。

①聚砜。聚砜（PS）具有机械强度高、分离性好、抗溶胀、耐细菌侵蚀等优点，是广泛使用的基膜材料之一，用其制成的中空纤维超滤膜已广泛应用于浓缩、分离、提纯、精制、回收等领域。但由于聚砜中空纤维膜具有表面亲水性能低、易污染、较小孔径膜难以制备等缺点，因此其使用范围也受到限制。为改善其表面性能，科研人员对其进行了大量的研究。例如，将聚砜膜材料进行混合改性，改变膜的表面性质，提高膜的亲水性和耐污性能；或者采用不同种类的醇对聚砜中空纤维基膜进行预处理，通过醇处理对膜性能施加影响；利用聚砜中空纤维膜内表面作为接枝层，进行动态表面光接枝聚合反应，改善膜的亲水性和截留率。

②聚醚砜。聚醚砜（PES）又称聚苯醚砜，是一种综合性能优良的聚合物膜材料。由于聚醚砜有着十分优异的生物相容性，不易产生凝血、溶血等不良反应，是优良的第三代透析膜材料，因此常作为超滤、过滤膜的材料。但聚醚砜中空纤维膜的性能会受到纺丝制备条件等多种因素的影响，因而聚醚砜中空纤维膜的制备问题长期以来备受人们的关注，例如，科研人员在制备聚醚砜中空纤维膜时，曾深入研究 PES 浓度和不同的填充液对膜结构和性能的影响；有研究人员尝试采用自由基聚合反应制备了丙烯酸接枝改性的聚醚砜中空纤维渗透膜，由此可以调节膜的选择性和通量。

（4）含氟高分子类。作为一种新兴膜材料，聚偏氟乙烯（PVDF）中空纤维膜在性能上具有许多显著的优点。例如，PVDF 中空纤维膜易于灭菌，其可以在 140℃下进行高温灭菌，也可用射线进行灭菌。

PVDF 中空纤维多孔膜的径向断面结构一般为非对称结构，即由分离皮层与多孔支撑层组成。这种结构使得 PVDF 中空纤维膜组件单位体积装填密度大，非常适于过滤。用在水过滤过程中时，PVDF 中空纤维膜组件产水量很大。而且由于 PVDF 中空纤维膜的分离孔径在 0.05 ~ 0.22μm，过滤精度高且动态过滤，抗阻塞能力强及无相态变化。应用 PVDF 中空纤维膜进行水质过滤时，不需要在水中投加絮凝剂，对过滤体系无污染。

近年来，国内科研人员对聚偏氟乙烯膜进行了大量的研究，用不同的方法改善膜的亲水性能，进一步提高了膜的孔隙率和通水量。例如，将 PVC 或 PMMA、改性聚醚硅油等亲水聚合物材料对聚偏氟乙烯材料进行共混改性；也有人用辐照接枝改性的方法对聚偏氟乙烯滤膜进行处理；还有人研究高分子添加剂、表面活性剂等混合复配纺丝添加剂，以及纺丝液中聚偏氟乙烯树脂固含量对膜性能的作用。

（5）芳香杂环类。聚酰亚胺（PI）是芳香杂环类膜材料的代表。PI 由芳香二元酸酐和二元胺缩聚而成，因分子主链上含有刚性的芳环结构，具有很好的耐热性及耐溶剂性能，是一类具有良好化学稳定性和热稳定性的高分子材料。

研究人员通过分析内部和外部凝固剂的化学性质、凝固温度的影响，研究了 PI 中空纤维膜的形态及其气体分离性能。有研究用聚酰亚胺和磺化聚芳醚砜共混改性代替原本单一的中空纤维膜，用于压缩空气除湿实验，取得了很好的效果。

（6）聚醚砜酮。聚芳醚砜酮（PPESK）为含二氮杂萘酮联苯结构，是后来新开发的商品化新型膜材料。由于二氮杂萘酮具有全芳稠环非共平面扭曲结构，使得聚醚砜酮具有较高温度稳定性，其玻璃化转变温度为 263 ~ 305℃。此外，二氮杂萘酮结构还赋予了 PPESK 较高的机械强度、抗氧化以及耐酸耐碱性。

PPESK 类聚合物是目前耐热等级最高的可溶性聚芳醚树脂。因此，聚醚砜酮一般用于制备气体分离膜、超滤膜、纳滤膜。例如，有研究机构已将聚醚砜酮中空纤维超滤膜用于聚合氯化铝制备中。

2. 中空纤维膜的制备方法　中空纤维膜的制备方法大致可分为三类，即熔融纺丝—拉伸法、热致相分离法和溶液纺丝法。

（1）熔融纺丝—拉伸法。熔融纺丝—拉伸法（MSCS）是指高聚物加热熔化，加压使聚合物在高应力下从喷丝头挤出，再经拉伸过程中，使聚合物材料垂直于挤出方向平行排列的聚合物片晶结构被拉开形成贯穿的微孔，然后经热定型处理，使孔结构得以固定，冷却成型后形成具有硬弹性的中空纤维。

到目前为止，人们已成功制成聚丙烯（PP）、聚乙烯（PE）、聚 - 4 - 甲基 - 1 - 戊烯（PMP）等高分子的中空纤维膜，其中 PP、PE 中空纤维微孔膜已实现产业化生产。

用熔融纺丝—拉伸法制备中空纤维膜的过程不需任何添加剂，无污染，该方法致孔工艺简单、制膜效率高、成本低。而且该方法制备的中空纤维孔径分布较宽。因此，该方法目前被认为是应该优先发展的纺丝制膜技术之一。但由于熔融纺丝—拉伸法的致孔过程对初生纤维聚集态结构要求较苛刻，由此导致纺丝、后拉伸工艺技术和纤维膜微孔结构的控制难度较大。故如何进一步提高所得纤维膜的通透性以及开发更多适用于水处理的中空纤维膜产品，仍是目前 MSCS 法制备中空纤维膜的重要研究内容。

（2）热致相分离法。热致相分离法（TIPS）是通过由温度改变而导致相分离形成致孔过程的加工方法。高聚物与高沸点的小分子化合物（稀释剂）在高温（高于结晶高聚物的熔点 T_m）下形成均相溶液，降低温度后诱导固—液或液—液发生相分离，然后通过萃取等方式脱除稀释剂，得到具有微孔结构的聚合物材料。

目前，PP、PE、PVDF、PMP、PVC、乙烯—乙烯醇共聚物（EVOH）等高分子材料，均可用 TIPS 法成功制备中空纤维膜。

TIPS 法的发明拓宽了高分子膜材料的范围，开辟了相分离法制备微孔膜的新途径，尤其是在超高分子量 PE 中空纤维膜制备中具有重要意义。但是现有的 TIPS 法对纺丝工艺的控制较为严格，特别是在纤维膜挤出后，极易形成致密的皮层，导致纤维膜通量的下降，所以，目前关于 TIPS 法的研究大多集中于平板膜的制备及其微孔结构的观察。据报道，只有日本旭化成公司实现了 TIPS 法制备中空纤维膜的产业化。

（3）溶液纺丝法。溶液纺丝法是一种较成熟的制备中空纤维膜的方法，按制膜液的组成和配比配制纺丝液，经熟化脱泡后，加压通过喷丝头挤出纺丝，再经溶剂挥发、凝胶、漂洗、收集、性能检测后成为成品膜。按纺丝方式不同可分为干纺和湿纺两种，在实际纺制过程中，可将两者结合，采用喷丝后先经溶剂挥发，后凝胶成膜的方法，即为干喷湿纺法。

干喷湿纺法纺丝工艺是最常采用的纺丝方法，干喷湿纺法纺丝是向纤维空心部分供液体，其成孔原理是在丝条凝固过程中，溶剂与非溶中空纤维膜的改性剂发生双扩散，使聚合物溶液变为热力学不稳定状态，发生液—液或固—液相分离，聚合物富相固化构成膜的主体，而聚合物贫相则形成所谓的孔结构，从而形成外表面为致密层，内部有指状孔结构作为支撑层的纤维膜。

由于干喷湿纺法纺丝工艺需使用大量溶剂（约占成膜体系的 80% 左右），且所得纤维膜的力学性能较差，还需要对溶剂体系进行回收、分离及循环使用，很容易造成环境污染并恶化劳动条件，所以发展受到限制。

3. 中空纤维膜的改性研究 目前，中空纤维膜的制备材料和制备方法仍是比较有限的。膜材料性能（亲水/疏水、荷电性）和膜结构（膜厚度、孔径大小）本身往往不能满足需求，因此，常常需要对高分子中空纤维膜进行改性处理。目前改性处理的方向主要集中在提高膜的亲水性、抗污染性和抑菌性等，改性处理常用的方法主要有表面物理涂覆改性、表面化学改性、共混复合改性和多层复合改性等。

（1）表面物理涂覆改性。表面物理涂覆改性是中空纤维膜改性最简单的方法，通常是将已经制备好的中空纤维膜，在涂覆剂中浸涂，干燥后在中空纤维膜表面形成很薄的改性材料涂覆层。

例如，有研究以 PVDF 中空纤维超滤膜为基膜，以聚二甲基硅氧烷（PDMS）为涂覆材料制备 PVDF/PDMS 中空纤维渗透汽化膜，这种膜对有机物具有优先透过性。有人用涂覆法将 MnO_2 负载到 PVDF 中空纤维膜上，得到 PVDF/MnO_2 中空纤维膜，用以在室温下吸附降解甲醛。通过固—气界面交联的方法将 PVA 溶液涂敷在 PVDF 平板膜表面对其进行改性，可增加膜表面的光滑度和亲水性，而且蛋白过滤实验证明了改性膜的抗污染性能得到提高。利用喷涂沉淀法对 PVDF 中空纤维膜进行表面改性，在直接接触式膜蒸馏实验中，改性膜的抗润湿性能和抗污染性能均较改性前有较大的提高。

但是，对绝大多数膜而言，由于涂覆层与膜本体之间的结合仅为物理吸附，作用力很弱，这使得在贮存和运输过程中涂覆层易脱落，性能不稳定。

（2）表面化学改性。表面化学改性是指通过化学方法在膜表面引入以化学键结合的基团和侧链。常用的膜表面化学改性方法有表面化学反应、光催化反应、等离子体、射线辐照等。疏水性 PVDF 膜的亲水化改性是当前膜分离技术研究的热点之一。

在疏水性微孔膜表面引入羟基、氨基、羧基、磺酸基等基团，可实现疏水膜的永久改性，提高膜的水通量和抗污染能力。例如，利用化学引发原子自由基聚合的方法，可获得具有抗污染性能的电解质响应 PVDF 膜，这种改性 PVDF 膜表面具有很强的亲水性，接触角可降至 14.7°。

在膜表面引入糖、磷脂、氨基酸残基等，可以提高膜的生物相容性。有研究发现，将甲壳素（CS）接枝到聚己二酸丁二醇酯/对苯二甲酸丁二醇酯（PBAT）膜表面，再用共价法固定化肝素（HEP）或透明质酸（HA）后，可延长血液凝固时间，且不存在细胞毒性，由此提高膜的血液相容性。

较之表面涂覆物理改性，表面化学改性的特点是改性后膜性能稳定持久，但化学改性可能会导致高分子链的破坏和材料强度等性能的下降。

（3）共混复合改性。共混复合改性法操作简单，是目前改善膜性能的重要方法。通过选择合适的改性组分与膜原料进行共混和制膜，能够在保持原有膜材料良好机械与化学性能的基础上，又具备第二组分的特性，使膜的综合性能得到提高。

例如，通过合成一定磺化度的磺化聚砜（SPSF），对聚砜（PSF）膜材料进行共混改性，所得改性中空纤维膜组件可成功用于造纸废水的处理。有研究利用共混改性法将纳米 TiO_2 颗粒加入铸膜液，制备改性 PVDF 中空纤维复合膜，与未改性膜相比，改性膜表面平滑，粗糙度明显降低，膜表面具有抑菌和光催化降解活性。有研究采用多巴胺（DA）自聚合原理生成聚多巴胺（PDA），通过 PDA 对 PVDF 中空纤维膜进行共混改性，制得 PVDF/PDA 共混膜，结果表明，加入 PDA 后共混膜的抗污能力有很大提高，未改性 PVDF 膜的一次和二次通量恢复率仅为 68.5% 和 56.4%，而改性 PVDF/PDA 共混膜通量恢复率均在 90% 以上。

共混复合改性方法存在的主要问题是，改性成分加入后对膜结构的影响，以及使用过程中改性成分的稳定性问题。

（4）多层复合改性。单纯的表面物理涂覆改性处理或表面化学改性处理，所形成的改性层很薄，厚度可能仅为分子级，这种结构不具备分离功能。当改性层具有一定厚度且具有一定选择性分离功能时，就成了多层结构复合膜。多层结构复合膜一般是通过在多孔膜上复合更薄相对致密皮层的方法制备的。

例如，有研究以过硫酸铵（APS）为交联引发剂，引发 PVA 自交联，并复合在 PAN 超滤膜表面，在 PAN 超滤膜上形成一层厚度为 $10\mu m$ 的致密分离层，形成 PAN/PVA 渗透汽化复合膜。日本 Nitro Denko 公司的 LF-10 系列低压抗污染反渗透膜，是在传统的芳香族聚酰胺膜表面复合上一层 PVA 制备的，这样既消除了膜表面的负电性，又提高了膜的亲水性和耐氯性，从而大大提高了膜的抗污染性能。

复合膜在纳滤膜中也占据着重要的地位，目前大部分的商业化纳滤膜均采用了复合膜的形式，如 NF 系列、NTR 系列、UTC 系列、MPF 系列、ATF 系列、MPT 系列等。

由多层复合改性方法制备的中空纤维复合膜也存在皮层与基膜之间界面结合强度的问题，有时要在涂覆前对中空纤维基膜进行一定的处理。而且在制备复合膜时，也要求考虑避免涂覆液与后处理过程影响中空纤维基膜的化学和结构的稳定性问题。

三、中空纤维膜的应用

中空纤维膜主要用于膜分离过程。按其工作机理，可分为压力驱动中空纤维膜分离过程和浓度差驱动中空纤维膜分离过程两大类；按其应用领域，可分为水处理、生物分离、气体的净化等。

1. 水处理

（1）污水处理。中空纤维膜由于比表面积大，膜组件的装填密度高，工艺简单，生产成本一般低于其他类型的膜，且由于没有支撑层，故可以反向清洗。因此常用于大规模的水处理工程中。尤其是将聚偏氟乙烯（PVDF）中空纤维膜与连续膜过滤技术（CMF）、膜生物反应器（MBR）或双向流（TWF）新型技术结合，用于城市生活污水处理及工业废水处理等领域，具有极大的优势。国家海洋局自主研发的 NF 膜处理电镀废水技术已在广东普润环保科技有限公司通过中试。实验表明，运用这一技术处理电镀废水能够直接回用六价铬离子，不产生含铬污泥，实现了电镀废水零排放。

（2）海水淡化。海水淡化作为解决水资源危机的重要途径，海水淡化技术正日益显示出独特的优势和良好的前景。当前，许多国家都在大力推进海水淡化技术的应用与推广，建设海水淡化基地。用于海水淡化处理的中空纤维膜主要是中空纤维反渗透（RO）膜。反渗透（RO）膜是致密膜（多为致密的皮层），可以截留小分子有机物和离子，其分离机理主要是溶解扩散，运动时的压力往往在 1.0MPa 以上。在海水淡化用 RO 膜中，最成功的商品是日本东洋纺的 TCA 中空纤维 RO 膜 "Hollowsep"，其在 2012 年 5 月开始运行的沙特合资企业中已实现满负荷生产，2013 年在日本三口县的岩国功能膜工厂又追加 50% 的产能。我国在海水淡化领域也主要是采用 RO 膜，从我国已建成投产的 85 套海水淡化装备所采用的方法看，反渗透和低温多效蒸馏是海水淡化工程中应用最多的方法，其中反渗透法 72 套，低温多效蒸馏法 9 套，多级闪蒸蒸馏法 1 套，其他海水淡化方法 3 套。

将中空纤维超滤（UF）膜与中空纤维反渗透（RO）膜结合使用，是膜技术进行海水淡化的发展趋势。采用双膜法进行海水淡化，即用连续膜过滤技术替代传统的絮凝、机械过滤、精滤工艺作为反渗透的预处理系统，大大减少了设备占地面积，产水水质高并且水质稳定，可以延长反渗透系统的使用寿命，且系统自动化控制程度高，可以降低劳动强度和劳动成本并降低运行费用，是新一代的 RO 预处理系统。

美国 Basf 通过所收购的德国 Inge 公司，在大连石化联合企业将 UF 膜解决方案用于反渗透膜处理设施的前处理过程，在阿联酋的阿布扎比也将其 UF 膜解决方案应用于当地钢铁厂的海水淡化装置。灵山岛 300m³/d 反渗透海水淡化工程选用国产中空纤维 UF 膜，采用"自清洗过滤＋超滤＋保安过滤"组合技术作为反渗透单元的预处理工艺，回收率在 90% 以上，并可以在较长时间内维持较高的膜通量。

2. 生物分离

（1）生物制备。中空纤维膜可被用于生物产品制备过程中的分离加工，可进行油脂提炼、高级饮料用水处理、低度酒的澄清处理、酒类和果汁的澄清、蛋白提取分离、蛋白浓缩、酶制品精制。中空纤维超滤（UF）膜是生物制备过程中常用的膜结构。UF 膜也是微孔膜，多为具有皮层结构的非对称膜。相对于微滤膜，UF 膜的等效孔径（一般在 2.0 ~ 100nm）和膜通量都较小，截留物的尺寸更小，这种结构可截留大分子、胶体甚至是病毒等物质。因此，UF 膜非常适于水或其他液体物质的分离。分离过程中，胶体大分子、细菌、病毒等物质不能透过膜，而水等溶剂和小分子溶质则可以透过。

目前，生物制备过程常用的膜材料一般为醋酸纤维素膜和聚砜膜。

（2）医药医疗。中空纤维膜在医药医疗领域有着巨大市场，可用于血液透析、血液净化、肝腹水的超滤浓缩回输等辅助治疗。血液过滤是中空纤维分离膜应用的主要领域之一，此类应用的膜材料多为聚砜和聚丙烯腈。

中空纤维透析膜是中空纤维膜在医药领域的重要产品。透析是指溶质在自身浓度梯度作用下从膜的一侧传向另一侧的过程，该过程是典型的浓度差驱动中空纤维膜分离过程。此类膜分离过程中，物质透过膜的动力为膜两侧组分的浓度差，分离机理为溶解扩散。由于组分分子大小及溶解度不同，使得不同组分的扩散速度不同，从而实现分离的目的。中空纤维透析膜主要用于血液透析、酶和辅酶等生物制品的脱盐、纸浆中碱液的回收等。

中空纤维血液透析器是应用最早的医用产品，用于肾衰竭患者从血液中清除代谢废物，如尿素、肌苷酸等。东丽公司采用聚甲基丙烯酸甲酯（PMMA）中空纤维透析膜制备人工肾，可通过透过和吸附双功能除去尿毒素，并可抑制血小板等附着于膜表面而发生血小板凝聚反应。中国科学院宁波材料技术与工程研究所高分子事业部研发出生物基聚合物中空纤维血液透析膜，该膜材料具有良好的血液透析性能、生物相容性及可控降解性能，有望用于血液透析领域，替代传统的石油基聚合透析膜材料。

3. 气体的净化　近年来，膜法提氢、膜法富氧、膜法富氮等技术已成功实施工业化应用，且已经从原先的废旧资源回收发展到环境保护及净化领域，气体膜分离技术得到了飞跃的发展。以聚酰亚胺中空纤维膜以及不同材料涂层的聚砜中空纤维复合膜为代表，在气体分离领域中的应用已日渐成熟。

用于气体分离的高分子中空纤维膜，主要是具有皮层结构的非对称膜和非均质膜。这种结构可以减小气体在膜中扩散的距离，提高通量，但是有时会降低分离效率。皮层高分子材料主要有硅橡胶、聚酰亚胺等。

中科院大连化学物理研究所膜技术研究组与马来西亚石油公司共同研发的用于天然气脱除 CO 的中空纤维膜接触器中试分离系统研制成功。此系统设计压力 6.6MPa，运行压力 5.7MPa，可用于天然气处理、沼气净化和烟道气中 CO 捕集等。另外，该所开发的 PSF 中空纤维复合膜，主要用在从合成氨尾气中回收氨。

日本东洋纺公司开发的 TCA 中空纤维膜气体分离器，用于分离天然气中的氦气、混合气体中的氢气及从空气中富集氧。

四、中空纤维膜的发展展望

随着我国材料科学与技术的高速发展，各类中空纤维技术已得到快速发展，因此，在开发中空纤维膜的技术上不存在太大困难。该技术设备投资低，符合节能减排的发展要求，因此具有良好的发展前景。

在膜的制备方面我们还有极大的提升空间。如何制备微孔结构优化的中空纤维膜是当前膜材料领域的研究热点，但无论是 MSCS 法、TIPS 法还是溶液纺丝法，均存在许多有待改进的地方。例如，如何避免 TIPS 法所得纤维膜形成致密皮层，并优化其萃洗工艺过程，以及如何将 MSCS 法与 TIPS 法相结合制备中空纤维膜，如何提高溶液纺丝法所得中空纤维膜的强度，如何减少溶液纺丝制膜过程对环境的污染等。

因为中空纤维膜具有比表面积大、产量高等优点，所以其在水处理、化工生产、气体分离等方面具有广阔的应用前景。今后，中空纤维膜尚需向着膜材料的耐污染性、强抗氧化性、广阔的适应领域、大孔径、亲水性、膜及组件的多样性、大型化、高效化的方向发展。

第二节　活性碳纤维（ACF）

活性碳纤维（activated carbon fiber，ACF）是有机纤维经高温炭化活化制备而成的一种多孔性纤维状吸附材料，是随着碳纤维工业发展而开发的新一代多孔吸附材料。

ACF 是继传统粉状碳吸附材料、粒状活性炭之后的第三代高性能吸附材料。鉴于活性炭（AC）在吸附能力、吸附速度方面存在着诸多不足之处，特别是在工程应用中，传统 AC 在吸附层中会出现松动和沟槽，有时又会出现吸附层的过分致密，从而导致流体阻力增大，影响正常操作。为此人们开始探索用有机纤维为原料制备吸附材料。ACF 与传统的 AC 相比，具有许多优异的性能，是吸附能力更强的吸附剂，具有广阔的发展前景。

自从 1974 年日本东洋纺公司最早在世界上将黏胶基 ACF 商品化以来，引起世界各国的高度重视。我国自 20 世纪 80 年代以来也开展了对 ACF 的研究，到 1990 年末开始进入工业化生产时期。

近年来，我国的 ACF 的工业化生产得到了大力的发展，许多大型的 ACF 生产企业陆续建立起来。辽宁省鞍山市 ACF 公司是中国第一个实现连续化生产聚丙烯基/黏胶基 ACF 毡布的专业厂家；2001 年在内蒙古锡林浩特建立了超越 ACF 公司，该公司的聚丙烯腈基和黏胶基 ACF 的连续化生产装置是国内最先进的，其产品质量处于国内领先、国际先进水平，生产能力为 10~15 吨/年。秦皇岛市紫川碳纤维有限公司主要以黏胶基纤维为主要原料，经特殊的化学、物理工艺加工处理而制得一系列 ACF 毡，该公司是国内 ACF 生产规模较大，技术力量雄厚，工艺设备先进，产品质量稳定的专业化企业之一。另外，天津市静海县远大工贸有限公司是专业生产和销售水净化器材和空气净化器材的专业厂家，生产的 ACF 滤芯具有高度发达的微孔结构，吸附容量大，吸附速度快，净化效果好，并且能够吸附粒状活性炭（GAC）所不能吸附的物质，如甲醛、氨水、硫化氢等。

一、ACF 的结构

ACF 具有作为吸附材料的优良的结构特征，像其他吸附材料一样，ACF 也含有大量的微孔，这使得其具有较大的比表面积，一般可达到 $750~2000 m^2/g$。

重要的是 ACF 的微孔结构具有鲜明的特点。在 ACF 中，微孔的孔径小且分布窄。ACF 的孔结构不像颗粒状活性炭那样有微孔、过渡孔和大孔之分，ACF 中只有微孔，是一种典型的微孔炭。这种微孔结构赋予 ACF 优良的吸附性能。

二、ACF 的性能

1. 吸附性能　ACF 的吸附能力强，对各种有机和无机气体以及水溶液中的有机物和贵重金属离子等具有较大的吸附量和较快的吸附速度。ACF 对微生物也有良好的吸附能力，例如，对大肠杆菌和金黄色葡萄球菌的吸附率可达 99% 以上。ACF 不仅对高浓度吸附质的吸附能力明显，对低浓度吸附质的吸附能力也特别优异，例如，当甲苯气体含量低到 $1 \times 10^{-5} g/m^3$ 以下时，ACF 还能对其吸附，而粒状活性炭（GAC）必须当甲苯气体含量高于 $1 \times 10^{-4} g/m^3$ 时方能吸附。

ACF 的吸附容量较大。3～4mm 厚的 ACF 床层可以与 20～100mm 厚的颗粒活性炭取得相似的效果。

ACF 的吸附速度很快，其对气体的吸附在数十秒至数分钟即可达平衡，对液体的吸附也仅需几十分钟就达到平衡。例如，ACF 吸附碘时只需几秒便达平衡，而 GAC 则需 $10^4 \sim 10^5$ s 才行。ACF 的解吸速度也快，一般 1～2min 便可完成解吸。在一定温度和时间下，ACF 可完全解吸，而颗粒活性炭即使在高温下进行解吸也常常残留少量的被吸附物质，再生性能不佳。相比之下，ACF 的再生脱附容易。

2. 氧化还原性能　有研究认为，ACF 表面有许多含氧官能团，其不仅可以作为还原剂，也可成为氧化剂，这取决于所用体系的电位高低。ACF 可将高价金属离子还原为低价态。利用 ACF 制成的新型氧化电极，能改善电解和降解效率。

3. 催化特性　ACF 具有气相氧化和催化还原的功能。ACF 负载铂金属等可使丙酮生成异丙醇的转化率高达 100%。负载 Pd 的 ACF 在 300℃ 以上的催化温度下对 CO/NO 混合气体有很高的催化转化率，在合适条件下可将 CO/NO 混合气体完全转化为 N_2 和 CO_2，转化率达到 100%。

4. 良好的加工性能　与普通活性炭材料一样，ACF 也具有良好的化学稳定性，耐热，耐酸碱。但与传统的粒状或粉状活性炭相比，ACF 还具有很好的加工性能，可根据需要加工成毡、布、网和片等各种形态，能纺成纱线，为工程应用和设备简化带来了很大便利。

三、ACF 的制备

最早，人们曾尝试用传统的粒状或粉状活性炭黏附在有机纤维上，制造活性炭纤维，但终因性能不佳而未能得到发展。到了 20 世纪 60 年代初，人们在研究高性能碳纤维的同时，才研究开发出具有独特化学结构、物理结构、优异吸附性能的 ACF。

1. 生产工艺流程　ACF 生产工艺流程一般都要经过预处理、炭化和活化三个阶段。

（1）预处理。不同原料和目的决定不同的预处理方法。

（2）炭化。炭化过程是用热分解反应排除原料纤维中可挥发的非碳组分，富集碳元素，用热缩聚反应使富集的碳原子重新排列成石墨微晶结构，最终形成碳纤维。炭化过程的主要影响因素有炭化温度、升温速度、炭化时间和纤维张力的控制等。

（3）活化。活化方法有物理活化法与化学活化法两种，常用的活化剂有水蒸气、氨与水蒸气的混合物、二氧化碳等。活化反应是 ACF 形成发达的微孔结构和比表面积的重要工艺过程，活化的方法不同，会生成表面含氧基和表面酸碱性不同的产物。ACF 的活化过程较为复杂，但其基本作用是使 ACF 生成丰富微孔和高比表面积及形成含氧官能团。影响 ACF 活化工艺的因素主要有四个，即活化剂种类、活化剂浓度、活化温度、活化时间，合理控制这些因素关系到 ACF 产品的结构与性能。工业上使用的活化剂主要为水蒸气。研究表明，活化温度上升，活化剂浓度增加或活化时间延长，所得 ACF 的表面积增大，吸附量增加，但活化得率下降。

2. 原料选择 生产 ACF 可用多种原料，原料不同，其生产工艺路线略有不同。PAN 基 ACF 最显著的特点是结构中含有氮，对硫系或氯系化合物有着相当高的吸附性能，这是其他原料所无法比拟的。其他原料生产的 ACF，为使其含氮还需另外进行氮化或氨化处理。沥青基 ACF 的最大优点是原料便宜，炭化得率高。酚醛基不经预氧化处理就可直接进行炭化活化，工艺简单，易制得大比表面积 ACF。黏胶基的价格低廉，但炭化得率低，工艺复杂，并且所得 ACF 的强度较低。聚丙烯腈、沥青等原料纤维经过预氧化处理，可使纤维形成梯形高聚物，保证纤维不熔化，在炭化过程中能保持纤维的形状。对于黏胶基 ACF 的生产，要用无机盐溶液做浸渍预处理，其目的是提高原料纤维的热氧稳定性和控制活化反应，达到改善 ACF 的结构与性能，提高产品得率的目的。

从实用角度出发，ACF 毡、布和纸是其应用的主要制品形态，它们不经任何加工就可直接使用。普通的 ACF 直径小、强力低、断裂伸长率小，可纺可织性差。因此，由 ACF 织制布或毡等，不论是从工艺角度还是从经济角度来看都不尽合理。所以，由 PAN 纤维制得的 ACF 通常都是预先制成布或毡之后再进行炭化活化的。沥青基 ACF 脆，柔软性差，更不易加工成布或毡，因此，制得的 ACF 需深加工。对于 PAN 长丝制得的 ACF 长丝，可与热塑性纤维等经过各种排列组合制成所需的吸附材料，可与离子交换纤维等共混制成具有吸附和交换性能的多功能材料。

3. ACF 的再生方法 ACF 的再生一直是影响其普遍使用的一个关键问题。目前，国内针对 ACF 的有效再生方法报道不多，主要还是采用活性炭再生的方法来再生 ACF。常用的活性炭再生方法主要有加热再生和药剂再生两类，其中加热再生包括加热脱附、高温加热再生和炭化再生；药剂再生包括无机药剂再生、有机药剂再生、生物再生、湿式氧化分解和电解氧化等。在这些再生的方法中，加热再生是普遍使用的方法，此技术目前比较成熟，但再生成本太高。药剂再生容易产生二次污染。也有研究表明超声波也是 ACF 再生的有效手段。

四、ACF 的应用

活性碳纤维作为一种新型材料，在气相、液相、催化剂等范畴具有广泛的应用。对于保护生态环境，合理利用资源，促进社会科学发展有着重要的作用。

1. 气体分离

（1）空气净化。随着空气污染的日益加剧及建筑装修综合疾病的增多，人们对居住环境的空气质量越来越关注。室内空气污染物一般浓度低、成分复杂，难以用一般的吸附材料清除。

有研究对活性碳纤维净化材料的净化效果作了分析，结果显示活性碳纤维空气净化材料对空气中的尘埃颗粒、异味和空气细菌有明显的吸附作用。利用活性碳纤维的可加工性，可制成室内空气净化装置，如空气净化器的过滤器、空调通道的过滤器，还可制成汽车内空气滤清器等。

（2）有机废气处理。在染料、医药、炼油以及许多石油化工产品的生产、储运、使用过程中都会产生大量的有机废气。苯、甲苯、二甲苯可严重损害人体的造血机能。多种有机废气也是产生光化学烟雾的主要原因。因此，有机废气的回收、净化处理值得人们高度重视。另外，从资源的综合利用角度和提高企业经济效益方面也要求能够高品质地回收废气中的有机物。

与其他各种有机废气处理技术比较，有机废气的活性碳纤维回收技术具有一定的优越性，且已经在印刷化工行业有了成功应用，推广应用活性碳纤维有机废气回收技术将创造出巨大的经济、社会效益。通过对活性碳纤维对甲苯废气的吸附及再生效果的研究，结果表明，经处理后的甲苯废气可以达标排放，吸附饱和后的ACF用热的水蒸气再生效果良好。

（3）汽车尾气处理。全国大城市汽车尾气的污染日益严重，NO_x已成为城市空气中的首要污染物。因此，如何有效地降低NO_x的排放是环保中的一项重要课题。

分别用聚丙烯腈基和黏胶基活性碳纤维作为吸附材料和还原剂处理NO_x，试验结果表明，ACF对NO_x具有良好的脱除效果。此外，活性碳纤维还可以催化氧化还原汽车混合尾气，将碳氢化合物、CO转化为CO_2，实现了对汽车尾气的净化。

（4）果蔬保鲜。果蔬在储藏和运输过程中，由于自身新陈代谢所释放出的乙烯气体的逐步积累会导致失鲜、变质。为防止果蔬失鲜、变质，可以将ACF制成毡、纸或作为包封材料置于储存室内，吸附释放出的乙烯气体，维持果蔬的新陈代谢从而达到保鲜目的。使用ACF的优点是不会粉化而污染果蔬，且体积小，不会增加运输负担。

（5）气体储存。高性能气体储存材料的开发与研究正处于一个非常活跃和高速发展的时期，活性碳纤维具有相当大的比表面积，孔径分布集中，可用于氢气、甲烷等气体的储存。

2. 液体分离

（1）印染废水处理。印染废水是指染整加工各工序所排放的废水混合而成的混合废水，是我国目前主要的难处理工业废水之一。印染废水主要包括前处理阶段排放的退浆、煮练、漂白、丝光废水，染色阶段排放的染色废水，印花阶段排放的印花废水和皂洗废水，整理阶段排放的整理废水。印染废水的主要特征为组分复杂，有机物浓度高，色度深，难生物降解物质多，且排放量大。

在印染废水处理方法中，吸附法作为传统方法具有一定优势，该方法的研究重点在于开发新型吸附剂以替代传统的活性炭吸附剂。有研究比较了ACF对不同种类的水溶性染料的吸附能力，结果显示，ACF适用于印染废水的高级处理，将其制成毡、布、纤维状用于印染废水处理可解决传统方法难以处理的色素，且ACF的生物再生成本低，因而经济效益显著，具有广阔的应用前景。

（2）轻工产品的脱色、分离与精制。在制糖生产过程中，将ACF制成毡状装入过滤器中可对糖液直接进行过滤脱色。与粉状或粒状活性碳相比，可缩短脱色处理时间，同时能保证脱色质量。

在味精的生产过程中，采用 ACF 作为吸附剂可脱色、除铁及除胶体同步进行，从而可节省操作和设备投资费用。

对低度白酒除浊，采用 ACF 可缩短操作周期，能保证除浊效果，并克服使用粉末状活性炭处理后留有炭臭的问题。

（3）水质净化。ACF 可有效地吸附水厂出水中的残留氯及其与有机物反应的生成物，并能除去霉臭、藻臭和铁锈等有害物质。利用 ACF 的这一性能可为食品工业提供特殊用水，如酒厂、饮料厂、矿泉水厂的用水。用 ACF 净化水的优点是较粒状活性炭吸附效率高，且不会粉化造成二次污染。

（4）催化剂。活性碳纤维由于具有很大的比表面积，因而具有较大的催化活性，本身可用作有机合成催化剂或作为催化剂载体。有人采用浸渍法研制了系列钯负载活性碳纤维，并研究了它们对 NO 的分解性能，实验结果表明，负载钯活性碳纤维在 300℃ 以上能催化 NO 的分解。

3. 高技术领域的吸附

（1）贵金属、稀有金属回收。活性碳纤维吸附提取贵金属具有选择性高、其他金属离子影响小、环境污染小、能够吸附低浓度的金银离子等优点，具有广泛的应用前景。曾汉民等在 20 世纪 80 年代首先发现了活性碳纤维的氧化还原特性，开拓了活性碳纤维在提取贵金属方面的应用。

（2）防护用品。用活性碳纤维毡作为夹层可制成防化口罩和防毒面具。活性碳纤维与亚微米级玻璃纤维层的复合材料可取代现有防毒面具中的高效空气净化器（HEPA）过滤器和颗粒活性碳，大幅度降低气流阻力，并将过滤和吸附集于一体。活性碳纤维与其他材料复合还可制成化学防护服。

活性碳纤维可制成一般脱臭剂用于冷库、冰箱、鞋等除臭，代替颗粒状活性碳；还可制成餐巾纸、纸尿布等日常用品。用活性碳纤维亦可制成工业、农业用简易面罩等劳保用品。

（3）医药及医疗材料。活性碳纤维在医疗方面也有应用。采用活性碳纤维的机织物或非织造布制成的血液净化装置去除血液中的由细胞及蛋白质组成的微小血栓可取得良好的效果。

有研究利用纳米银与活性碳纤维的结合研制了抗菌材料并申请专利。也有人探索在活性碳纤维中加入一定的杀毒灭菌物质，以用作主动防护功能口罩。

（4）电极材料。活性碳纤维用作电极材料，其较集中的中孔洞和较小的孔洞可以用来存储电荷。同时，活性碳纤维具有强吸脱能力和相当大的比表面积，很适合用作电双层电容器（EDLC）的电极材料。

（5）电子器材。随着现代科学技术尤其是电子工业技术的高速发展，电磁波辐射已成为继噪声污染、大气污染、水污染、固体废物污染之后的又一大公害。为了实现对电磁波的防护，吸波材料的研究得到迅速发展。

目前，由碳纤维制成的吸波材料已在隐形飞机和隐身兵器中得到广泛应用。碳纤维经活化处理后，对电磁波的多次反射损耗增大。有人研究了长度为 1～2mm 的活性碳纤维的介电特性，并设计了活性碳纤维/树脂复合吸波材料，研究发现，介电常数的实部和虚部均随复合材料中活性碳纤维质量百分含量的升高而增大，具有频响效应。

五、ACF 的发展展望

活性碳纤维在吸附分离领域已显示出其独特的性能，在印染废水处理、空气净化、电子电极材料等诸多领域具有广阔的发展前景。研究开发高性能活性碳纤维，并在保证质量和性能的同时，降低生产成本，提高经济效益，是今后努力的方向。在通常的用途中，ACF 平均单位吸附能力的制造成本比粒状活性炭（GAC）及粉状活性炭要高得多，在工业化应用中存在一定的限制性。因而今后的研究课题将进一步开发降低生产成本的技术和进一步研究开发有效利用 ACF 的这些特征的技术，使 ACF 处理技术更好的应用于实际处理工程中。

由于 ACF 的优良性能，各国厂商都争先研究生产，目前，只有日本和我国具有大规模生产设备（10～20 吨/年）。国际市场上几乎由日本产品独占，他们多是制成成品出售，小到口罩、鞋垫、冰箱除臭器，大到溶剂回收装置和成套环保产品。因此可以说，ACF 的市场应用前景是非常广阔的。国内对 ACF 的应用也进行了很多研究，但大规模工业应用还受一定的限制。国内市场竞争主要是价格竞争、质量竞争、服务和营销竞争，生产厂商在保证产品质量和性能的同时，应尽量降低成本。科研院所应不断开发 ACF 的应用领域，新型 ACF 原料的选择、制作、炭化、活化、表面处理等过程都会影响 ACF 的结构与功能，如果能够将有机合成、纺丝、炭化学、表面化学、催化剂等化学原理充分应用于 ACF 的开发过程中，并结合化工单元过程技术，将会有力地推动 ACF 的应用。

第三节　离子交换纤维

离子交换纤维（ion exchange fiber，IEF）是一种纤维状吸附与分离材料，其本身含有固定离子以及和固定离子符号相反的活动离子，当与能解离化合物的溶液接触时，活动离子即可与溶液中相同符号的离子进行交换。作为功能高分子材料，具有独特的化学及物理吸附和分离功能，在环境保护、资源回收再生、医药、化工、冶金等方面都有广阔的应用前景。

IEF 的研究始于 20 世纪 50 年代，其发展已有几十年的历史。由于它具有以上特点，近年来引起了人们的广泛关注并得到了很大的发展，尤其是近 20 年来发展很快，发表的文章、专利很多。目前，国际上以白俄罗斯、俄罗斯、日本等国较成熟，已有相关产品面市。我国在该领域的研究单位包括郑州大学、天津工业大学、北京理工大学、中山大学、北京服装学院等，一些单位已有研制品或批量工业制品。

一、离子交换纤维的分类

IEF 可分为五类，即强酸性阳离子交换纤维、弱酸性阳离子交换纤维、强碱性阴离子交换纤维、弱碱性阴离子交换纤维和两性离子交换纤维，广义上的 IEF 还包括螯合纤维。其中，阳离子型 IEF 在纤维骨架上带有磺酸基、羧酸基、磷酸基、氨基等可离解基团，能与阳离子或阴离子进行交换；阴离子型 IEF 则带有含不同配位原子的功能基团，能和金属阳离子形成螯合物，因此对离子的吸附具有较高的选择性。

二、离子交换纤维的特点

IEF 与颗粒状离子交换剂相比有以下特点：

（1）几何外形不同，一般颗粒状的直径为 0.3 ~ 1.2mm，而纤维状的直径一般为 10 ~ 50μm，近几年已开发出了直径小于 1μm 的纤维，因此纤维的传质距离短，通水阻力小。

（2）具有较大的比表面积，吸附效率高，可以深度净化、吸附微量物质，可吸附、分离有机大分子化合物。

（3）可以多种形式应用，如纤维、织物、非织造布、毡、网等，因此可用于各种方式的离子交换过程。

（4）交换与洗脱速度均较快，具有明显的动力学优势，易于再生，再生速度快，循环使用次数多，使用中纤维损耗低。

三、离子交换纤维的制备

离子交换纤维的制备主要是以合成纤维为基体经接枝聚合及大分子化学转换法实现的，作为基体的合成纤维主要有聚烯烃、聚丙烯腈、聚乙烯醇、聚氯乙烯、氯乙烯—丙烯腈共聚物等纤维，也有采用聚合物共混纺丝后再功能化的。

1. 化学转换法

（1）以聚乙烯醇纤维为基体。以聚乙烯醇纤维为基体可通过化学转换法制备强酸性阳离子交换纤维和强碱性阴离子交换纤维。通过将聚乙烯醇纤维进行氯代乙缩醛反应，使缩醛度达 47% ~ 50%；再用硫化钠使纤维大分子交联，再进一步与亚硫酸钠反应，便制得强酸性阳离子交换纤维。若用经缩醛化并交联的纤维和叔胺反应，则可制得强碱性阴离子交换纤维。

以聚乙烯醇纤维为基体也可先经过半炭化反应，使大分子上的羟基进行部分脱水反应，然后再与浓硫酸反应制得强酸性阳离子交换纤维。而半炭化的纤维和环氧氯丙烷反应，再与叔胺反应，可制得强碱性阴离子交换纤维。

（2）以聚丙烯腈纤维为基体。聚丙烯腈纤维分子中主要含氰基，也含少量羧基、酯基，以其为基体也可用化学转换法制取离子交换纤维。以二乙烯三胺或硫酸肼为交联剂，经水解反应可制得弱酸性阳离子交换纤维，交换量可达 3 ~ 7mmol/g，也可调整反应条件制备同时含羧基和氨基的阴、阳两性离子交换纤维。

（3）以聚氯乙烯纤维为基体。以聚氯乙烯纤维为基体经磺化反应可制得强、弱酸性混合阳离子交换纤维，磺化剂可用浓硫酸、氯磺酸或发烟硫酸，总交换容量可达 7mmol/g。以聚氯乙烯纤维为基体还可制备弱碱性阴离子交换纤维，是以二乙烯三胺为胺化剂，在一定催化剂作用下，可制得交换容量为 4～6mmol/g 的弱碱性阴离子交换纤维。

2. 接枝单体法　以聚烯烃、聚乙烯醇、聚氯乙烯或聚己内酰胺纤维等为基体经接枝聚合反应可制备离子交换纤维，接枝方法为辐射接枝或化学接枝。如以聚烯烃纤维为基体，用辐射接枝苯乙烯再经磺化或氯甲基化、胺化反应制备阳离子或阴离子交换纤维。聚烯烃纤维接枝丙烯酸可制备弱酸性阳离子交换纤维，也可采用化学引发法接枝苯乙烯再功能化制备阳、阴离子交换纤维。

3. 混合成纤法　将离子交换剂分散到形成纤维的纺丝液中可制备离子交换纤维。将两种聚合物混合成纤也是制备离子交换纤维的方法之一。如聚乙烯（或聚丙烯）—聚苯乙烯复合纤维，就是以聚乙烯为岛成分，以聚苯乙烯为海成分，成纤后再将聚苯乙烯交联，功能化后形成阴离子或阳离子交换纤维。

四、离子交换纤维的应用

离子交换纤维的主要功能包括离子交换、吸附、脱水、催化、脱色等，其应用十分广泛，涉及水的软化和脱盐、填充床电渗析、废水处理、气体净化等化工、轻工、食品、医药、生化多个领域。

1. 水处理

（1）软化与脱盐。离子交换材料（包括树脂和膜）的 50%～80% 用于水的处理。纤维状离子交换剂是一种新材料，它的交换速度为树脂的 10～100 倍，当处理量相同时，其充填量较少，从而使装置更紧凑小巧。此外，离子交换纤维对蛋白质等有机大分子、菌体和氧化铁等微粒的吸附能力优于树脂，净化彻底，因此处理后水质良好。国外一些公司已将离子交换纤维和反渗透膜或超滤膜组合成小型超纯水制造装置，用于电子行业超纯水的制备，并正在进行冷凝水及锅炉水的净化。可以预计，今后水处理设备中离子交换纤维的应用将更广泛。

（2）去离子化。填充床电渗析是水去离子化的重要方式。填充床电渗析又称电去离子（EDI）或连续去离子（CDI）。电渗析过程中，随着水中含盐量的减少，电导率降低，极化现象出现，但耗电而水质不提高。当在淡室中填充离子交换材料时，淡室的电导值增加，电流效率和极限电流密度提高，从而加速了离子迁移速度，使水被高度纯化。在淡室进水电阻率相同的情况下，填充纤维比填充树脂的效果好，其出水电阻率可提高一个数量级。

目前，用含离子交换纤维的非织造布电去离子设备制纯水，水的电阻率可达 $18M\Omega \cdot cm$。电去离子法和普通电渗析（ED）结合使用可处理核工业中的低浓度放射性废水，总效率可达 99% 以上。

（3）净化工业废水。离子交换法是治理工业废水的重要方法之一，其特点是净化彻底，可深度净化。用离子交换法进行含微量金属离子的废水处理，可彰显离子交换纤维的吸附分离特性。

例如，用弱酸性阳离子交换纤维净化工业废水中的微量铜，当 pH 为 3～4 时，纤维对铜的交换容量可达 120～130mg/g，交换 30min 后可达平衡，而用相同基团的树脂，交换容量仅为 60～65mg/g，平衡时间则需 8h。强酸性阳离子交换纤维还可用于从黏胶纤维的生产废水中提取锌，而强碱性阴离子交换纤维可用于含铬废水的治理。

离子交换纤维还可用于处理矿坑水中的微量铀。各种含铀废水都可用离子交换纤维吸附净化，可消除放射性污染，也可回收铀。利用离子交换纤维对矿坑水（pH = 7.5）中的微量铀进行净化，离子交换纤维的穿透体积和饱和体积比离子交换树脂高几十倍。纤维与树脂对铀的吸附性能差别较大，可能是由于纤维纤度小，扩散通道短，交换基团能充分反应，比表面积大，因此吸附、解吸速度快。

离子交换纤维还可用于净化核反应堆废水。核反应堆排出冷凝液的过滤、脱盐、净化均可通过离子交换纤维进行，处理后铁离子的含量可由 15μg/L 降至 2～4μg/L，而钠离子的含量则由 0.15μg/L 降至 0.025～0.03μg/L。

除了各种含金属离子的废水外，离子交换纤维还可用于各种含酸性染料、活性染料、阳离子染料的废水的吸附和净化。

2. 气体净化　与颗粒状材料相比，离子交换纤维具有吸附、解吸速度快，物质分离时阻力小的优点。因此，用离子交换纤维做成的防毒面具，在与活性碳填料的防毒面具具有相同防护作用的条件下，呼吸阻力大大降低。而且，由于离子交换纤维可用普通方法再生，因此离子交换纤维防毒面具的吸附过滤器可多次重复使用。用这种材料制成的织物、非织造布等可用于吸附、收集气体中的有害物如 CO_2、HCl、NH_3、SO_2、H_2S、HF 等以及液体水凝胶。

例如，离子交换纤维对气体中的 HCl 有良好的吸附性能。用商品聚丙烯腈纤维为基体制备的弱酸性阳离子交换纤维（钠型）吸附气体中的 HCl，取 2g 纤维（交换容量为 7.5mmol/g）和 2g 树脂（交换容量为 8.4mmol/g）。纤维穿透需 100min，而树脂仅需 80min，完全穿透时纤维的平均交换容量为 9.11mmol/g，吸附率则达 121%，估计除化学吸附外，还存在一定量的物理吸附。树脂的平均交换容量为 8.27mmol/g，吸附率为 98%。据估算，每克纤维能吸附 HCl 208mg，而每克树脂只能吸附 HCl 189mg。

离子交换纤维对其他气体也有很好的吸附和净化作用。弱酸性阳离子离子交换纤维（氢型）对氨的吸附容量为 3.9mmol/g。空气中的 SO_2 可用离子交换纤维吸附净化，如用强碱性阴离子交换纤维（HCO_3^- 或 CO_3^{2-} 型）净化空气或废气中的 SO_2，当 SO_2 浓度为 200mg/m³ 时，纤维的吸附能力为 200～230mg/g。也可用弱酸性阳离子交换纤维（钠型）吸附空气中的 SO_2，吸附容量可达 3.13mmol/g。弱碱性阴离子交换纤维可用于吸附 HF，其比树脂吸附快，且能与 HF 形成络合物，因而吸附容量高。用不同品种的离子交换纤维可选择性地吸附 CO_2 或 H_2S，从而达到分离的目的。

因此，用离子交换纤维和二氧化锰等催化剂组合作为过滤器，可用于室内通风和空气净化，去除氨、硫化氢、氨等有害气体。此外，还可用于呼吸面具和防毒面具，具有比活性碳面具更低的阻力，且重量轻，结构简单。

3. 工业领域　离子交换纤维还可用于轻工、化工、冶金等工业领域的吸附分离过程，进行产品的制备与纯化等加工。

例如，离子交换纤维用聚乙烯纤维增强后制成毡状物，作为固体酸催化剂用于反应性蒸馏；离子交换纤维作为离子色谱固定相，与树脂柱的效率相当，但流通阻力只有它的1/10。

阴离子交换纤维用于糖的脱色，比一般同类的树脂容量低，但交换速度快14倍，由于色素的相对分子质量大，不能扩散入树脂内部，而纤维的扩散通道短，脱色性能好。

含弱酸、弱碱基团的两性离子交换纤维对氨基酸有较好的分离性能，在碱性介质中对组氨酸吸附性强，在酸性介质中对丙氨酸吸附性强，而在弱酸介质中对谷氨酸有较好的吸附作用。由此，可将离子交换纤维用于氨基酸的纯化。

用毛发酸水解制造胱氨酸过程中需要脱色，如用活性炭脱色，用量多、耗时长，且需加热，脱色不彻底；离子交换树脂法存在污染物易堵塞树脂孔隙、不易再生、寿命短等缺点；而使用离子交换纤维则能有效避免上述不足。

铅蓄电池正极放电过程受电极活性物质（PbO_2）微孔内氢离子的扩散所控制，将阳离子交换纤维与此物复合成型，可在放电过程中释放大量氢离子，从而提高放电容量。

离子交换纤维在金、银等贵金属的湿法冶炼领域有着广阔的应用前景，从矿渣浸提液、矿坑水等稀溶液中回收金属效果较好。以聚丙烯纤维为基体的离子交换纤维可用于吸附金，在其他金属氰化物离子存在的情况下，对金的选择性好，而强碱或含有胍基的离子交换纤维比对应的树脂要好。

稀土元素的分离回收与纯化一直是离子交换技术发挥重要作用的领域之一。例如，在分离钐—钕—镨混合物时，在流速相同的情况下，使用离子交换纤维可得到纯度为85%的钐氧化物，而用离子交换树脂其纯度不超过58%。

4. 医药卫生　在制药领域，用离子交换纤维对生物活性物质进行提取、分离、纯化等，一直较受关注。离子交换纤维填充的色谱法，分离效率高，可应用于生物活性物质的提取，如胰岛素和猪凝血酶的分离、纯化。再如，中药中的生物碱、黄酮等组分都可用离子交换纤维进行分离和浓缩。最近，离子交换纤维柱还被应用于提取具有降血糖、食疗保健作用的南瓜多糖。

五、离子交换纤维的发展展望

近些年来，离子交换纤维得到快速发展，成为独特性能和有发展前途的新型材料，被广泛地用于环保、医药、冶金等领域的研究中，在处理各种有害气体，吸附、富集和分离重金属离子以及处理农药废水等方面有很好的应用前景。

虽然许多类型的离子交换纤维具有良好的化学性能，也出现了以聚烯烃、聚丙烯腈为基体制备的系列产品，但是大多数研究都停留在实验阶段，其中除经济原因外，一个重要的因素是离子交换纤维的性能不能完全满足实际要求。提高离子交换纤维在中低湿度条件下的动态吸附性能，是决定它们能否真正应用于空气净化这一领域的挑战性任务之一。在处理溶液中的金属离子时，如何制得吸附功能基含量高、吸附量大、选择性好、对金属离子敏感性强的吸附纤维，也是当前急待解决的难题之一。另外，在保持优异化学性能的前提下，如何改善纤维的物理性能，尤其是机械强度，也是离子交换纤维的研究重点。总的来说，目前离子交换纤维研究仍然处于实验性阶段，距离大规模工业化应用有一定距离，在一定程度上制约了离子交换纤维的发展。有理由相信，随着天然纤维的合成、改性、交联及功能化研究的深入开展，新型离子交换纤维品种的日益增多，离子交换纤维将会成为用途广泛的新型分离材料。

第八章 智能纤维

智能纤维属于智能材料的范畴。智能纤维是一种能对特别刺激进行判别并按预定方式智能反应的纤维。它像其他智能材料一样，能够感知环境的变化或刺激（如机械、热、化学、光、湿度、电磁等），并能做出反应。而且它具有比普通纤维长径比大的特点，是一种一维智能材料，其力学性能比水凝胶等三维智能材料有较大的提高，能被加工成许多产品，如温敏纤维中的调温纤维（又称空调纤维）已经在许多户外产品上应用；形状记忆纤维制成了医疗器械如绷带、人造肌肉等。

智能纤维是一类新型功能纤维，在材料领域中具有重要的地位和独特的用途，有专家将智能纤维及其纺织品看成是纺织行业的未来，展望未来的一二十年，智能纤维将用于许多新产品，并将走向商业化。

第一节 概述

随着工业的发展和科技的进步，传统的纤维如天然纤维、再生纤维和合成纤维已经满足不了人类的需求，因此，越来越多的研究人员和企业将目光转向了一些高性能的多功能纤维上。同时，智能材料的发展也为智能纤维（smart fiber）和智能纺织品的开发奠定了基础。

所谓智能是生命体特有的属性，狭义的智能是指生命体的思维活动和思维能力；广义的智能则是指生命体对外界的刺激能做出反应的这一特性。就如蜥蜴的趋利避害是通过对外界环境的变化而相应改变自己皮肤的颜色来实现的。

智能材料是指对环境可感知、可响应并具有功能发现能力的新材料，即是一种通过系统协调材料内部的各种功能，并对诸如时间、地点和环境做出反应而发挥功能作用的材料。这一概念于 1989 年由日本学者高木俊宜教授首次提出，他是将信息科学融合于材料的构型和功能中而提出的一种材料新构思。随后，美国 R. E. Neunham 教授又提出了机敏材料（smart material）的概念。他将机敏材料分为了三类：被动型机敏材料，即各种单一功能材料或静态功能材料，仅能响应外界的变化；主动机敏材料，即机敏材料或双功能材料，或动态功能材料，它们能识别变化，经执行路线能诱发反馈回路，响应环境的变化；很机敏材料，即智能材料，其有感知、执行功能，并且响应环境的变化，从而改变特性参数。

一、智能材料结构的分类

智能材料是组成智能系统或智能材料结构的基础。智能材料结构分为被动控制式和主动控制式两类。

（1）被动控制式智能材料结构。该结构低级而简单，也称机敏结构（smart material structure），只传输传感器收到的信息，如应变、位移、光、温度、湿度、电场、磁场、压力和加速度等，结构与电子设备相互独立。

（2）主动控制式智能材料结构。这是一种智能化结构（intelligent material structure），具备先进而复杂的功能，能主动检测结构的静力、动力等特性，比较检测结果进行筛选，并确定适当的响应，控制不希望出现的动态特性。

二、智能材料的分类

智能材料品种繁多，其分类方法有多种。根据材料的来源和智能材料对外界的感知和响应进行分类如下。

1. 按材料的来源来分类

（1）智能金属材料。智能金属材料中最突出的是形状记忆合金，它是智能金属材料中最重要的部分。形状记忆合金也能以纤维状态用于智能材料结构中。

（2）智能无机金属材料。电流变体、压电陶瓷和光致变色和电致变色材料等是近些年研究较为活跃的无机非金属系智能材料。

（3）高分子智能材料。如智能凝胶、智能纤维和智能凝胶剂等。由于高分子材料与具有传感、处理和执行功能的生物体有相似的化学结构，因此较适合制造智能材料并组成系统向生物体功能逼近。

2. 按对外界环境的感知和响应分类

可分为自感知智能材料（传感器）、自判断智能材料（信息处理器）及自执行智能材料（驱动器）。

第二节　形状记忆纤维

形状记忆纤维是热成型时（第一次成型）能记忆外界赋予的形状（初始形状），冷却时可任意形变，并在更低温度下将此形变固定下来（第二次成型），当再次加热时能可逆地恢复原始形状。根据外部环境变化，促使形状记忆纤维完成上述循环的因素还可以是光能、电能和声能等物理因素以及酸碱度、螯合反应和相变反应等化学因素。

一、形状记忆纤维的发展简史

20世纪60年代初，英国科学家Charlesby A在其所著的"*Atomic Radiationand Polymers*"中，首次提出了经辐射交联后的聚乙烯具有记忆效应。当时，这种发现并没有引起人们足够的重视。其后，美国国家航空航天局（NASA）认识到记忆效应在航空航天领域的潜在应用价值，对不同牌号的聚乙烯辐射交联后的记忆特性又进行了研究，证实了辐射交联聚乙烯的形状记忆性能。

20 世纪 70 ~ 80 年代，美国 Raychem. RDI（Radiation Dynamics Inc.）公司进一步将交联聚烯烃类形状记忆聚合物商品化，将记忆性材料广泛用于电线电缆、管道的接续和防护方面。至今这类记忆性材料在 Boeing 飞机的制造中仍发挥重要作用。

近年来，研究人员又先后发现了聚降冰片烯、反式聚异戊二烯、苯乙烯—丁二烯共聚物、聚氨酯、聚酯等聚合物也具有明显的形状记忆效应，并具有许多重要的应用价值。目前，形状记忆高分子材料的研究和开发备受材料界学者和相关企业的关注，国内外的研究进展迅猛，日本在该领域的研究所取得的成绩尤为突出，已开发了多种形状记忆功能高分子材料并推向了市场。具有低温形状记忆特性的反式聚异戊二烯、聚降冰片烯、聚氨酯等代替传统的石膏绷带，应用于医疗上创伤部位的固定材料，其方法是将形状记忆聚合物加工成创伤部位形状，用热水或热吹风使其软化，施加外力变形成为易于装配的形状，冷却后装配到创伤部位，再加热便可恢复原状起到固定作用；同样，加热软化后变形，取下也十分方便。形状记忆材料除了应用在医疗方面以外，还可以应用在航天航空、汽车制造、机械制造、石油化工管道等领域。

二、形状记忆纤维的分类及其性能

形状记忆纤维是由形状记忆材料经过不同加工方法加工而成，以这些原料研制的形状记忆纤维的性能也各不相同。从原料上看，形状记忆纤维可分为形状记忆合金纤维、形状记忆聚合物纤维和形状记忆凝胶纤维三类。

1. 形状记忆合金纤维　这类纤维手感硬，回复力大。在纺织上可作为纱芯与其他各种纤维纺出具有形状记忆效果的花式纱，并织成动感织物。迄今为止，研究和应用最普遍的形状记忆合金纤维是镍金纤维，如瑞士 Mcrofil Industries 公司生产的一种镍钛合金（镍含量为50.63%）纤维，直径为 380μm，其基本性能见表 8 - 1。

表 8 - 1　Ni—Ti 形状记忆纤维的性能

项目	参数	项目	参数
纤维直径（mm）	0.38	马氏体杨氏模量（Psi）	7500600
奥氏体起始温度（℉）	94.0	最大回复形变（%）	5.5
奥氏体终止温度（℉）	120.0	马氏体应力影响因素（Psi/℉）	1487.2
马氏体起始温度（℉）	85.0	奥氏体应力影响因素（Psi/℉）	1452.8
马氏体终止温度（℉）	78.0	应力诱发马氏体起始应力（Psi）	12000
奥氏体杨氏模量（Psi）	3170600	应力诱发马氏体终止应力（Psi）	15000

2. 形状记忆聚合物纤维　与形状记忆合金纤维相比，形状记忆聚合物纤维在纺织上的应用潜力更大。主要表现在其手感较柔软，应变可达 300% 甚至更大，容易赋形，有较高的形

状稳定性，机械性质可调节范围较大，即仅对其化学结构和组成进行细微的改变，就可以使其形状记忆转变温度和机械性质获得较大变化，从而生产出有多种形状记忆能力的产品。香港理工大学形状记忆研究中心研发的形状记忆聚氨酯纤维（SMF）具有良好的形状记忆功能。目前，通过湿法纺丝和熔融纺丝已经成功制备了不同线密度、不同转变温度的形状记忆聚氨酯纤维，通过控制形状记忆聚氨酯硬段相和软段相的质量百分含量，可以纺制出转变温度在－10～100℃的形状记忆聚氨酯纤维。经过处理后的部分聚氨酯形状记忆纤维的物理指标见表8－2。其中形状固定率和形状回复率是在带有温控装置的 Instr 04411 材料试验机上进行测试，在纤维形变100%的条件下测得的，结果发现，其形状固定和回复温度高于形状记忆纤维的转变温度。

表8－2 经过处理后的部分聚氨酯形状记忆纤维的物理指标

物理指标 ＼ 试样	1#	2#	3#	4#
线密度（dtex）	60	150	250	300
转变温度（℃）	30	55	60	65
断裂强度（cN/tex）	7.0	6.3	8.2	7.8
断裂伸长（%）	109.0	92.5	95.5	98
沸水收缩率（%）	3.3	3.3	4.0	3.5
形状固定率（%）	90	90	92	95
形状回复率（%）	88	88	90	90

注 1#、2#、3#、4#试样表示不同聚氨酯硬段相和软段相质量百分含量比值而制备的形状记忆纤维。

三、形状记忆纤维的制备及应用

1. 形状记忆纤维的制备工艺 形状记忆纤维在生产方式上有纺丝、整理剂整理以及接枝包埋等，具体流程如下：

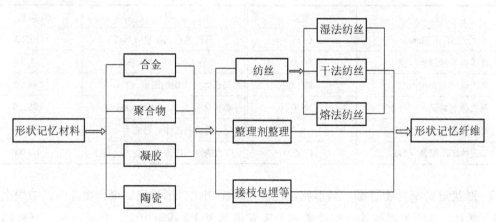

形状记忆丝绸是应用最早的形状记忆纤维之一。形状记忆丝绸的制造工艺是将真丝浸入水解后的角蛋白和骨胶原中，然后干燥、卷曲、再次浸水，110℃高压（$2.03 \times 10^5 \sim 3.04 \times 10^5$Pa）热定型10min后制成。当成品加热到60℃湿热处理时，纤维变得卷曲和皱折。由于丝的捻回数被记忆固定下来，即使丝被退捻到无卷曲状态，再通过熨烫仍然可以使之恢复卷曲。

2. 形状记忆纤维的应用　目前，形状记忆丝绸被广泛用于外套、衬衣和舞蹈紧身衣。

在英国防护服装和纺织品机构研制的防烫伤服装中，镍钛合金纤维首先被加工成宝塔式螺旋弹簧状，再进一步加工成平面状，然后固定在服装的面料内，当服装表面接触高温时，形状记忆合金纤维的形变被触发，纤维迅速由平面状变化为宝塔状，在两层织物之间形成很大的空腔，使高温远离人体皮肤，防止烫伤发生。

形状记忆纤维不仅可以运用在纺织服装方面，在医疗方面也有涉及，如制造医疗纱布、绷带等。在2011年5月公布的专利中，有一种自固位缝线的生产方法及使用方法，所描述的丝制品即缝线包含一种或多种材料，其中至少有一种是形状记忆聚合物或形状记忆合金，形状记忆材料用于使固位体或丝的形状响应转换刺激从第一种结构转换至第二种结构，可以在组织中布置缝线之前、过程中或之后，施加转换刺激。形状记忆纤维在汽车制造业、航空系统、机械电气系统等其他领域均有所应用。然而由于大部分的记忆纤维制造方法繁琐且复杂，国内的设备落后，技术暂且不成熟，致使记忆纤维无法进行大规模的推广和真正的产业化。

第三节　光敏纤维

在一定波长光的作用下，纤维的颜色、力学性能、导电性等发生可逆的变化，能做出此种智能反应的纤维被称为光敏纤维，其典型的代表为光致变色纤维。

一、光致变色纤维的变色机理

光致变色纤维在一定波长光的照射下会发生变色，而在另一种波长光（或热）的作用下又会可逆变化到原来的颜色。光致变色纤维含有可逆光致变色的有机化合物，根据其变色机理不同，可划分为分子结构异构化（顺反异构化、互变异构化、原子价异构化）、分子的离子裂解（或自由基解离）和氧化还原反应三种类型。

（a）顺反异构化

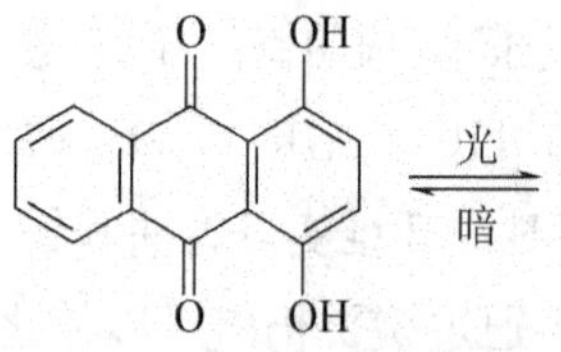

（b）互变异构化 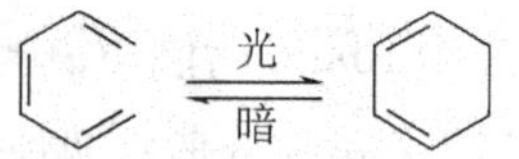   （c）原子价异构化

（1）分子结构异构化

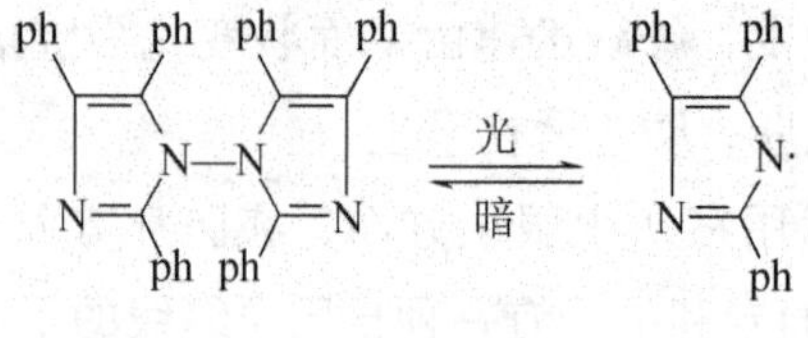

（2）分子的离子裂解

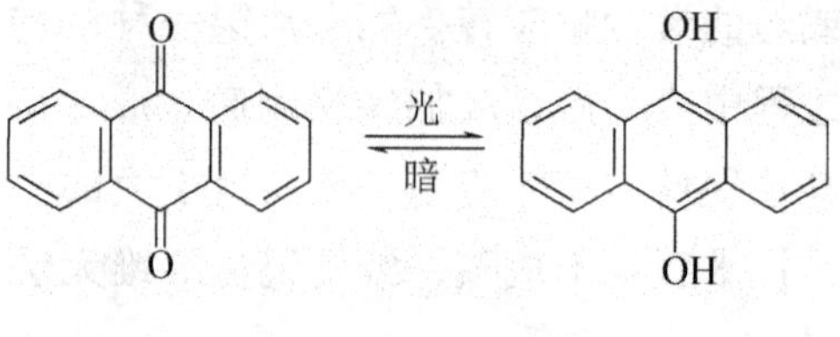

（3）氧化还原反应

此外，能级变化（激发态的迁移）也会产生光致变色现象。例如，偶氮苯类化合物、对硝基苄基衍生物、螺吡喃、萘吡喃、螺亚嗪、俘精酸酐类、腙类以及降冰片烯衍生物等都是常用的光致变色有机物。

二、光致变色纤维的发展简史及其应用

光致变色纤维最早的应用实例是在越南战争时期，美国氰胺公司（American Cyanamid）为满足美军对作战服装的要求，开发了一种可以吸收光线后改变颜色的织物。20世纪80年代末期，日本的松井色素化学工业公司制成了一种在没有阳光的条件下不变色，在阳光或者UV照射下显深绿色的纤维。

日本 Kanebo 公司将吸收350~400nm长紫外线后由无色变为浅蓝色或深蓝色的螺吡喃类光敏物质包裹在微胶囊中，通过印花工艺制成光敏变色织物。采用这种技术生产的光敏变色恤衫已于1989年供应市场。近年来，国内也有类似的产品销售。

美国克莱姆森大学和佐治亚理工学院等几所大学近年来正在探索在光纤中掺入变色染料或改变光纤的表面涂层材料，使纤维的颜色能够实现自动控制，其中噻吩衍生物聚合后特有的电、溶剂敏感性受到格外重视。美国军方研究人员认为，采用光导纤维与变色染料相结合，可以最终实现服装颜色的自动变化。光敏变色纤维主要用于娱乐服装、安全服、装饰品以及

防伪制品等领域。

我国新研制出一种蓄光型彩色发光纤维，利用稀土发光材料为发光体，经过特种熔融纺丝工艺制成。该纤维只要吸收任何可见光 10～30min，便可将光能储蓄于纤维之中，在黑暗中持续发光 4h 以上，且可无限次循环使用。这种纤维在可见光的条件下，有红、黄、蓝、绿等九种颜色；在没有可见光的条件下，纤维本身可以发出黄绿、绿、蓝、紫等颜色的光。用它制成的纺织品在白天与普通纤维制成的纺织品具有相同的功能，不会使人感到任何特异之处。

三、光致变色纤维的制备

制备光致变色纤维的方法有以下四种：

1. 染色　使用具有变色性能的染料参与纤维的染色。

2. 共混　将光致变色体分散于纺丝熔体或溶液中进行纺丝；或将光致变色体通过界面缩聚封入微胶囊中，再与纺丝熔体或溶液混合后进行纺丝。例如，将有机光致变色体和防止变色体转移的试剂与聚丙烯腈共混纺丝，纤维在阳光下显示深绿色。

3. 复合纺丝　可通过复合纺丝将光致变色体置于纤维的芯层。

4. 接枝共聚　将光敏单体接枝到成纤高聚物上，然后纺丝；或将光敏单体接枝到纤维的大分子上，形成光敏纤维。

第四节　温敏纤维

温敏纤维是指当温度发生变化时，纤维的吸湿性能、形状、颜色等随之发生敏锐响应并发生可逆变化的纤维，主要有调温纤维和热敏变色纤维。此外，温度变化而引起记忆效应的纤维也归为温敏纤维。

一、调温纤维

1. 调温纤维的分类及调温机理　调温纤维可以分为蓄热调温纤维和调温调湿纤维两种。

（1）蓄热调温纤维。这是一种具有双向温度调节作用的新型纤维，能够根据外界环境温度的变化，从环境中吸收热量储存于纤维内部，或放出纤维中储存的热量，在纤维周围形成温度相对恒定的微观气候，从而在一定时间内实现温度调节功能。蓄热调温纤维的这种吸热和放热过程是自动的、可逆的、无限次的。

蓄热调温纤维与传统纤维的保温机理不同。传统纤维保温主要是通过绝热的方法来避免由于人体热量流失太快，导致的皮肤温度降低过多，绝热效果主要取决于织物的厚度和密度以及保温的空气层。而蓄热调温纤维的保温则是通过对水分和外界压力变化的敏感响应，当外界温度改变时，纤维中所包含的相变物质发生液—固可逆相变，从而使人体保持一个舒适恒定的微观气候环境，即提供的是热调节而不是热隔绝，这是一种全新的保温机理。

蓄热调温纤维及纺织品的调温功能主要源于相变材料（phase change materials，PCM）在相变的过程中吸热和放热现象。所谓的相是指物质的气、液、固三态。相变则指某些物质在一定条件下，其自身的温度不变而相态发生变化的过程。当外界环境的温度升高或者降低时，PCM 相应地改变物理状态，从而实现储存或释放热量。相变时所吸收和放出的能量称为相变潜热，而物质温度变化时的吸放热量称为显热，相对于显热来说，相变潜热要大得多。例如，水在相变过程中吸收的热量与温度之间的关系如图 8-1 所示。

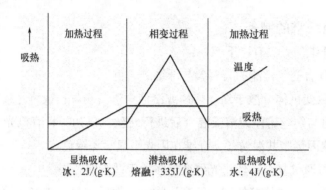

图 8-1　水的相变图

相变材料应具有较大的相变潜热（即具有较高的蓄能容量）。纺织纤维在选取相变材料时，应选取适宜的相变温度，其温度调节范围最好在 25~29℃。相变材料选择是制备智能调温纤维及其纺织品的第一步。适用于纺织品的相变材料应具有如下性质：

①具有较高的相变潜热。
②根据不同的气候和用途，要选择适宜的相转变温度。
③相变材料要安全无毒，物理性质和化学性质都要稳定。
④相变材料应具有适宜的热传导系数，灵敏性高，能较快地吸收和释放热量。
⑤相转变的过程是完全可逆的。
⑥相变体积变化小。
⑦经济可行。

PAUSE 测试了普通纺织品的热阻值和含有相变材料纺织品的热阻值，结果如表 8-3 所示。由表 8-3 可知，含有相变材料纺织品的总热阻值超过厚度接近的普通纺织品，这说明智能调温纺织品比普通纺织品具有更好的调温保暖效果。

表 8-3　织物的基本特征与保温性能

试样	面密度（g/m²）	厚度（mm）	热阻（clo）		
			静态	动态	总热阻
不含相变物质	1480	7.8	0.0630	0	0.0630
含5%相变物质	1160	6.0	0.0627	0.0773	0.1400

（2）调温调湿纤维。通过调整纤维结构，使纤维吸湿放热和脱湿吸热过程较为平稳缓慢，从而使服装内温度调节缓和，并防止出汗后的冷感。

日本东洋纺公司对聚丙烯酸分子链进行高亲水化处理（金属盐型），分子链中引入氨基、羧基等亲水基团，并进行交联处理，开发了调温调湿纤维"爱克苏"。该纤维亲水性基团含量高，其吸湿能力约是木棉纤维的 3.5 倍，但吸湿、放湿速度可调节到木棉的一半。此外，日本东丽公司推出的"能量感应"吸湿放热面料可吸收人体排出的水气，并将之转化为热量。该面料制成的服装比传统服装保暖 25℃，而衣内湿度相对下降。

2. 调温纤维的发展简史 调温纤维的研究于 20 世纪 80 年代起源于美国，主要应用于航空航天领域。Outlast 腈纶基调温纤维是采用包裹有相变材料石蜡烃的微胶囊，加入到腈纶纺丝液中所得，其温度调节原理如图 8－2 所示，最初是太空总署为登月计划而研发的，用作宇航员服装和保护太空实验精密仪器等，于 1988 年开发成功，1994 年首次用于商业用途，1997 年在户外服装中使用，现在已广泛用于时装和床上用品。

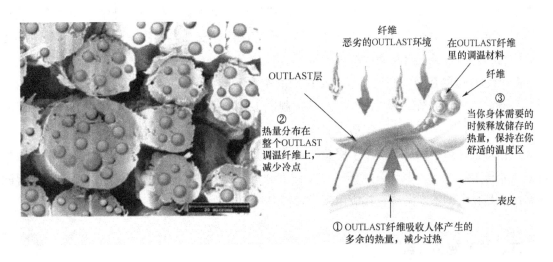

图 8－2 Outlast 智能调温纤维的温度调节原理

欧洲和日本在调温纤维的开发方面也开展了一些研究。德国最早研制成功硫酸钠蓄热微胶囊整理材料之后，又开发了在中空纤维充入溶剂与惰性气体的织物。日本东洋纺公司开发了以塑性晶体为芯材的鞘—芯复合丝，具有温度敏感性。

3. 调温纤维的制备 调温纤维的制备方法大致可分为四种，即中空纤维填充法、熔融复合纺丝法、涂层法和微胶囊复合纺丝法。

（1）中空纤维填充法。该法是将中空纤维浸渍于相变材料溶液中，使中空部分充满相变材料，再将纤维两端封闭，利用纤维内部的温适载体或含有相变材料达到条纹效果，缺点是中空纤维浸渍法存在封端困难的问题。

（2）熔融复合纺丝法。在 20 世纪 90 年代初，日本酯公司研究采用纺丝法直接将低温相变物质如石蜡纺制在纤维内部，并在纤维表面进行环氧树脂处理，防止石蜡从纤维中析出。

该纤维在升降温过程中，石蜡熔融吸热，结晶放热，使纤维的热效应明显不同于普通纤维。低温相变物质的熔融黏度很低，无可纺性。单纯将相变物质用于熔融复合纺丝很困难，只有将其与多种增黏剂混合后才能用于纺丝。研究发现，将石蜡烃类相变材料混合一定的二氧化硅粉末，与聚烯烃进行熔融纺丝，可以得到相变温度为 15～65℃的调温纤维。

（3）涂层法。涂层法是把相变物质固定到织物上的简便易行的方法。其一般的工艺流程为：

$$浸→轧→烘→皂洗$$

其中，浸渍液中含有相变材料、交联剂、催化剂等。例如，将聚乙二醇用 2D 树脂（DMDHEU）在氯化镁及对甲基苯磺酸催化下，固着在纤维上，经处理的织物最高的热熔达26.75J/g，缺点是经过整理的织物因树脂固着而手感变硬，并且存在甲醛释放问题。

（4）微胶囊复合纺丝法。纺织品领域使用的微胶囊就是将特定温度范围的相变材料用某些高分子化合物或无机化合物以物理或化学方法包覆起来，包覆材料称为囊壁，制成直径为1～100μm 常态下稳定的固体微粒，相变材料性质不受囊壁的影响，然后将一定量的相变材料微胶囊添加到纺丝液中，通过喷丝板挤出制成纤维。微胶囊直接嵌入纤维内部，使微胶囊内的相变物质稳定地存在于纤维中。微胶囊的囊壁应选择在外力作用下能较长时间保持其完整性的材料，以避免芯材从微胶囊中渗出。

4. 调温纤维的应用　利用纺丝方法得到的调温纤维，可以单独使用或与其他纤维混纺，制备具有调温功能的纺织品。这类纺织品可制成各种产品，如服装、鞋类、手套、袜子、帽子、床上用品等，也可制成非织造布或棉絮，用于防寒服、被褥等的生产。

现在智能调温纺织品不仅用于服装、鞋类、床上用品、汽车、国防等领域，而且在医疗行业也获得了应用，可生产医疗产品（如湿热毯、治疗垫等），用于病人的治疗。随着智能调温纺织品技术的不断发展，其应用领域必将进一步扩大。

二、热敏变色纤维

热敏变色纤维是指随温度变化颜色发生变化的纤维。获得热敏变色纤维的方法除了将热敏变色剂填充到纤维内部外，还可将含热敏变色微胶囊的氯乙烯聚合物溶液涂于纤维表面，并经热处理使溶液成凝胶状来获得可逆的热敏变色功效。

1. 热敏变色纤维的发展简史　日本东丽公司于 1988 年开发了一种对温度敏感的织物Sway。这种织物是将热敏染料密封在直径为 3～4μm 的胶囊内，然后通过涂层整理在织物表面。这种玻璃基材的微胶囊内包含了三种主要成分：即热敏变色性色素、与色素结合能显现另一种颜色的显色剂、在某一温度下能使相结合的色素和显色剂分离并能溶解色素或显色剂的醇类消色剂。调整三者组成比例就可以得到颜色随温度变化的微胶囊，而且这种变化是可逆的。这种微胶囊基色有四种，可以组合成 64 种不同的颜色，在温差超过 5℃时发生颜色变化，可以在 -40～85℃温度范围发生作用，并且针对不同的用途可以有不同的变色温度范围，例如，滑雪服装的变色温度为 11～19℃，妇女服装的变色温度为 13～22℃，灯罩布的变色温度为 24～32℃ 等。

英国默克化学公司将热敏化合物掺杂到染料中，再印染到织物上。染料由黏合剂树脂的微小胶囊组成，每个胶囊都有液晶，液晶能随温度的变化而呈现不同的折射率，使服装变幻出多种色彩。通常在温度较低时服装呈黑色，在 28℃ 时呈红色，到 33℃ 时则会变成蓝色，介于 28～33℃ 之间会产生出其他各种色彩。目前，默克公司已掌握了精细地调整热敏变色材料的技术，使这种面料能在常温范围内显示出缤纷色彩。

2. 热敏变色纤维的制备　目前，热敏变色纤维的制备方法主要包括溶液纺丝法、熔融纺丝法和涂层法三种。

（1）溶液纺丝法。热敏变色材料直接添加到纺丝液中进行纺丝。例如，含有 25% 丙烯脂聚合物（A）与 5%（以 A 计）铬染料（变色剂）溶液纺丝、凝固处理、洗涤、干燥，120℃ 拉伸 5 倍，150℃ 热处理 5min，得到的纤维在 30～35℃ 加热时，其颜色会发生由蓝色到无色的变化。

（2）熔融纺丝法。具体又分两种方法，共混纺丝法和皮芯复合纺丝法。

①共混纺丝法。该法是将变色聚合物与聚酯、聚丙烯、聚酰胺等聚合物熔融共混纺丝，或把变色化合物分散在能和抽丝高聚物混熔的树脂载体中制成色母粒，再混入聚酯、聚丙烯、聚酰胺等聚合物中熔融纺丝。此外，还可将变色材料封入微胶囊中，再分散到纺丝液中纺丝，制得热敏变色纤维。

②皮芯复合纺丝法。该法是生产变色纤维的主要技术，它以含有热敏剂的组分为芯组分，以普通纤维为皮组分，共熔纺丝得到热敏变色皮芯复合纤维。芯组分一般为熔点不高于 230℃、含 1%～40% 变色剂的热塑性树脂。变色粒子的尺寸为 1～50μm，耐热性 ≥200℃（30min 后无颜色变化）。皮组分为熔点 ≤280℃ 的热塑性树脂，起维持纤维力学性能的作用。

（3）涂层法。将热敏变色剂分散在溶液中，再涂覆在纤维表面，可得到热敏变色纤维。例如，日本三井公司采用涂层技术开发了热敏变色纤维，将含热敏变色微胶囊的氯乙烯聚合物溶液涂覆于合成纤维单丝和复丝表面，再进行热处理，溶液成为凝胶状，从而使纤维具有可逆的热敏变色性。纤维本身在该涂层技术中起骨架材料的作用。采用涂层技术赋予纤维变色性时，对变色材料的要求较低，其分解温度只要高于热处理温度即可。涂层技术不会影响纤维的力学性能，且操作简单，应用范围广，是一种较易推广的变色纤维生产技术。

三、热敏纤维的研究进展

目前，热敏纤维的研究已在一些国家取得较大进展。据报道，由聚（N－乙丙基丙烯酰胺）（PNIPAM）制成的热敏凝胶纤维，当加热到低临界溶解温度/最低共溶温度（lower critical solution temperature，LCST）以上后能收缩到原体积的 30%。这类热敏纤维除对温度变化产生体积变化外，还具有吸放水性、分子亲水和疏水性的变化以及透明和不透明的变化。由轻度交联的聚乙烯基甲基醚（PVME）制成的热敏凝胶纤维在 37℃ 左右可以进行迅速、可逆的伸长和收缩，由 20℃ 的 400μm 收缩到 40℃ 的 200μm。日本东丽公司制成的热致变色纤维在 −40~80℃ 能改变色彩。东华大学也正在进行将 PEG 与醋酸纤维共混制备蓄热调温纤维的研究。

第五节　湿敏纤维

湿敏纤维是指当湿度变化时，纤维的性能发生响应并变化的纤维。现在的湿敏纤维主要是指湿敏变色纤维和湿敏型纳米纤维。

一、湿敏变色纤维

所谓湿敏变色纤维是指随湿度变化而颜色发生变化的纤维，变色的主要原因是空气中的湿度能够导致染料本身结构变化，从而对日光中可见光部分的吸收光谱发生改变，同时环境湿度对变色体的变色有一定的催化作用。

1. 湿敏变色纤维的变色原理　湿敏变色纤维的变色原理主要是由于纤维上的湿敏染料的存在，在制备过程中，一般是通过纤维的染色或者涂层来实现。

湿敏变色染料主要应用于纺织品的印花加工，该类印花色浆主要成分是变色钴复盐，通常是一种无机变色涂料。应用时通过加入特定的与之相配的黏合剂及增稠剂，通过黏合剂将变色体牢固地黏附于织物上。为了使变色灵敏，即变色体容易捕获周围的水分子，以及在外界条件变化（如温度升高）时也很容易释放其捕获的水分子，因此需要加入一定的敏化剂以帮助变色体完成这一过程。同时加入一定的增色体，以提高变色织物色泽的鲜艳度。

2. 湿敏变色纤维的应用及研究现状　目前，日本在湿敏变色涂料方面的研究比较活跃。日本大日精化工业公司生产的 Seilkaduel Colour 在干燥时为白色，润湿后显色并具有可逆性；日本御国色素公司生产的 SA Medium 9208 在干燥时为白色，润湿后则呈现透明色而花型消失。如果将印花色浆中变色涂料巧妙结合，用于毛巾、浴巾、手帕、泳装、沙滩服等的印花，干燥时为白色，润湿后显示各种颜色，可以获得别致的印花图案。

我国在湿敏变色方面也开展一些研究，国内研制了性能较好的 step 系列湿敏变色印花浆，此类印花浆由变色体钴复盐、敏化剂、增色体、成膜剂（即黏合剂）及增稠剂组成。该类可逆变色印花的适应性不强，只能用于不需要经常洗涤或不洗涤的场合，例如窗帘、帷幕、易潮损货物的湿标、货物的防伪标志、印刷悬挂的印刷品等。北京纺织研究所开发一种具有对大气湿敏性的印花涂料，商业名称为变色龙 M（Chameleon M），具有四种不同变色范围的品种，即 Chameleon M - GB、Chameleon M - OB、Chameleon M - YG 和 Chameleon M - PN。Chameleon M 由变色体、敏化剂、增色剂、成膜剂和增稠剂等组成。用 Chameleon M 印花的织物不能用水洗涤，否则失去变色的可逆性，也就是说，它永远保持湿态的色泽，虽经烘干也不能回复到干态色泽。因此，只能用四氯乙烯类溶剂干洗。根据这种特性，它在纺织品上应用于窗帘、帷幕等较为合适，这类产品不需要经常洗涤，且与大气的接触面较大，可以因湿度变化而显示它变色的功能，起到"晴雨计"的作用。

虽然湿敏变色染料上染纤维后，能够达到纤维或者织物随着环境湿度来变色的效果，但是在应用中，其加工的纺织品的色牢度等服用指标较低，所以至今没有得到广泛的推广。但是随着经济的发展和技术的日新月异，变色纺织品也将迎来好的发展前景。

二、湿敏型纳米纤维

1. 纳米纤维的定义　纳米纤维是指直径处在纳米尺度范围（1~100nm）内的纤维。当直径从微米（10~100μm）缩小至亚微米或纳米（如0.01~0.1μm）时，就会表现出与常规的聚合物纤维不同的性质，如非常大的比表面积（其比表面积是微米纤维的10^3倍），柔性以及超强的力学行为（如硬度和抗张强度），这些优异的特性使纳米纤维具有许多重要的用途。湿敏型纳米纤维就是将湿敏材料制成这种亚微米或者纳米结构的纤维，利用其比较大的比表面积，提高水分子在聚合物机体内部的转移速度，达到对湿度敏感的效果。

2. 湿敏型纳米纤维的制备方法　纳米纤维按获取途径可以分为天然纳米纤维和人造纳米纤维。天然的纳米纤维如人们所熟知的蜘蛛丝。人造纳米纤维的制造方法已成为近年来的研究热点之一，现在已经发展了多种制备纳米纤维的方法，如拉伸、模板聚合、相分离、自组织、电纺等。而电纺工艺即静电纺丝是目前唯一能够直接制备聚合物的纳米纤维的一种方法，也是目前湿敏型纳米纤维的主要制备工艺。静电纺丝装置如图8-3所示。

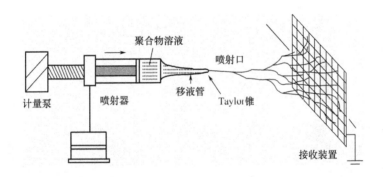

图8-3　静电纺丝装置图

该方法将聚合物溶液或熔体带上几千至上万伏高压静电，带电的聚合物液滴受电场力作用，在一端封闭的毛细管的Taylor锥顶点被加速。当电场力足够大时，聚合物液滴克服表面张力形成喷射细流。细流在喷射过程中溶剂蒸发，落在接收装置上固化，形成类似非织造布状的纤维毡。用静电纺丝法制得的纤维比用传统纺丝方法细得多，直径一般在数十到上千纳米。

在静电纺丝工艺中，纺丝的电压、时间以及溶液比都会对所制备纤维的性能造成影响。例如，采用静电纺丝技术制备的含硅聚电解质与聚氧乙烯复合纤维，通过延长纺丝时间和降低纺丝电压可以降低元件的阻抗，复合制备的湿敏型纳米纤维的响应性能优于薄膜型。

第三篇　高感性纤维

高感性纤维（high touch fiber）是指风格、质感、触感、外观等感官方面性能优良的服用纤维，也有人称之为"五感"（视感、触感、嗅感、听感及味感）纤维。

高感性纤维最初的产品可以追溯到 20 世纪 80 年代日本的"新合纤"，采用异形截面、混纤异收缩、异形中空、超细长丝等从纺织到后整理的一系列综合技术，使织物产生桃皮绒感、悬垂性的丝感、干爽的丝鸣感、精仿毛感。

几十年来，高感性纤维飞速发展，越来越高技术化，如纳米技术、仿真技术、仿生技术、纤维截面异形化、纤维超细旦化、多异纤维化、接枝、复合、共聚、共混改性等。由新技术带来的新产品层出不穷，有与视觉相关的变色纤维、发光纤维、蓄光纤维、透光纤维、隐身纤维；有与触觉相关的超细纤维、吸湿排汗纤维、珍珠纤维、弹性纤维；有与嗅觉相关的香味纤维；有与听觉相关的丝鸣纤维；有与味觉相关的菠萝纤维、香蕉纤维、牛奶酪素纤维等。

目前，将高感性纤维的外观与某些功能结合在一起已成为业界追求的目标，纤维在拥有优良外观质感的同时还具有一些特定的功能，如形状记忆功能、抗菌阻燃功能等。织物风格集天然纤维的穿着舒适性和合成纤维的功能性于一身，由仿真发展为超真。这将是高技术纤维未来发展的趋势。

第九章　超细纤维

纤维超细化研究起源于 20 世纪 40 年代，科学工作者根据羊毛两相结构特征，制备出复合超细黏胶纤维。最先成功使得复合超细纤维产业化的是美国杜邦公司，于 1959 年和 1963 年先后研制出聚丙烯腈与聚酰胺复合纤维。1962 年以后，日本对于超细化纤维的研究有了较大发展。东丽、钟纺、帝人等公司利用不同的手段制备出具有不同结构的超细纤维（多芯型、木纹型、中空型等），成为超细纤维发展的里程碑。20 世纪 70 年代后期，东丽公司在天然纤维独特结构的启发下，利用先进技术开发出性能优于天然纤维的新型纤维材料，开创了新合纤发展的纪元。随着研究工作的深入开展，国际大公司分别推出其他类型超细合成纤维，聚酯、聚丙烯、聚乙烯等超细纤维被开发出来，在工业领域得到广泛推广。

第一节　超细纤维的分类

纤维的线密度对于织物的性能与功能（如织物手感、光泽、保暖性、透气性、疏水性以及防污性等）有很重要的影响。因此，如何使纤维超细化是目前科学工作者重要的工作内容。关于超细纤维的定义，国际上尚无统一的标准。德国纺织品协会将涤纶线密度低于1.2dtex、锦纶线密度低于 1.0dtex 的单纤维称为超细纤维；美国 PET 委员会将单纤维线密度为 0.3~1.0dtex 的纤维称为超细纤维；日本将单纤丝线密度低于 0.3dtex 的纤维称为超细纤维；我国将 0.55dtex 以下的单纤维称为超细纤维。

超细纤维主要分为超细天然纤维和超细合成纤维。超细天然纤维主要有动物纤维（蜘蛛丝、蚕丝、皮革、动物绒毛等）、植物纤维等；超细合成纤维主要有聚酯、聚酰胺、聚丙烯腈、聚丙烯、聚四氟乙烯以及玻璃纤维等纤维品种，行业内产量较大的是聚酯和聚酰胺两种超细纤维。

一、超细天然纤维

1. 动物纤维　自然界的生物体为了生存和发展，在外部环境的推动下，创造了一系列最优的组成和结构，使生物体具有特殊的结构与功能以适应大自然的环境变化。例如，蜘蛛在通常环境下吐出的丝直径为 0.5~1.0μm，韧性极佳（断裂伸长率达到 14%），承受重物或者强外力冲击的能力较强，可用于制备战士穿着的防弹衣和军事机械的防护罩，也可用于航空航天、建筑、医学和保健等领域，具有巨大的潜在应用价值。蚕丝是另一类重要的天然蛋白质类纤维，由丝素和包覆在丝素外围的丝胶组成，每根蚕丝由两根单纤维并列而成，脱胶后纤维线密度为 1.1 ~ 1.3dtex，蚕丝的强度高，断裂伸长率可达 15% ~ 25%，且耐磨性也优于其他天然纤维，在医学、纺织以及军事领域中同样有着重要的应用。另外，动物皮毛（羊毛纤维的微原纤直径为 10 ~ 15nm）以及皮质中的原纤维线密度均不足 1.1dtex，是天然皮性能优异的主要原因，成为仿生研究以及人造皮质制造的首选对象。

2. 植物纤维　除了动物纤维外，植物纤维是另外一种性能优异的天然纤维，主要分布在种子植物的厚壁组织，基础组成成分是纤维素，由 7000 ~ 10000 个葡萄糖分子经糖苷链连接起来的聚合物。作为超细天然植物纤维的杰出代表，棉纤维的直径为 10 ~ 17μm，构成棉纤维的最小单元——微原纤的直径约为 6nm，广泛分布于植物种子表面，为纺织工业理论研究与工业化应用的重要原料。另外，在植物茎秆中，一些麻类草本茎，比如苎麻、黄麻、亚麻等，具有较发达的纤维束，纤维直径在 10 ~ 40μm 之间，为工业纺织品原料的重要来源。

二、超细合成纤维

人类从大自然生物体的发展进化中找到了许多灵感，开发出众多超细合成纤维，它们手感柔软，悬垂性优异，且穿着舒适，是目前世界各国超细纤维研发的重点。行业内各大品种的合成纤维，如聚酯、聚酰胺、聚丙烯腈、聚丙烯等，都可通过一定的技术手段得到超细纤维品种。目前，超细涤纶的工业化推广较其他纤维成熟，在纺织用纤维中占有主导地位。国内生产超细纤维的省份以江苏为主，包括吴江盛虹集团、恒力化纤等，中国台湾有南亚集团股份有限公司，国外规模较大的公司有韩国晓星、日本的东丽公司、美国的杜邦公司等。

第二节　超细纤维的制备

一、常规超细纤维的制备

常规超细纤维主要分长丝与短丝两种类型，纤维类型不同，纺丝形式也有所区别。常规超细纤维长丝的纺丝形式主要有直接纺丝法与复合纺丝法，常规超细纤维短丝的纺丝形式主要有常规纤维碱减量法、喷射纺丝法、共混纺丝法等。

1. 直接纺丝法　该法是利用传统的熔融纺丝工艺，使用单一原料（涤纶、锦纶、聚丙烯等）制备超细纤维的纺丝技术，工艺简单，操作方便，但是制备纤维过程中容易产生断头，喷丝孔易堵塞。

2. 复合纺丝法　该法是利用复合纺丝技术来制得复合纤维，然后利用物理或者化学处理的方法使得复合纤维多相分离，进而得到超细纤维，复合纺丝技术的成功标志着超细纤维发展的真正开始。

3. 常规碱减量法　该法主要针对聚酯纤维，利用稀碱液处理聚酯纤维以达到细化纤维的目的。

4. 喷射纺丝法　该法主要以聚丙烯为纺丝对象，通过喷射气流将低黏度的聚合物熔体喷洒成短纤维。

5. 共混纺丝法　该法是将两种或两种以上的聚合物材料熔融共混以进行纺丝，由于不同组分含量以及黏度等物理特征之间存在差异，利用溶剂可实现组分间的分离，得到不连续的超细短纤维。

二、纳米纤维的制备

随着研究的不断深入和检测表征手段的不断提高，纤维直径得以进一步细化（<100nm），达到纳米级水平。相对于常规超细纤维的制备工艺，纳米纤维的制备方式则多种多样。纳米纤维分为无机纳米纤维与有机纳米纤维，两种不同组分的纳米纤维制备方式差异较大。

1. 无机纳米纤维的制备　对于无机纳米纤维来讲，主要的合成方法有电弧蒸发法、激光高温灼烧法以及化合物热解法。目前，我国自行设计制备的纳米碳管直径小于0.4nm，具有优异的抗静电性能。但是，无机纳米纤维的加工性能较差，还需进一步研究与探索。

2. 有机纳米纤维的制备　对于有机纳米纤维来讲，主要分为两种制备方式：复合纺丝法和静电纺丝法。

（1）复合纺丝技术是日本东丽公司于1970年开发的一种用于制造人造麂皮的超细纤维的方法，该方法利用不同组分的聚合物在熔融状态下特殊分配，然后通过喷丝孔拉伸挤出成型，制得海岛型纤维，纤维中的一种组分充当为"海"，另一种组分则为"岛"，在利用这种纤维制成成品后，将"海"的成分溶解掉即可得到纳米纤维。东丽公司已成功利用此方法制得直径小于100nm的纳米纤维。

（2）静电纺丝技术即聚合物喷射静电拉伸纺丝法，是一种完全不同于常规纺丝的新型纤维制备技术。基本原理为，当外加电场作用于毛细管液体表面时，使得聚合物熔体或者溶液带有大量的静电电荷，随着电场力的增大，聚合物熔体或者溶液克服其表面张力形成喷射细流。在喷射过程中，溶剂不断挥发、固化，最终在接收装置上形成超细纤维集合体，这些纤维的直径一般小于100nm，且具有连续性结构。因操作简单，适用较广，成本低廉，使得静电纺丝法在纳米纤维纺丝领域成为研究热点。静电纺丝制备纳米纤维于2006年实现工业化，在组织工程支架、污水处理、光电材料、药物缓释与过滤等方面有着重要应用。

根据美国非织造布工业协会的调研，预计到2020年，全球采用纳米纤维制备的产业用产品的市场价值有望增长到20亿元。纤维的超细化研究，使得制备的材料更轻质、性能更高、耐用性更强，已吸引了研究者的广泛关注，各种制备超细纤维的新技术不断涌现。

第三节　超细纤维的结构特征及其性能

一、超细纤维的结构特征

超细纤维包括单一结构纤维和复合结构纤维两大类，本书主要介绍复合纤维的截面结构。

1950 年杜邦公司成功开发并列型腈纶复合纤维后，东丽公司于 1965 年又开发出并列型复合纤维。根据并列型复合纤维成功研制的经验，中空并列型、多层并列型、桔瓣型、放射型、齿轮型等截面结构的超细复合纤维相继被开发出来。之后，皮芯型复合纤维被成功纺制出来，在皮芯型复合纤维研究的基础上，芯鞘型、多芯型、多岛状、天星状超细复合纤维不断被研制成功。其中，并列型、海岛型、放射型以及芯鞘型复合纤维成为如今超细纤维行业的主流产品。

目前，行业内主要以静电纺丝的方法来制备纳米纤维，通过调控静电纺的装置、纺丝液成分、工艺参数等因素可以实现对纳米纤维的微观结构的控制，如图 9 - 1 所示。不仅可以得到外部结构类似于多孔状、类辊筒状、树枝状、项链状的纳米纤维，也可以制备具有多孔道状、多壁状或者豌豆状截面结构的纳米纤维，在超疏水、形状记忆以及光电转换方面有着巨大的应用潜力。

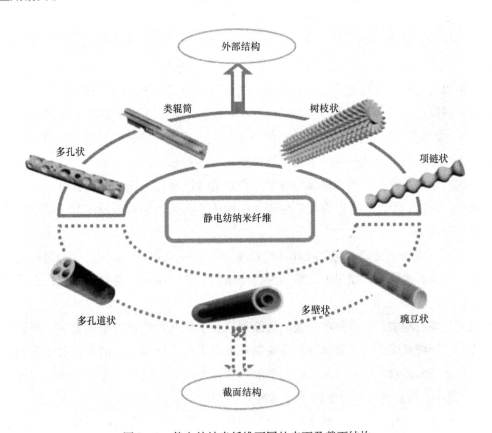

图 9 - 1　静电纺纳米纤维不同的表面及截面结构

二、超细纤维的性能

作为化学纤维向高技术、高仿真化方向发展的典型代表，超细纤维具有弯曲刚度小、更柔软、比表面积大等诸多优点，使其与其他纤维相比，表现出更优异的力学性能、化学性能以及良好的染色性能。

1. 超细纤维的力学性能　与传统纤维相比，超细纤维具有较低的线密度，因而表现出优异的力学性能，主要体现在以下几个方面：

（1）在其他条件不变时，纤维越细，成纱截面内包含的纤维数目越多，促使纤维间接触面积增大，摩擦力增加，纤维间滑脱概率降低，最终纱线的强力增大。

（2）纤维越细，抗弯刚度降低，应力不平衡程度增加，弯曲更密实，导致纱线或者织物的手感越柔软，悬垂性也更好。

（3）超细纤维强度大，韧性也强于常规纤维，因此不易断裂，使得超细纤维织物广泛应用于清洁布、毛巾等日用纺织品中，具有良好的服用性能。

（4）由于超细纤维的比表面积大，织物中孔隙较多，借助纤维较强的毛细管芯吸效应，能有效捕获小至几微米的尘埃、油污颗粒等，使得超细纤维织物具有极强的过滤功能与吸水性能，非常适合用于过滤、医疗卫生、运动服装等领域。

2. 超细纤维的染整性能　自 20 世纪 70 年代以来，超细纤维的优异的物理性能已吸引了人们的广泛关注，利用超细纤维可制备出仿毛、仿麻、仿真丝、仿桃皮绒、仿麂皮等织物，服用性能可以与天然纤维相媲美，甚至超过天然纤维。为了赋予这些纺织品高感性、多功能性、特殊外观风格以及高附加值，染整加工显得尤其重要。但是由于超细纤维本身的特性（线密度小、柔软性高、比表面积大），它的染整加工过程具有较高的特殊性。另外，超细纤维的组分多样化以及纺织品的高要求化也给染整工作者带来了诸多难题。因此，需要高分子行业、纺织行业以及染整行业等领域的科学工作者的共同努力来完成此项任务，大产业的概念逐渐形成。目前，浙江省在这方面已经走在了国内的前列，相对来说，对于超细纤维的染整技术也更加成熟。

（1）超细纤维的前处理。与常规纤维前处理过程一样，超细纤维的前处理过程对于最终产品的整体质量影响很大，须根据纤维的种类与结构来制订相应的前处理工艺以及选择相关的整理助剂。

在退浆精练过程中，传统的单一表面活性剂已经不能满足超细纤维的整理需要，因为在织造过程中，超细纤维所需的浆料量以及油剂量远高于传统纤维所需的量，对于表面活性剂的润湿、乳化能力需求增强。因此，复合型前处理整理剂被广泛用于超细纤维的退浆、去油（蜡质）工艺中，以达到超细纤维精练的目的。

除退浆精练工序外，对于一些涤类复合超细纤维，碱减量工序必不可少。在碱减量工艺中常利用氢氧化钠对复合纤维进行处理，必要情况下配套使用一些碱减量整理剂。经过碱减量处理，涤类复合纤维由于各组分物理性能的差异，导致各组分成功分离，所得织物的柔软性和悬垂性提高，达到仿生织物的效果。在碱减量工艺中，须注意的是，所使用碱种类、碱浓度以及处理工艺至关重要，应在保证"海"组分（改性聚酯）尽量水解的同时，最大限度降低"岛"组分（聚酯或者聚酰胺）的水解，有利于保持织物本身的力学性能（图 9 - 2）。

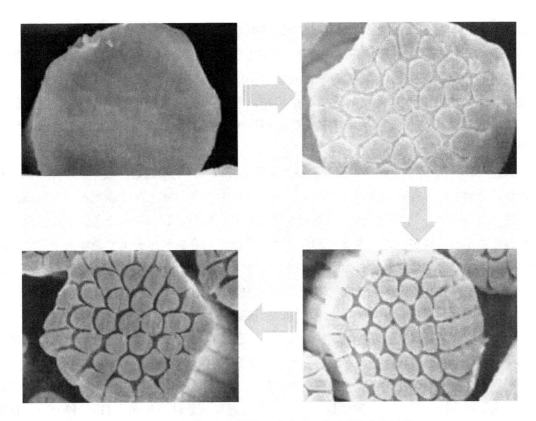

图9-2　海岛型复合纤维在碱溶液中截面结构变化过程

预定形工序是复合超细纤维形成最终风格的另一个关键工序，通过对超细纤维织物的预定形，有利于控制织物在受热时的尺寸稳定性，提高织物表面平整度，同时提高织物碱减量处理效果，最大限度地降低碱减量对织物的强力影响。一般情况下，超细纤维织物的定形温度控制在180℃左右（接近涤纶的玻璃化转变温度），时间1min为宜。

（2）超细纤维的染色。与传统纺织纤维相比，超细纤维的直径更小，比表面积更大，因此，其染色性能有别于传统纤维的染色性能，在上染速率、色光、匀染及移染等方面表现出明显的不同。

随着纤维线密度变小，比表面积增大，染料更易吸附在纤维表面，加快染料从染液到纤维表面的转移进程，缩短染料在纤维内部的扩散时间，纤维的透染率增加；同时，在一定程度上提高纤维的染料吸附量，有利于提高染料的上染率。总之，超细纤维独特的结构特征有利于提高染料的上染率。

除了对上染率有所影响外，纤维的线密度与比表面积也对最终染色织物的色光有着重要的影响。纤维越细，比表面积越大，对光的反射越强，染色织物的色光更容易产生偏差。因此，对超细纤维进行染色时，须根据不同的纤维线密度与结构调整染料的用量与染色工艺，以满足企业生产与客户的需求。

另外，纤维的线密度与比表面积变化决定着染色织物匀染性有所不同。随着超细纤维的线密度变小与比表面积增大，染料的上染率提高，染色过程变快，导致纤维织物表面的染料分布均匀性变差，且超细纤维表面平整性不好的特点更加剧了染料在纤维表面分散性差的趋势，导致最终染色织物的匀染性下降。所以，对于超细纤维织物的染色过程，升温速度与体系环境的设计显得尤其重要。由于在汽车内饰、家居装饰、人造皮革、仿真丝、高档外套及其他功能性织物方面有着广泛应用，本书重点介绍涤纶/锦纶复合超细纤维的染色情况。

涤纶/锦纶复合超细纤维是由涤纶和锦纶两种组分以一定的形态熔融喷丝成形制得的，目前超细纤维的主要形态有剥离型（橘瓣型、米字型）和海岛型两大类。剥离型复合超细纤维中锦纶含量较少，为15%～20%，只选用合适的分散染料可满足一般的染色需求；海岛型复合纤维中锦纶成分较多，达到40%～50%，由于分散染料在锦纶组分上的色牢度不高，因此对于含有锦纶部分较高的涤纶—锦纶复合超细纤维，一般采用分散染料与酸性染料相结合的方式进行染色，尤其是染深色复合织物时，对染料的要求则更高。

①单分散染料染色。上染常规涤纶织物的分散染料不一定都适合涤纶超细纤维的染色过程，大量研究表明，具有较好的匀染性、染深性、色牢度的分散染料更适合用于涤纶超细纤维的染色，否则容易出现涤纶内部上染不均匀的情况，也就是"白芯"现象。

为提高染色的均匀性，合理的染色工艺条件以及染色助剂的选择也很关键。超细纤维染色时，为了减少得色深度不一致的情况，必须在高温高压条件下染色（110～120℃），且需要保持较高的染浴循环速度（200～300m/min）。需要注意的是，染色时的升温速度以及保温时间对最终染色织物的染色性能也有较大影响。研究表明，采用阶梯式升温工艺有助于保持染液的分散稳定性，提高染料在纤维表面及内部的均匀性，防止产生色差；在高温阶段提高保温时间，不仅可较好地实现上染平衡，且可增加纤维的透染率，改善色牢度，提高染色织物的匀染性。另外，由于超细纤维对染料的吸附速度远大于常规纤维对染料的吸附速度，在超细纤维染色过程中引入相关染色助剂非常有必要，尤其是分散匀染助剂的使用，可大大缓解染色织物匀染效果与染色牢度差的问题。目前，市场上常用于超细纤维分散染料染色的匀染剂有阴离子型（分散剂NNO、CNF、CMN、MF等）、非离子型（以聚氧乙烯醚类高分子为主）以及阴/非离子复合型表面活性剂。但是，阴离子型匀染剂不能有效使分散染料缓慢上染超细纤维，也不能有效促进织物的移染效果，导致最终染色织物匀染效果差。非离子型匀染剂虽然对分散染料具有较好的缓染、移染作用，但是其耐高温性较差，在较高温度下容易失效，在一定程度上影响其最终效果。复配型高温匀染剂有利于克服两种组分本身存在的缺点，可以发挥协同效应，对超细纤维的染色过程具有较好的效果，因此，复合型高温匀染剂的设计与开发是目前行业内科学工作者的工作重点。

目前，行业内采用较多的超细纤维分散染料染色配方及工艺举例如下。

染色配方：

分散染料   1%～3%（owf）

复合型高温匀染剂	2～3g/L
分散剂	1.5g/L
温度	120～130℃
pH	5～6

采用高温高压的方式对超细纤维进行染色，单分散染料染色涤纶/锦纶复合超细纤维工艺路线如下所示，室温下入染，调节 pH 为弱酸性，以 1.5℃/min 的升温速度加热至 90℃ 左右，降低升温速度为 0.8℃/min，最终染浴温度为 130℃，保温 60min，染色完毕，冷水洗，皂煮，最后水洗烘干，得到染色超细纤维织物。

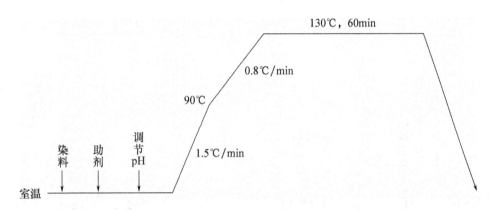

②分散染料与酸性染料结合染色。当超细纤维中锦纶组分增加时，就必须要考虑使用分散与酸性染料相结合的方式来对纤维进行染色。

在弱酸性条件下，酸性染料不仅可以与带正电荷的锦纶结合（库仑力为主），实现锦纶组分的染色过程，而且与分散染料具有良好的相容性，可以赋予涤纶/锦纶复合超细纤维较好的同色性。对于复合超细纤维的染色过程，温度较低时，酸性染料开始上染锦纶组分，这时分散染料较难上染锦纶。因此，沸染过程之前，主要以酸性染料上染锦纶组分为主。当温度升高达到沸染温度时，分散染料开始上染涤纶组分，已经与锦纶结合的酸性染料分子很难解离，对分散染料染色过程造成的影响并不大。通过两种染料的上染过程，最终得到较好染色效果的涤纶/锦纶复合超细纤维织物。

需要注意的是，在酸性染料上染锦纶组分时，应严格控制升温速度（必要情况下加入适量匀染剂），否则容易导致复合纤维的匀染性变差。主要是因为复合超细纤维的直径小，且锦纶组分表面含有大量极性基团，对酸性染料的吸附能力远高于常规纤维对染料的吸附能力，如升温速度过快，会促使酸性染料分子在锦纶组分中的分布均匀性降低，最终影响复合织物的染色性能。

目前，行业内采用较多的超细纤维分散染料与酸性染料结合染色配方及工艺举例如下。

染色配方：

复合染料	2%（owf）

复合型高温匀染剂	2 ~ 3g/L
分散剂	1g/L
温度	120 ~ 130℃
pH	5 ~ 6

同样采用高温高压的方式对超细纤维进行染色，复合分散染料染色涤纶/锦纶复合超细纤维工艺路线如下所示，室温下入染，调节 pH 为弱酸性，以 0.8℃/min 的升温速度加热至 110℃左右，保温 20min，继续以 0.8℃/min 的速度升温，最终染浴温度为 120 ~ 130℃，保温 60min，染色完毕，冷水洗，皂煮，最后水洗烘干，得到染色超细纤维织物。

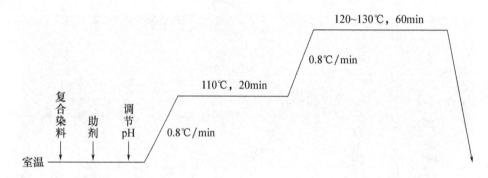

一般情况下，行业内较少采用分散/酸性复合染料对涤纶/锦纶复合超细纤维织物进行染色，利用单分散染料就可满足大部分复合超细纤维织物的染色需求。

除了涤纶/锦纶复合超细纤维织物外，还有一些超细纤维织物，包括锦纶、丙纶以及仿桃皮绒、麂皮绒等超细纤维织物，可根据纤维特点选择适当的染料，并合理制订染色工艺，从而提高超细纤维织物的染色性能，不再详加介绍。

（3）超细纤维的后整理。对超细纤维进行后整理，主要是为了改善织物本身的特点，使其具有一定的功能性，在某种程度上赋予其超越天然纤维服用性能的能力。目前，对超细纤维织物主要进行仿麂皮整理、起绒整理以及功能性整理三个方面的后整理过程。

①仿麂皮整理。麂皮是野生动物麂的皮，纤维组织非常紧密，手感相当柔软，作为美观、时尚的代表，备受人们青睐。但天然麂皮价格昂贵，且受到产量限制，不能满足广泛需求。根据麂皮优异性能的启示，人们利用涤纶、锦纶、腈纶等超细合成纤维来模仿这种生物皮质的结构形态、性能和行为来设计与制备新型仿麂皮材料，在很大程度上克服了动物皮质本身存在的一些缺点（容易变性、加工困难等），具有轻质柔软、透气保暖等优异的服用性能而且在耐化学性、防水霉变、服用性能等方面优于天然皮革，非常适合用于制作外套、鞋子、沙发套、墙布等服装和装饰用品，极大程度地满足了人们日常生活的需求。1963 年，杜邦公司利用超细涤纶做底布，聚氨酯做涂层，成功研制出人造麂皮，并工业化推广。随后，日本东丽公司改进了仿麂皮的制造工艺，价格有了很大程度降低，仅为常规人造麂皮的 1/5 ~ 1/3。天然麂皮与人造麂皮织物表面与截面的结构区别见图 9 - 3。

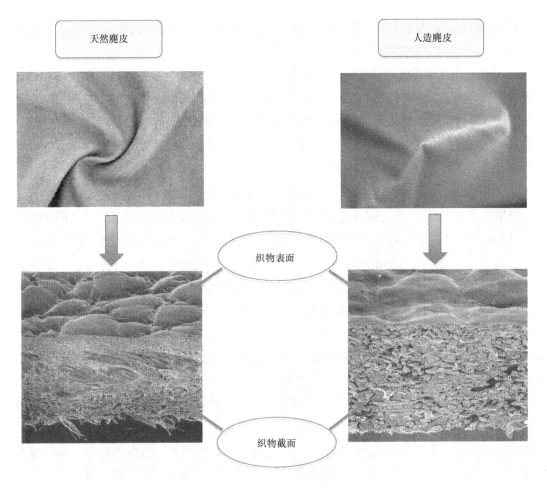

图 9 - 3　天然麂皮与人造麂皮织物表面与截面的结构区别

②起绒整理。起绒整理的主要目的是使得超细纤维织物表面产生微小绒毛，增加厚实感和舒适感，赋予织物表面桃皮绒效果，为高档化整理过程。整理的原理是利用高速运转的辊筒上的金刚砂纸割断超细纤维表面的长丝，使织物表面产生较小的绒毛，在织物表面形成一层密集的绒面，是一种纯物理机械式加工处理方式。

织物起绒整理时，砂纸的选择和整理工艺设计非常关键，尤其是砂纸的选择，对于织物的起绒效果以及起绒织物的强力保留率有着很重要的影响。如果选择的砂纸细度太低，在辊筒高速运转过程中，织物与砂纸间的摩擦力过小，不仅起不到割断纤维的作用，还会使得长丝团聚到一起，导致绒毛紊乱，绒尖缠绕，大大降低织物的手感与悬垂性；如砂纸细度过大，则由于较大的剪切作用，使得起绒织物易脱毛，强力损失明显，失去织物表面仿桃皮绒的风格。

目前，使用较多的起绒机是德国的祖克·米勒公司的 SE - 4 型磨毛机，磨绒前需浸轧适当的柔软剂和抗静电剂，在降低织物强力损失的同时，增强砂纸的切割作用，且有利于防止织物表面固化，提高起绒效果。起绒后，一般需进行适当水洗，洗除割断的纤维细屑，避免游离的微细纤维对后续整理工艺或织物外观与手感造成影响。

③功能性整理。对超细纤维织物进行功能性整理的目的是提高其服用性能，主要包括增深性能、吸湿性、抗静电性、柔软性等。

a. 增深整理。增深整理最主要的目的就是提高超细纤维织物本身的显色性，用于改善超细纤维织物染色性能中存在的不足。一般利用两种手段来实现对织物的增深整理：第一种是物理方式，通过控制纤维表面的粗糙度来改变纤维对光的漫反射程度，进而实现增深整理；第二种是化学方式，利用一些功能性整理助剂来降低超细纤维织物对光的反射率，达到增深整理的目的，比如高分子树脂、硅油等。

b. 吸湿整理。由于超细纤维织物以涤纶或其混纺组分为主，疏水性差，回潮率低，因此，织物的穿着舒适性差。在织物表面通过一定工艺引入亲水性基团，可以很大限度地改善织物对水的亲和力，提高超细纤维织物的吸湿性，有利于增强超细纤维织物的服用性能。

c. 抗静电整理。当织物在一定作用力下摩擦时，易产生静电，给人体带来一定的安全隐患，且在静电存在的情况下，织物表面更易吸附空气中的小颗粒或者油污，使得服用性能变差。在这种情况下，可通过抗静电整理来改善这一现象。目前，行业内采用比较多的方法就是将一些抗静电整理助剂（阳离子表面活性剂较多）整理到织物表面，赋予其抗静电性能。除了化学方法，也可通过一定的物理手段来处理超细纤维织物，达到抗静电的目的，如提高织物表面的平整度、改善织物本身的电导率等。

d. 柔软整理。在退浆精练工艺后，虽然去除了纤维表面的浆料与油污，但是纤维表面变得不平整，且染整过程中其他助剂、机械外力也会对纤维表面的平整度产生影响，这些因素导致织物的手感变差，同时织物的收缩率、悬垂性等主要物理指标也随之降低。为了提高超细纤维织物的最终品质，行业内一般采取浸轧柔软整理剂到织物表面来提高其柔软性能。有机硅油或其乳液不仅可以赋予织物良好的柔软性和悬垂性，而且耐久性优异，是织物柔软整理的主流助剂。

除了利用物理或者化学的手段使得织物具有仿桃皮绒、仿麂皮效果，提高超细纤维织物的显色性、吸湿性、抗静电性和柔软性外，也可选择一些功能性助剂或特殊的工艺对织物进行其他功能性整理，以满足人们对新颖的外观、特殊的手感、较高的舒适性和功能化（拒水拒油、防水透气、免烫、抗紫外线、阻燃、抗菌等）需求，在这里不再一一叙述。

第四节　超细纤维的应用

一、过滤织物

由于纺织纤维具有柔软、易弯曲的特点，且可以通过调控纤维种类、粗细、织物结构等性质来实现对不同材料的过滤要求，所以在过滤能力方面具有其他滤材不可比拟的优势，被广泛应用于医药、化工、食品、石油、电子以及环境治理等领域。其中，超细纤维织物具有过滤效率高，阻力小，寿命长等优点，在过滤织物的研究与制造中占有主导地位，超细纤维织物的过滤能力与其线密度的关系如表 9 - 1 所示。

表 9 - 1　超细纤维织物线密度与除尘效率的关系

纤维线密度 (tex)	纤维长度 (mm)	除尘效率（%）		
		微粒直径 (10μm)	微粒直径 (20μm)	微粒直径 (30μm)
0.01	3.00	99.76	99.96	99.94
0.06	5.00	37.91	76.50	99.13
0.19	12.70	26.11	52.40	81.04
0.33	19.00	20.53	23.07	39.91
0.66	25.40	21.27	19.50	23.46
1.65	38.10	5.84	16.41	21.41

不同的超细纤维滤布，其用途也有所区别。涤纶滤布强度高，耐磨性好，且具有较强的耐酸性，因此，在滤布生产与应用中占有主导地位，主要用于化工厂、食品厂、水泥厂与钢铁厂等生产企业的过滤；锦纶滤布具有与涤纶滤布相似的特点，但是其耐碱性好，耐酸性差，主要用于炼油、化工、水源净化等领域；棉滤布由于具有较好的膨润性，适合用于过滤一般的尘埃与液体；碳纤维是近年来研发成功的超细纤维，具有优异的力学性能、耐热性及化学稳定性好，且导电性优良，非常适合用于一些特殊工业领域，如高温环境下的化学处理、腐蚀性气体的纯化等。除了这些滤布种类，还有其他种类的滤布，包括丙纶、腈纶、玻璃纤维、维纶等，具有各自明显的特征，在不同领域中发挥着重要作用，不再详加介绍。

二、清洁织物

高性能清洁用布是超细纤维制品的另外一个典型代表产品。与普通织物相比，超细纤维织物具有较高的比表面积与较多的微孔，因此，拥有比常规纤维织物更出色的清洁能力，且不掉毛，可重复利用，非常适用于清洁领域，尤其是用于精密器械、光学仪器、微电子等高要求工程领域。

除了用于制备过滤、清洁等织物外，超细纤维还被广泛用于仿真、透水防湿等织物的制备，在农林水产、医疗卫生、交通运输、航空航天、安全防护等领域发挥重要作用，将成为我国乃至世界纺织工业发展的新的驱动力。

第十章　异形纤维

每种纺织用纤维的截面都有一定的形态。如天然棉纤维的截面是不规则的腰圆形，且截面中心有一干涸的空腔；羊毛纤维的截面近似圆形或椭圆形，外层覆有鱼鳞般的鳞片；未脱去丝胶的单根桑蚕丝截面呈不规则的椭圆形，由两根丝素外覆丝胶组成，除去丝胶后的单根丝素截面呈不规则的三角形；化学纤维的截面形状，最早生产的主要是以圆形为主，随着人们对纺织产品要求的变化，仿天然纤维截面的化学纤维也就出现了，而且其截面形态更是多种多样，特别是随着异形纺丝技术的推广和应用，化学纤维截面形态几乎已到随心所欲的地步，如三角形、三叶形、十字形、T形、H形等。这些经一定的纺丝方法纺制得到的具有特殊几何形状（非圆形）横截面的化学纤维以及中空纤维就是异形纤维，也称异形截面纤维。

第一节　异形纤维的特征及性能

异形纤维是差别化纤维的重要品种，同普通纤维相比，异形纤维的化学组成和结构并未发生改变。因此，对同一种化学纤维来说，异形纤维总体上具有与普通化学纤维最相似的一些力学性质。但是由于截面形态的变化，异形纤维与一般化学纤维相比，在某些方面又具有自己的特点，它具有特殊的光泽、蓬松性、抗起球性、回弹性、吸湿性等特点，因此，织物手感厚实，有温暖感，广泛应用于服装、装饰等领域。

一、异形纤维的独特性质

异形纤维所具有的独特性质，主要体现在以下几个方面：

（1）具有优良的光学性能。纤维无金属般炫目的极光，但是具有柔和、素雅、真丝般光泽，有些截面的纤维具有特殊光泽，如五叶形、三角形。

（2）纤维截面异形化，使丝条的比表面积增大，故相应增加了纤维的覆盖能力，并使透明性减小。

（3）由于截面的特殊形状，增加了纤维间的抱合力、蓬松性、透气性，并改善了丝条的硬挺性。

（4）减少了合成纤维的蜡状感，使手感更加舒适。

（5）能提高染色的深色感和鲜明性，使所染颜色更加鲜艳。

二、异形纤维的几何特征

异形纤维在横截面上具有特殊的截面形状，同时对纤维纵向形态也产生重要的影响。为了表征异形纤维截面的不规则程度，通常可以采用异形度和中空度等指标来表示。

1. 异形度　异形度 B 是指异形纤维截面外接圆半径和内切圆半径的差值与外接圆半径的百分比。

$$B = \left(1 - \frac{r}{R}\right) \times 100\%$$

式中：r——异形截面内切圆半径；

R——异形截面外接圆半径。

在纺丝过程中，纤维异形度将发生变化，因此可以将卷绕丝的异形度与异形喷丝孔的异形度之比称为纺丝时的异形保持率 K。

$$K = \frac{B}{B_0} \times 100\%$$

式中：B——纤维卷绕丝异形度；

B_0——异形喷丝孔的异形度。

此外，异形纤维截面的异形化程度也可以用圆系数、周长系数、表面积系数和充实度等表示。

2. 中空度　中空纤维的截面特征可以用中空度来表示。所谓纤维中空度是指中空纤维内径（或空腔截面积）与纤维直径（或纤维截面积）的百分比。中空纤维的中空度为：

$$H = \frac{d}{D} \times 100\%$$

$$或 H' = \frac{a}{A} \times 100\%$$

式中：H、H'——内外径中空度和截面积中空度；

d、a——中腔圆直径和截面积；

D、A——中空纤维直径和纤维截面积（含空腔截面积）。

中空纤维的中空度与纤维壁厚有关。中空度越大，纤维壁厚越薄，此时纤维很易压扁而成为扁平带状的纤维。因此，通常中空纤维的中空度要适当，不能过大而影响其性能的发挥。

三、异形纤维的性能

1. 力学性能

（1）断裂强度。异形长丝与相应的普通长丝相比，断裂强度无甚差异，这点可由 1.67tex（15旦）的单丝和5tex（45旦）复丝的试验所得数据证实。然而纺制0.5tex（4.5旦）短纤维时，中空异形纤维的断裂强度大约降低1%。具有特殊意义的是纤维的截面异形化对抗弯曲和耐磨牢度方面的影响，异形纤维由于易形成应力集中源，纤维强度较圆形截面纤维低10%～20%。

（2）抗弯性能和耐磨性。在截面积相同的情况下，异形截面纤维比同种圆形纤维难弯曲，这和异形纤维截面的几何特征有关。将涤纶的不同截面异形纤维织物和圆形纤维织物的抗弯刚度进行测定对比（表10－1），其结果表明，三角形等异形截面纤维织物都具有比圆形纤维织物高的抗弯刚度。

表10－1　不同截面涤纶直径与刚度比较

截面形态	线密度（dtex）	刚度（kPa）	纤维直径（μm）
圆形	3.3	11.76	17.0
	1.7	3.92	12.5
圆形中空	3.3	21.56	18.3
	1.7	6.27	13.5
三叶形	3.3	33.32	20.9
	1.7	11.76	16.1
三角形	3.3	21.56	19.04
	1.7	7.15	14.4

这表明纤维异形化不仅改善了纤维的光泽效果，而且也在很大程度上引起了力学性质的变化，从而引起风格手感的改变，使异形纤维织物比同规格圆形纤维织物更硬挺。

异形截面纤维会使纤维耐弯曲性下降。但中空纤维耐磨次数和耐弯曲次数却明显提高，甚至提高2～3倍。中空纤维的这种性质与其中空化后纤维内部应力的减小有关。有人曾专门对中空和实心锦纶的耐磨性作了比较，发现无论实心异形纤维还是中空纤维，做成织物后的耐磨性都比圆形纤维有所提高，而就织物的断裂摩擦次数和断裂弯曲次数而言，将三种不同截面的2.2dtex（2旦）的单丝做比较，只有异形截面会使纤维性能降低，而带有中空异形截面的纤维可大大提高其性能。如表10－2所示。

表10－2　纤维截面的抗弯曲性和耐磨性

纤维截面	断裂摩擦次数	断裂弯曲次数
圆形	670	2000
小角星形	350	1850
中空三角星形	1250	6000

2. 舒适性能

（1）手感。众所周知，天然纤维的截面形状是不规则的，纤维粗细也很不均匀，再加上天然纤维表面一般都有许多很细的皱纹存在，因此，天然纤维具有风格良好的手感，它们或者硬挺、丰满，或者柔软舒适。合成纤维截面异形化后，纤维有了类似于天然纤维的非圆形截面，因而手感方面也有所改善，由圆形截面纤维制得的织物，触摸时常有一种似蜡状物的软滑感。而异形截面纤维的织物，由于纤维的比表面积增大，特别是纤维的摩擦系数随着纤维截面的变化而变化，纤维静、动摩擦系数的差值相应增大，从而改变了织物的蜡状感，如表 10 - 3 所示。而对中空纤维来讲，其硬挺度、手感等受到纤维中空度的影响。在一定范围内，中空纤维的硬挺度随中空度增加而加大。但中空度过大时，纤维壁会变薄，纤维也变得容易被挤瘪、压扁，使硬挺度反而降低。

表 10 - 3　织物的摩擦系数及抗弯强度（塔夫绸）

纤维截面形状	聚酰胺					聚酯		真丝
	圆形	三角形	菱形	三叶形	豆形	圆形	三角形	三角形
静摩擦系数 μ_s	0.39	0.37	0.44	0.48	0.45	0.25	0.45	0.59
动摩擦系数 μ_d	0.31	0.28	0.35	0.39	0.37	0.22	0.39	0.47
$\mu_s - \mu_d$	0.08	0.09	0.09	0.09	0.08	0.03	0.06	0.12
抗弯强度（N/m²）	3.18	3.94	3.94	4.40	3.81	11.26	13.15	4.01

（2）抗起球性。普通圆形截面的合成纤维易起毛起球。由于纤维强力高，摩擦时纤维缠绕，附在织物表面产生的球粒不易脱落，球粒会越积越多，严重影响织物外观和手感。纤维异形化后，由于纤维比表面积增加，丝条内纤维间的抱合力增大，纤维头难于从织物中滑出，加之异形纤维的耐磨性较圆形纤维差，滑出布面的纤维头容易从织物上脱落，所以织物的起毛起球现象大大减少。试验表明，锯齿形、枝翼形截面纤维滑出起球的倾向最小。五角星形、H 形、扁平截面纤维和羊毛等纤维混纺，比纯纺起球少得多。

总之，异形纤维与其他纤维混纺可减少起球。从图 10 1、图 10 2 所举的例子可以看出，由两种或三种纤维混纺织物中，如混有异形涤纶或锦纶，产生毛羽和起球现象就减少。

（3）蓬松性与透气性。一般情况下，异形纤维的蓬松性要比普通合成纤维好，做成的织物手感也更厚、蓬松、丰满、质轻，透气性也好。异形纤维截面越复杂，或者纤维异形度越高，纤维及织物的蓬松性和透气性就越好。例如，三角形和五星形聚酯纤维织物的蓬松度可比圆形纤维织物高 5% ~ 8%。因此，在织物面密度相同的情况下，异形纤维织物就显得更厚实、更蓬松，保暖性和透气性也更好。同样，中空纤维也具有更好的蓬松性和保暖性。对同规格纤维而言，中空度增加，中空部分面积增大，纤维蓬松度也增大，纤维集合体的蓬松性也增加，有时甚至蓬松度可增加 50% 以上。

作为衡量蓬松性大致标准的透气性以及蓬松度示于表 10 - 4、表 10 - 5。由表中数据可知，越是复杂的形状蓬松性越大。

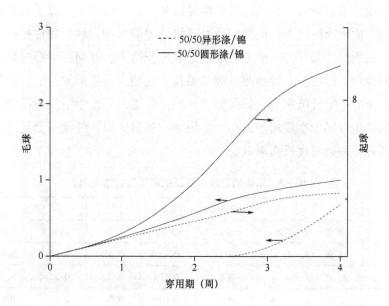

图 10 - 1   两种混纺织物异形截面丝织物的毛羽和起球产生的影响

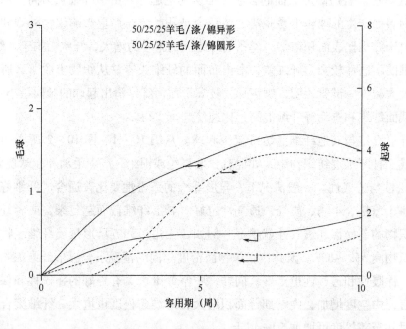

图 10 - 2   三种混纺织物异形截面丝织物的毛羽和起球产生的影响

纵轴刻度毛球：1—少量   2—有一定数量   3—很多

起球：1～4—少量   5～10—有一定数量   11～15—很多

表 10-4 织物的透气性（聚酰胺塔夫绸）

试样	聚酰胺塔夫绸				
截面形状	圆形	三角形	菱形	三叶形	豆形
透气性 [mL/ (s·cm²)]	36	41	43	47	52

表 10-5 织物的蓬松度（聚酯）

试样	聚酯		
截面形状	圆形	三角形	五星形
蓬松度（cm³/g）	1.63	1.72	1.76

（4）导湿性能。有学者分别研究了不同截面异形纤维的导湿性能，并对异形纤维的织物吸湿排汗效果产生原因提出以下依据。

①比表面积。异形纤维与圆形纤维相比较，比表面积增加使液态水的传导面积增大，气态水的蒸发面积也增大。凡是具有导湿快干功能的纤维一般都具有高的比表面积，表面有众多的沟槽。

②芯吸效应。芯吸性是纱线的重要特性，它与织物吸湿导湿有关，因而与织物的穿着舒适性相关。因此，芯吸问题属于纺织品舒适性问题的范畴。芯吸性好的织物穿着时不易产生闷热感。从本质上来说，芯吸是一种维持毛细管内流体迁移的性能。通俗来讲，是水分子沿纤维表面形成的毛细管上升并从另一端析出水珠的性能。异形纤维之间和异形纤维束之间形成的毛细管数量比相同线密度的圆形纤维之间和圆形纤维束之间形成的毛细管数量要增加许多，形成毛细效应时，虽然毛细管当量半径变小，但总体来说，由于毛细管数量的增加，纤维充实度减小，毛细效应比圆形纤维明显。截面一般设计为特殊的异形，利用毛细管原理，使得纤维能够快速地输水、扩散和挥发，能迅速吸收皮肤表面的湿气和汗水，并排放到外层蒸发。

由于中空纤维的孔状结构，形成良好的毛细管效应。根据毛细管芯吸公式，芯吸高度与毛细管直径成反比，可以得出毛细管越细越多，其芯吸效果越好。

$$毛细管芯吸总量 = n \times \frac{2\pi\gamma\cos\theta\gamma}{g\rho}$$

式中：n——毛细管总量；

γ——液体表面张力，N/cm；

θ——固液接触角，（°）；

γ——毛细管半径，cm；

g——重力加速度，cm/s²；

ρ——液体密度，g/cm³。

目前市场上的异形截面吸湿速干材料，其毛细管由多根纤维构成，而中空纤维只需一根纤维就可形成毛细管效应，所以中空面料的毛细管芯吸总量要大于异形截面纤维的芯吸总量。为此，对中空纤维、异形截面纤维和棉纤维面料进行芯吸高度测试，测试结果见图10-3。试验方法是将裁成长条形的面料垂直悬挂在水面上，测定水的上升高度。试验原理是毛细管效应。

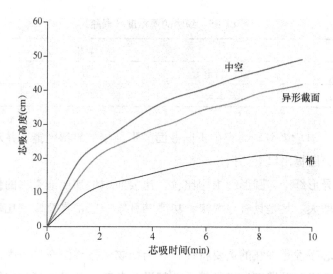

图10-3 中空、异形截面和棉的芯吸高度对比

由图10-3可以看出，中空纤维的芯吸高度比异形截面纤维好。同时，异形截面纤维手感粗糙、发涩，而中空纤维手感丰满，富有弹性，服用舒适性较好。

3. 光泽 异形截面纤维的最大特征是其独特的光学效果，这也是早期制造这类纤维的主要目的之一。

（1）异形纤维的光泽与入射光方向的关系。圆形纤维表面对光的反射强度与入射光的方向无关，异形纤维表面对光的反射强度却随着入射光的方向而变化。异形纤维的这种光学特点增强了纤维的光泽感，使人眼在不同方向、不同位置接收到不同的光学信息而产生良好的感官感受。如三角形截面涤纶会发出丝绸般的光泽，而五叶形截面显示出类似人造丝、醋酯丝般的光泽。与圆形截面相比，截面凹凸的个数越多，光泽的扩散性越好，光泽越柔和、鲜艳。然而，虽然异形纤维具有光泽效应，反射率大，在相同条件下染色时染料吸收量大，但染色却偏浅。因此，如要从外观上得到同样深度的颜色，必须比圆形截面纤维增加10% ~ 20%的染料。不过，在视觉上由于光泽的影响，似乎鲜艳度有增加的感觉。异形截面丝较圆形丝表面对光的反射程度大，难以透光，制成织物后，反映在人们的视觉上，织物的覆盖性能比较好，不容易被沾污。

（2）异形纤维的光泽与纤维截面形态的关系。异形纤维的光泽与纤维截面形态有较大的关系，当一束平行光照射于不同截面形态的纤维表面时，会发生不同的光泽效应。例如，三角形截面，三角形截面纤维（透明柱）就像三角形的分光棱镜一样。三棱镜能将光分成七色，应能看到各种颜色，但因棱镜太小，并且又是多个棱镜组合在一起（一根单纤维为一棱镜），因此，不能识别出各种颜色，各色光再度以集合的状态射入眼中。入射光通过单纤维（一个三棱镜）分成各色光，这种色光从各单纤维表面以各色分别再反射，这与珍珠色的发生机理相似，因此，视觉上的合成光具有奥妙的光泽。中空三角形截面，因内部反射首先不产生光谱的分光作用，而表面反射和内部反射这两种反射光亮度增加，所以以中空型的三角形纤维的光泽效应更好。图 10-4 表示边旋转纤维边测定与纤维轴垂直的入射光在特定方向的反射量。这里显出与截面边数相对应的反射率极大值，此情形在肉眼观察下为闪光线。若有效地利用该性质，就可制得丝绸光泽的织物。

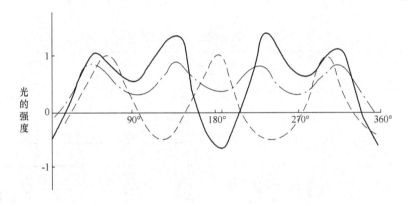

图 10-4　多角形截面纤维方向有关的反射率变化

表 10-6 所示为三角截面丝的光泽度与丝绸圆形截面丝相比较的情形。测试光泽度时通常用数字表示物体表面接近镜面的程度。光泽度的评价可采用多种方法（或仪器）。它主要取决于光源照明和观察的角度，仪器测量通常采用 20°、45°、60° 或 85° 角度照明和检出信号。不同行业往往采用不同角度的测量仪器。织物对比光泽度（75°~45°）越大，其光泽感越强。过去光泽是以（45°~45°）的正反射比表示。然而要表示丝绸光泽，如果把扩散反射的对比光泽度也考虑进去就更为理想。在这一点上异形截面丝相当接近丝绸。

表 10-6　织物（塔夫绸）的对比光泽度

试样品种	75°~45°			45°~45°		
	$I_{最大}$	$I_{最小}$	对比光泽度	$I_{最大}$	$I_{最小}$	对比光泽度
聚酯 5.56tex/24 根（50den/24 根）	57.5	42.5	1.35	58.8	50.0	1.18
丝型聚酯 5.56tex/24 根（50den/24 根）	77.5	45.0	1.72	70.0	67.5	1.04
绢 0.12tex（1.10den）	75.0	26.2	2.86	92.5	77.5	1.19
聚酰胺 7.78tex/24 根（70den/24 根）	57.5	38.8	1.48	60.0	50.0	1.20

注　I 表示织物光泽度的值。

利用异形纤维的这种性质可以制成具有真丝般光泽的合纤织物。另外，不同截面的异形纤维的光学特性也有所不同。从光反射性质上看，三角形、三叶形、四叶形截面纤维反射光强度较强，通常具有钻石般的光泽。而多叶形（如五叶形、六叶形、八叶形）截面纤维光泽相对比较柔和，闪光小。异形纤维比圆形纤维仿真丝效果更好。

4. 保暖性能 聚酯絮棉和羽绒常被作为保暖材料，它们都是利用包含静止空气来达到保暖性能的。因为静止空气传热系数最低，约为羊毛、聚酰胺纤维和聚酯纤维的 1/10。经测试，静止空气、羊毛、聚酰胺纤维、聚酯纤维和棉的传热系数分别为 0.022、0.19、0.22、0.245 和 0.56。由于热量的传导和对流占总体的 50% 以上（表 10-7），所以有效地抑制传导和对流的发生是面料能否保暖的关键。中空纤维保暖原理是将空气分隔，形成无对流的封闭状态，多层的静止空气抑制了热传导和空气对流，使保暖性能大大提高。

表 10-7 热量的各种传递方式对比

导热方式	热量（kJ/天）	比率（%）
辐射	4944.6	43.8
传导	3487.6	30.0
对流	2336.2	20.7
蒸发	535.9	4.7

通过测定各种面料的保暖率发现，中空棉混纺的面料比纯棉的面料保暖性能提高约 30%，而纯中空纤维比纯棉的保暖性能提高约 81%。中空涤纶摇粒绒比普通摇粒绒保暖性提高 65% 左右，而且外观上比普通摇粒绒更蓬松，质地更轻。同时，由于纤维中的空心结构，使得面料有很好的抗弯功能和很高的回弹性能。此外，面料中中空纤维的含量几乎和保暖性能呈线性关系。

5. 防污性能 由于异形截面纤维的反射光增强，纤维及其织物的透光度减小，因而织物上的污垢不易显露出来，从表面上看织物的耐污性就提高了。此外，异形纤维（包括中空纤维）透光率较圆形纤维低，表明异形纤维透光性较差，纤维和织物透明度较低。有人曾将异形中空复丝和圆形锦纶丝做成经编针织物，比较它们的透光性。发现本色中空纤维针织物的透光性比圆形纤维针织物的透光性低。

异形截面丝较圆形丝表面反射程度大，难以透光，这种性质对布、地毯等的耐污性起着明显的效果。异形截面丝织物的光学性质举例见表 10-8。

表 10-8 异形截面丝织物的光学性质

聚酯试样	F-10	F-11	F-12	F-13
截面形状	三角	圆形	三角	圆形
透射率 I_t（%）	6.07	7.37	4.50	7.53
透射率 I_R（%）	70.9	59.6	73.0	57.2

聚酯试样	F－10	F－11	F－12	F－13
I_r（污染后反射率 保持百分数,%）	69.6	61.4	69.9	62.4

6. 染色性能　异形纤维由于比表面积增大，上色速度加快，上染率明显增加。但由于异形化后纤维反射光强度增大，而使色泽的显色性降低，颜色深度变浅，如图 10 - 5 所示。不过，在视觉上由于光泽的影响，似乎鲜明度有增加的感觉。因此，对异形纤维染色时，要想从外观上获得同样的深度，必须比圆形纤维增加 10% ~ 20% 的染料，但染料吸收量大使染色成本增加。实际生产中可以通过适当地确定纤维的线密度和单丝根数，在一定程度上降低染料的消耗而保证足够的颜色深度。

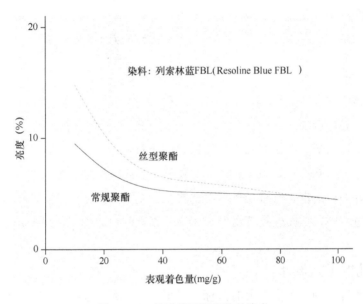

图 10 - 5　异形截面丝织物的染色

第二节　异形纤维的制备

异形纤维是用非圆形喷丝孔或中空喷丝孔纺制的特殊截面纤维，纺丝方法有膨化黏着法、复合纤维分离法和异形喷丝孔法。膨化黏着法是指将喷丝孔制成相互靠近的圆形孔、弧形孔和狭缝等，利用纺丝液从丝孔挤出时的膨化效应（也称孔口胀大效应），使纺丝液细流相互黏着形成异形纤维的方法。复合纤维分离法是将两种或两种以上的成纤高聚物制成可分离型复合纤维以后，在后加工过程中通过机械剥离各组分或者用溶剂溶掉某一组分而获得异形纤维。然而，最普遍使用的方法是异形喷丝孔法，它是将喷丝孔加工成与所要求的纤维截面形状相似的纺丝方法。

生产不同异形截面纤维的关键是采用与其对应的喷丝板。喷丝孔形状、纺丝温度、冷却成型条件（如冷却位置、冷却风速度等）及喷丝速度是决定异形度的主要工艺因素。异形度一定程度上反映了纤维截面的形状，异形度不同的纤维其力学性能也不同，导致它们的用途也有很大差异，因此，控制异形度是异形纤维纺丝工艺中一个非常关键的因素。

一、异形喷丝板的设计原理

异形喷丝板的作用是使处于黏流态的高聚物流经异形孔，当其喷出以后，借助纺丝流体的黏弹性质、表面张力和膨化效应等使其转变成特定截面形状的丝条。

异形喷丝板有多种，大致可分为一般异形喷丝板、中空喷丝板、异形中空喷丝板和复合异形喷丝板四种。一般说来，异形喷丝板除了喷丝孔的设计不同于普通喷丝板外，喷丝板的强度、阻力等方面基本与普通喷丝板的设计相类似。

在当量直径满足下式要求时，可以纺制出质量优异的异形纤维。

$$De = 4 \times \frac{A}{C}$$

式中：De——当量直径；

A——异形孔截面面积；

C——熔体浸润周边，即异形孔几何形状周边总长。

研究证明，当 $De = 0.25 \sim 0.40mm$ 时，能满足异形纤维的成形要求。

为了获得良好的可纺性，常将异形截面孔排列成对称形状，并要求各处截面尺寸尽量相同。这样在纺丝过程中，从喷丝孔喷出的熔体细流固化时受力均匀，成型效果好。

二、喷丝孔的形状设计

异形度是异形纤维的一个很重要的指标，异形度表示纤维截面异形的程度。如用双十字形、三叶形喷丝孔纺制的聚酯长丝异形度可达 75% 左右，而六叶形、五边中空形喷丝孔纺制的长丝的异形度仅有 25% 左右。

喷丝孔是生产异形纤维的关键部件，使用不同孔形的喷丝板纺制的异形丝，其异形度相差很大。其中喷丝孔形状包括孔的几何形态、孔的叶片长宽比、孔的长径比、孔的排列等。

1. 喷丝孔的几何形态 几种喷丝孔的几何形态及其对应的异形纤维截面如图 10 – 6 所示。

2. 叶片长宽比 同一几何形状的喷丝孔，叶片长宽比不同，其异形度相差很大，不仅可以影响所纺纤维的线密度，还影响了纺丝流体的性质。纺制扁平形腈纶时，叶片长宽比需介于 12 ~ 18 之间，小于 12 时，则拉伸时易断丝且毛丝增多；大于 18 时，纤维光泽不好。如用六叶形喷丝孔叶片纺制聚酯纤维，纤维异形度随叶片长宽比的增大而增大，见表 10 – 9。

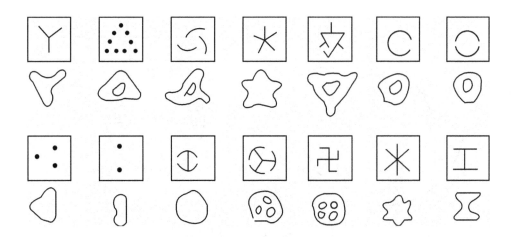

图10-6 几种喷丝孔几何形态及其对应的异形纤维截面

表10-9 六叶形异形喷丝孔的叶片长宽比对纤维异形度的影响

喷丝孔形状	叶片长宽尺寸（mm）	叶片长宽比	喷丝速度（m/min）	纤维异形度（%）
	0.42×0.10	4.2	6.8	10.0
	0.50×0.10	5.0	5.8	14.8
	0.70×0.10	7.0	4.4	15.0
	0.88×0.078	11.3	4.2	16.0
	0.99×0.078	12.7	3.9	16.0

从表10-9的试验数据中可以看出，涤纶长丝的异形度随叶片长宽比的增加而增加，但叶片的长宽比增大到7以上时，异形度就不再增加，因为长宽比过大，会降低熔体在孔道中的流速，从而抵消了长宽比增大异形度的效应。因此，如何确定叶片的宽度和长度及长宽比是非常重要的。

3. 喷丝孔长径比 喷丝孔长径比是指孔长与孔径之比，其对流体细流的流变性影响很大。熔纺异形纤维的纺丝过程中一般希望增加喷丝孔长径比，因为增大喷丝孔的长径比可以减轻纺丝熔体的孔口胀大效应，有利于提高异形纤维的异形度，并有利于稳态纺丝过程的实现。

4. 异形喷丝孔的排列 异形喷丝孔的排列，对纤维的异形度和卷曲率等指标都有较大的影响，其原则是异形孔的长周边对准吹风方向，如图10-7所示。

三、异形纤维纺丝工艺
异形纤维纺丝工艺流程为：

切片→干燥塔→螺杆挤压机→熔体过滤器→纺丝箱体→

计量泵→纺丝组件→侧吹风→上油→甬道→卷绕→异形纤维

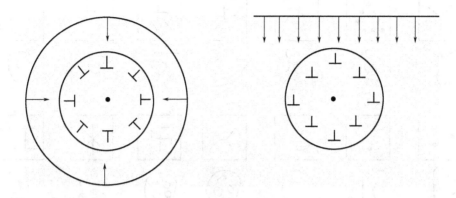

图 10 - 7　T形孔的排列及吹风方式

　　根据纺丝流体的流动性能和丝条异形度的变化特征，可以将异形喷丝板的纺丝过程分为三个区，即孔流区、膨胀区和细化成型区。孔流区（Ⅰ）：纺丝液流入毛细孔到出喷丝孔之间的区域。膨胀区（Ⅱ）：挤出细流由于膨化效应而胀大，直至弹性回复基本完成。细化成型区（Ⅲ）：膨化后，冷却、细化直至卷绕工序。第Ⅰ、第Ⅱ区影响异形度的主要因素是异形板形状、熔体黏度以及弹性回复应变，这些因素与纺丝聚合物的性能、纺丝温度和压力等有关。第Ⅲ区影响异形度的主要因素是熔体黏度、表面张力、冷却条件及喷丝板拉伸倍数等。除以上因素对纤维异形度产生影响外，纺丝流体的挤出过程和丝束的凝固成型过程的工艺条件对初生纤维横截面形状和纤维的力学性能也有很大影响。因篇幅所限，此处不再展开详述，可参考相关书籍。

第三节　异形纤维在纺织品上的应用

　　目前异形纤维不仅在衣着、装饰及产业用纺织品三大领域内有着广阔的市场前景，也是非织造布及仿皮涂层的理想材料。例如，在地毯领域中，异形纤维的特点是有弹性、不起球、有高度的蓬松性、覆盖性和防污效果。在非织造布领域，异形纤维的附着性比圆形纤维大得多。在工业卫生领域，用 X、H 形纤维制造的毛刷类产品，其清洁度要好得多。中空纤维除衣着领域外，在污水处理、浓缩分离、海水淡化、人工肾脏方面也得到广泛应用。伴随着异形纤维品种的多样化，其在纺织产品上的应用也日益广泛。本节着重说明异形纤维在服装面料上的应用。

一、异形纤维在仿天然纤维织物上的应用

　　利用化学和物理方法，使合成纤维改性，以便扩大使用范围，提高服用性能，其中纤维异形化见效最快，被称为 20 世纪 60 年代中化学纤维发展的重大成就之一。仿天然纤维风格是早期异形纤维发展的目标。

化学纤维的异形化能控制和改善纤维的硬挺度和织物表面光泽，丰满手感，进一步解决织物的不透气性和达到改善织物风格的目的，使纤维具有某些天然纤维织物的结构特征和性能，是普通圆形纤维所无法比拟的。因此，异形纤维产品从最初的三角形、中空截面发展到多种异形品种，如五角形、三叶形、多叶形、哑铃形、椭圆形、L形、藕形及异形中空等。可纺制成单丝、复丝、短纤维、纤维束、弹力丝等。根据异形截面纤维各自不同的特点，可以织造仿丝绸、仿毛、仿麻、仿麂皮等风格的面料。

1. 三角形截面纤维　这类纤维的截面类似于蚕丝的截面，就像三角形的分光棱镜一样，入射光通过单纤维分成各色光，后经单纤维表面进行反射使得此类纤维光泽夺目，有蚕丝般的柔和光泽。

异形纤维截面形状与闪烁光泽强弱关系为：正三角形＞扁平形＞变形三角形＞豆形＞三叶形＞五叶形＞圆形＞圆形中空。

三角形截面纤维大大弥补了日常纤维光泽差的特点。应用这种闪光效应可以制作毛线、围巾、羊毛衫、晚礼服等。用三角形截面的有光异形涤纶代替马海毛可用于制作女式大衣。此外，用三角形截面的锦纶长丝生产长筒丝袜，可以获得金黄色的华丽外观并有钻石般的闪烁光泽。

2. 变形三角纤维　变形三角形截面纤维是以三角形截面为基础，可以根据产品要求变形为各种形状。这类纤维具有均匀的立体卷曲特性，可用于仿丝绸、仿毛织物，与毛或黏胶纤维混纺织得仿毛法兰绒，手感温和，色泽文雅。

3. 中空异形纤维　主要是三角形和五角形，性能优越，用其织得的中厚花呢质地轻、蓬松、手感丰满，织得的复丝长筒袜耐磨性、保暖性和柔软性优良。织得的各种经编织物透明度低、保暖性好、手感舒适且光泽柔和。此外，异形纤维参与混纺可织得具有较好的仿毛效果的仿毛织物。例如，圆形中空涤纶与普通涤纶、黏胶三者混纺后，比普通涤黏混纺织物具有更好的仿毛感、手感和风格。除了保持一般仿毛织物的风格特点外，还具有良好的蓬松保暖性，织物厚实、质量轻。若在此基础上变化织物结构，则可织得透气性优良、适合夏季服装的织物。

4. 五角形截面纤维　五角形截面纤维是星形和多角形的典型。最适合作绉类织物，一般用作仿乔其纱的原料。多角形低弹丝可织得仿毛、仿麻、针织或外衣织物，其织物具有光泽柔和、手感柔滑、轻薄、挺爽的特点。此外，多叶形截面纤维具有优良的保暖性和抗起毛起球性，且羊毛感较强，适合作绒类织物原料。尤其是用该纤维制得的起绒毛毯，能使绒毛既相互缠结，又蓬松挺立，富有立体感和丰满厚实感。

5. 三叶形截面纤维　三叶形截面纤维除了具有优良的光学效应外，其回潮率、弹性模量、蓬松度均高于圆形截面纤维，并且具有较大的摩擦系数，因此，织物手感粗糙厚实，适合做外衣面料。由于三叶形纤维的异形截面，使得单丝间抱合松散，透气性好。三叶形长丝用作针织外衣面料，可避免出现勾丝、跳丝现象，即使出现也不会造成破洞。用其还可织得绒面丰满、挺立，机械蓬松性较好的起绒织物，较高捻度的三叶形长丝可织得手感脆爽、适合作夏季服装的仿麻织物。英国的帝国化学公司生产的三叶形聚酯纤维可作变形纱用，美国Rose mills公司生产的三叶形聚酰胺66纤维织物可做仿真丝产品。中国台湾已在纺织产业中广泛应用了异形纤维，并大力推广三叶形纤维用于织造女士衬衣、裙装及运动休闲服等的面料。

6. 双十字截面纤维　此纤维可织得服用性能好的袜子，因其纤维截面大，故可节省许多原料。

7. 扁平形截面纤维　该纤维具有良好的刚性，仿毛皮中的长毛可用该种纤维制成。例如，用扁平黏胶长丝织得的绒类织物具有丝绒的风格特点。一字形扁平纤维可改善织物的光泽、蓬松性、吸湿性、弹性、手感等。

8. Y形截面纤维　目前，中国台湾为了提高纺织产业的国际竞争能力，在岛内推广异纤度异截面Y形纤维，异形纤维已经在台湾纺织产业中被广泛运用。

据悉，异纤度异截面Y形纤维横截面能够形成许多单纤间孔隙，Y形截面纤维孔隙率达40%，较之三角形截面的20%及圆形截面的15%高出许多。这些孔隙提供了汗水湿气导流的毛细孔道，因此是吸湿排汗布最佳素材。此外，Y形截面纤维织物与皮肤接触点较少，可减轻出汗时的黏腻感。Y形复合纤维最大的特点是重量轻、吸水吸汗、易洗速干，运用复合纺丝技术便可变化原料种类，创造多样化视觉与手感。产品可用于女装的衬衣、裙装及运动休闲服、训练装等面料的生产。

二、异形纤维在吸湿排汗纺织品上的应用

人体排出的汗液（气相或液相）与织物接触后首先要能够将织物润湿，而后汗液通过构成织物的纤维间的间隙或纤维自身将汗液传导扩散，继而依靠汗液与环境间的湿度差等为动力蒸发散出，使织物变得干燥，从而提高服装穿着的舒适性。

用异形截面纤维来达到吸湿排汗效果是目前最直接、最有效的方法。异形截面纤维用来做吸湿排汗面料，具有天然纤维和化学纤维的许多优点，比亲水整理更环保。吸湿排汗异形纤维主要包括十字形、五角形、四叶形、Y形等截面形状的纤维，由于其良好的服用性能，能够广泛应用于紧身衣裤、衬衣、女式外衣、运动服、西裤、衬里、装饰制品等领域。吸湿排汗纤维除了用在运动服、休闲服、内衣等之外，将朝多用途方向发展，如鞋材、家具、卫生医疗、防护及农业等领域，其市场将不断扩大。

第十一章　仿真纤维

近几年，随着服装界盛行"返璞归真，回归自然"的着衣理念，人们又一次对天然纤维表现出了浓厚的兴趣。天然纤维织物成为人们首选的材质，但是随着全球棉、麻种植规模的减少以及羊、蚕的养殖规模的减少，全球棉、麻、丝、毛的价格一直上涨。而合成纤维的产量又出现了剩余，因此，利用合成纤维通过各种工艺、技术使其尽可能接近于天然纤维的性能，成为解决当前纺织业瓶颈的一条重要出路。

仿真纺织品就是在这样的时代背景下孕育而生的。所谓仿真纺织品主要是指模拟自然的纺织品，它既包括模拟天然纤维的纺织品，也包括通过对自然现象的模拟，赋予其某种功能的纺织品。"向自然学习"是当前纺织品发展的一个重要的趋向。仿真纺织品的开发涵盖了从高分子材料的生产、纺丝、织造到染整加工的每一步技术，将所有这些技术综合在一起才能开发出具有特殊性能的纺织品。在合成纤维的发展历程中，人们为模仿天然纤维做了大量的工作，特别是对棉、毛、丝的外观和功能的模仿。迄今为止，天然纤维的形态和宏观结构，已在很大程度上体现于合成纤维中，但对天然纤维的微观结构、基本结构单元的模仿尚难以实现。目前，锦纶、涤纶、腈纶已成为仿天然纤维的主要合成纤维。仿真技术发展至今已不仅满足于单一的仿真，更多的是以仿自然、超自然的概念来设计纺织品为主要目标。通过这些技术制得的纤维，既有不同于天然纤维的手感，又具有某种功能和特性，并满足理想纺织品的三个要素即手感好、外观好和穿着舒适。以涤纶仿真技术为例，已由过去仿天然丝织物的性能外观，发展到要求织物具有超柔软、超悬垂、凉爽手感、桃皮手感等新感性，同时具有抗紫外线、防臭、防雨、轻量保暖等功能。总之，仿真纺织品的研究是纺织品设计和开发的重要途径，也是当前纺织学科中学科交叉的前沿领域，具有广阔的发展前景。

目前，仿真纤维主要有仿真丝纤维、仿麂皮、仿毛纤维、仿棉纤维等。随着新材料和材料科学的发展，仿真行业必将进入一个全新的境界。各种纤维新素材，将有利于开发风格水平超出高度仿真的更新颖的仿真产品，今后的发展将可能出现"超真型"的仿真纤维系列。

第一节　仿真丝纤维

自古以来，真丝（蚕丝）就是一种高档的纺织原料，其织物的吸湿性好、手感柔软滑爽、面料光泽柔和且富有弹性，穿着舒适宜人。但由于真丝的产量小、价格昂贵、易老化发黄、易起皱、易熨缩、缩水率较高，从而制约了真丝纤维的发展和应用，但是其优异的服用性能却一直被人们所追求。近几年，随着合成纤维的快速发展及仿真丝技术不断创新，通过对合成纤维进行处理，在外观上已达到了以假乱真的效果。由于涤纶具有价格低、弹性好、强度高、耐热性好、耐磨性好、耐光性好等一系列优点，成为了各国开发合成纤维仿真丝产品的热点。涤纶仿真丝不仅拥有合成纤维的优点，而且还具有真丝般的风格、优良的悬垂性能以及穿着舒服性。涤纶仿真丝织物在外观和服用性能上已越来越接近真丝性能。

一、仿真丝纤维的发展简史

仿真丝技术的发展从早期的涤纶仿真丝开始至今已经历了四个阶段：第一阶段开始于1960年，在这期间主要致力于仿制真丝的光泽，通过把聚酯纤维制成具有三角形截面的长丝，赋予产品真丝般的光泽，但是风格方面远远不及真丝。第二阶段开始于1971年，在这期间主要致力于仿制真丝的风格，开发出超细化和异收缩混纤等产品，其仿真丝产品的各种性能均超越了第一代仿真丝产品。第三阶段自1976年开始，在这期间致力于仿制真丝的外观、形态和风格。第四个阶段是在1985年以后，在这期间致力于仿制真丝的外观和本质及超真丝性质，既要具有真丝的优点，又要具有合成纤维的特点。

纵观当前世界，仿真丝产品基本可以划分为两大流派：一是欧洲以意大利为代表的"拉蒂"风格，其产品外观极像真丝，手感丰满柔软，档次较高，但产量较低；二是亚洲以日本为代表的追求细旦单纤，手感柔软，悬垂性好的仿真丝产品。中国仿真丝始于20世纪70年代，即1978年原纺织工业部纺织研究院、苏州丝绸研究所着手开发仿真丝产品。由于当时受化纤原料及加工条件的限制，产品档次较低。直至1986年以后，由于真丝原料紧缺，仿真丝的开发和生产才重新兴起并得以发展。经历几十年的发展，我国仿真丝技术也有了很大进步。但是目前，仿真丝产业的整体水平仍然低于其他发达国家，为赶超世界水平，发展国产优质涤纶仿真丝织物具有重要的现实意义。

虽然涤纶仿真丝技术已经得到了很大发展，但是由于涤纶大分子排列紧密且没有亲水性基团，使得涤纶仿真丝绸吸湿性、透气性较差，制约了涤纶仿真丝产品的发展。今后，其研究和发展的方向主要集中在以下两个方面：

1. 改进涤纶纤维仿真丝方法　目前，涤纶仿真丝的方法主要以碱减量法为主，但是由于碱的使用，不仅造成环境污染，而且会刻蚀涤纶，减小织物强力。因此，改进涤纶仿真丝技术方法，对涤纶仿真丝的发展至关重要。

2. 开发新型的超细旦纤维　虽然涤纶仿真丝方法的日趋成熟和完善，但是使用普通涤纶进行仿真丝仍然存在着吸湿性差、透气性差的问题。因而开发新型的超细旦纤维，能有效解决这个问题。关键是从原料上使纤维达到超细旦级别，从而增多纤维间的空隙，提高织物的孔隙率，产品的透气性得以增加，同时由于织物毛细效应的提高，水分能迅速吸收并扩散，织物才能具有良好的导湿性。新型的超细旦纤维的开发将成为仿真丝发展的重要方向。

二、仿真丝纤维的制备方法

目前，涤纶仿真丝主要有以下几种途径：

1. 普通涤纶长丝仿真丝　普通涤纶通过 15% ~35% 碱减量加工以改善纤维手感，提高仿真程度。涤纶在热碱的作用下发生水解，使纤维表面受刻蚀而出现大量的凹坑，其质量减轻，纤维直径变细，使得织物具有柔软的手感、柔和的光泽和良好的吸湿排汗性能，具有真丝般的风格。

2. 截面异形丝仿真丝　通过模拟蚕丝的三角形截面，使纤维具有优良的光学性能、蓬松性和透气性。利用三角形状有如三棱镜的作用，通过入射光棱边的反射及色散效应，从而消除了纤维金属般的极光，使织物具有珍珠般柔和的光泽。如今发展到多角形（如五角、六角、三叶、五叶等）截面，进而又出现了 Y 形、H 形和扁平截面，这些特殊截面的纤维对改善仿真丝效果起到重要作用。

3. 细旦丝仿真丝　真丝织物优良的悬垂性、柔和的光泽和柔软的手感很大程度上是由于纤维比较细。在涤纶仿真丝的研究中发现纤维越细，纤维柔软度越高，而且纤维的比表面积大有利于吸收水分，与常规涤纶丝相比，许多纤维叠合在一起，纤维间的空隙增多，织物的孔隙率高，产品的透气性增加，同时由于织物毛细效应的提高，水分能迅速吸收并扩散，因此，织物具有良好的导湿性。将细旦纤维面料经碱减量处理后，纤维间的空隙加大，织物的柔软度提高，进一步改善织物的手感。

4. 三异法仿真丝　所谓三异法仿真丝是指在同一束丝中将不同线密度、不同收缩率和不同截面形状的纤维复合在一起进行纺丝，由于不同纤维具有不同的光折射率而使得仿真丝织物具有柔和的光泽，不同线密度使其具有天然丝的飘逸感和优良的悬垂性，不同收缩率增加纤维间的空隙，从而使织物手感蓬松柔软、弹性好。

5. 改性涤纶仿真丝　通过强捻、假捻等加工技术，改善涤纶单丝的分散性、平滑性和粗糙性，能有效控制经纬丝的膨化率、卷曲率及收缩率，从而得到蓬松、柔软、弹性及绉效应等外观效果。通过粗细不匀牵伸，在单丝的纵向产生粗细不匀的现象使其外观风格更接近天然丝，获得织物厚薄不相同的分布效果。

三、仿真丝纤维的形态

涤纶经碱减量处理后，聚酯（聚对苯二甲酸乙二酯）大分子中的酯基发生水解反应，生成可溶性缩聚物或者断裂为若干对苯二甲酸和乙二醇小分子。经水洗后可溶性缩聚物便溶解于水中。由于外层纤维被碱腐蚀，使得纤维变细、变软，织物质量变轻。纤维表面形成凹坑，失去了原来的光滑性，出现了挖蚀的斑痕，如图 11 - 1 所示。随着减量率的提高，斑痕宽度也随之增加，甚至在纤维内部的某些薄弱环节处出现局部龟裂的现象。但结晶度和取向度变化不大，说明碱水解反应主要在纤维的非晶区进行。

图 11 - 1　仿真丝纤维的纵向图

四、仿真丝纤维的性能

1. 物理、化学性质　仿真丝产品兼有天然和合成纤维的优点，其各项指标均介于合成纤维和真丝之间。如仿真丝织物的悬垂系数比真丝织物的悬垂系数小，因而涤纶仿真丝织物具有较好的悬垂性。此外，涤纶仿真丝织物抗折皱性和拉伸断裂强力均高于真丝织物。

仿真丝纤维不仅具有真丝纤维轻薄飘逸、柔软滑爽、光泽柔和、悬垂性好的特点，而且具有强力高、耐磨性好、免烫、抗皱、洗可穿的特点。

2. 染色、印花性能　根据涤纶仿真丝纤维的特点，一般采用分散染料高温高压溢流喷射染色方法。这是由于仿真丝纤维大多数由超细纤维加工而成，而超细纤维的线密度小，表面有凹坑，纤维的比表面积大能快速吸附染料，不仅加快了染料从染液中转移到纤维上的过程，同时还使得纤维内外染料浓度差增大，从而加快了染料的上染速度。因此，涤纶仿真丝的染色上染速度快。但是过快的上染速度容易造成纤维染色不匀。在染色过程中要控制好初始浓度，初始浓度不能过高，同时采用缓慢升温的方法，加快染液的流动速度。由于纤维的直径小，染料从纤维内部解吸到染液的路径短，因此，纤维的移染性好。一般来说，染色后必须进行还原清洗，充分去除织物表面的染化料助剂残留，以免影响染色牢度。

涤纶仿真丝绸印花主要采用单分散染料印花；印花后经过热熔固色，可以使用长环悬挂式高温常压蒸化机；织物经冷水洗，皂洗。为防止白地沾污，在皂洗时，可采用防沾污洗涤剂，使印花效果更好。仿真丝绸的印花图案一般是多套色，以浓艳的花卉形图案为主，即使是几何形图案，也是散空留隔，没有连续的条格花形，因此，一般采用平网印花的方式，对于较精细的特殊图案可采用转移印花。

五、仿真丝纤维的后处理

1. 折皱整理　所谓折皱整理，就是通过各种加工工艺，赋予织物各种各样的、没有规律性的、美观的皱纹。这种皱纹具有与由强捻制成的给纱、由提花组织形成的褶皱风格完全不同的效果，因而赢得了消费者的青睐。过去，折皱整理是以机械方法为主，在织物表面施加机械压力和热，使涤纶绸表面凹凸，用这种方法形成的折皱形状稳定，有规律性和自然感。最近，有研究者提出用液温急剧变化的方法来形成折皱，这种方法尤其适用于涤纶合纤织物。

2. 抗静电整理 仿真丝纤维导电性差。用抗静电剂对纤维及其制品进行处理，赋予涤纶仿真丝绸导电或吸湿传导的性能，防止静电积聚现象。

3. 柔软整理 通过对织物进行柔软整理提高仿真丝的柔软度和丰满度，从而改善其手感。常用的柔软剂 HC、SY－1、C－412、D3 等均可以使用，但不宜使用拒水性柔软剂，以免涤纶仿真丝绸的透气性和吸湿性受到损害。

4. 丝鸣整理 通过在仿真丝纤维中加入脂肪酸或进行酸处理，使仿真丝纤维在摩擦时产生丝鸣声。丝鸣的声音非常优雅，其与真丝的光泽、手感并列为真丝的三大特性。

如今，人们已经生产出各种品质的仿真丝纤维，并且达到了视觉风格与手感酷似真丝织物的程度。使涤纶仿真丝织物的风格、质感、触感、外观及服用性能等既保持涤纶的良好性能，又具有蚕丝的许多优点和独特的风格，很大程度上满足了人们对真丝的要求。

第二节 仿麂皮纤维

麂皮是一种名贵绒面皮革，其光泽柔和、质地柔软、手感细腻舒适，深受人们的喜爱。由于天然麂皮数量有限，其更显名贵。最早麂皮的含义是指通过金刚砂纸打磨皮革表面，使其表面产生耸立的毛羽。后来人们也将羊皮、牛皮和猪皮等作绒面加工的皮革称为麂皮。随着生产力的发展和科技水平的提高，科研人员利用合成纤维仿制麂皮。我们把这种通过人造加工而成的麂皮称为仿麂皮。仿麂皮绒的手感和外观都颇似天然麂皮，不仅它的表面纹路结构和绒毛细密程度近似天然麂皮，而且内部结构和天然麂皮的束状胶原纤维结构也非常相近，形成开放式的三维微孔网络结构皮，透气透湿、柔软而富有弹性。如果仿麂皮绒再经过特殊的后整理，使其表面细密平整、柔软丰满，具有比天然麂皮更耐用、更易保养的优点。由于仿麂皮产品色彩高雅大方，手感丰满，飘逸，悬垂性好，完全可与天然麂皮媲美，是一种高附加值的产品已广泛应用于现代时装、鞋材、玩具及家具装饰领域。目前，国内生产规模正在不断壮大。

一、仿麂皮的发展简史

仿麂皮整理的发展归纳起来经历了三个阶段。第一阶段仅仅是采用机械方法在天然棉布上进行磨绒，使之产生像麂皮那样的绒面，如最早由美国 DuPont 公司在 1963 年生产的"Corfam"仿麂皮纤维。第二阶段以天然棉布为主进行静电植绒和剪毛，这个时期的仿麂皮产品仅仅局限于外观上的仿制，在性能方面，特别是耐寒性、触感、透气性、透湿性等方面不太理想。第三阶段是仿麂皮整理，以合成纤维或其混纺织物为基布，在浸渍聚氨酯或聚丙烯酸酯等溶液后，再进行磨绒等表面加工，从而赋予织物麂皮状绒面和皮革感。第四阶段即以目前发展较快的海岛超细纤维与聚氨酯树脂整理的结合，使人造麂皮制品在外观、触感、染色性和服用性等方面都达到了与天然麂皮难以区分的程度。在仿麂皮的工艺上，与国外相比，国内在黏合剂和绒毛的选择、植绒产品质量、设备及工艺方面还存在很大差距，可从这些缺陷入手通过不断改进，使国内的静电植绒产品质量得以提高。

今后，仿麂皮发展的方向主要集中在以下两个方面。

（1）开发新型超细纤维。目前，适用于仿麂皮的超细纤维种类很少，而且仿麂皮整理的过程会造成纤维损伤以及产生大量的废水。因而开发新型环保超细纤维迫在眉睫。

（2）改善仿麂皮染色性能。仿麂皮织物目前常用的是超细纤维，但超细纤维染色过程中存在匀染性差、染深性差、染料用量大、染色牢度低的问题，严重制约了仿麂皮工艺的发展。改善超细纤维的染色性能将直接影响仿麂皮制品的发展。

二、仿麂皮的制备方法

1. 利用特殊纤维仿麂皮　利用特殊的超细纤维进行处理达到麂皮的效果。目前常用的超细纤维是海岛超细纤维。其生产流程如下：

织造→坯检→精练→预缩→预定型→湿磨毛→染色→定型→

树脂、麂皮化处理→成布→检验

2. 静电植绒仿麂皮　根据同一电场中两个带有不同电荷的物体同性相斥、异性相吸的原理进行加工的一种工艺。即将附有黏合剂的基布经带有负电（或正电）的输网帘喂入静电场，植绒材料经过电极带上正电（或负电）后落向基布，由于植绒材料在静电场中呈垂直状态，绒头下端被黏合剂粘住，经焙烘，黏合剂固化，绒毛一端挺立在基布上，形成绒面的外观。其基本工艺流程如下：

基布→烫平→涂黏合剂→植绒→预烘→焙烘→刷毛→打卷→成品

3. 发泡微胶囊仿麂皮　将适量发泡微胶囊加入到黏合剂中，在充分搅拌均匀后将发泡浆涂在织物上，经热处理后，物理发泡微胶囊发泡，微胶囊内低沸点溶剂汽化，推动受热软化的壁壳向外膨胀，从而使整个涂层凸起，得到细腻的发泡涂层。冷却后经有机硅处理，膨胀了的壁壳保持其形状不收缩，产生立体效果，该发泡涂层酷似麂皮表层，因而可起到仿麂皮效果。

三、仿麂皮的形态结构

仿麂皮内部由一根根呈分散状的超细纤维构成，其单丝直径大大低于普通纤维，直径范围是一般纤维的 $1/10 \sim 1/100$，这些纤维束像非织造布一样在内部纵横交叉，相互缠结，有的还互相粘连，如图 11-2 所示，这种天然的结构赋予仿麂皮良好的透气透湿性。

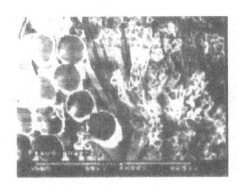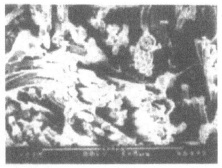

图 11 - 2 超细纤维的截面结构

四、仿麂皮的性能

1. 物理、化学性能 仿麂皮的外观类似于天然皮革，与天然皮革相比，其质量轻，均匀性好，抗折皱性好，易于缝纫，透气性与天然皮革相似，无味，防霉变虫蛀。

2. 染色性能 由于海岛超细纤维人工皮革是由超细聚酰胺纤维和聚氨酯组成，而超细聚酰胺纤维上染速度快、匀染性差、染深性差、染料用量大、染色牢度低，聚氨酯纤维对染料的亲和力不同，影响染色的均匀性，因此，其染色工艺比较复杂。由于开纤磨毛使得织物的比表面积增大，纤维本身线密度小，染色过程所需染料用量增大，一般为常规纤维的 3 ~ 5 倍，这使得该类织物不容易染深。

第三节　仿毛纤维

毛纤维具有悠久的应用历史，我国早在公元前 4600 年就已经开始使用毛纤维。中国近代的毛纺业也已经经历了一个半世纪。作为一种天然纤维，毛纤维具有特殊的卷曲性、缩绒性，从而使得毛织物具有柔软、弹性、丰厚、挺括、悬垂和光泽柔和等特性，因而深受广大消费者的喜爱。但是毛纤维的产量受到多种因素的影响，严重制约了毛纺织工业的发展。

一、仿毛纤维的发展简史

在 20 世纪 50 年代，国内外就开始了利用合成纤维仿毛的研究，仿毛纤维开发大概经历了以下四个阶段：第一阶段，外观模仿，通过改变纤维截面形状，从而改善纤维的极光性，但无法达到良好的毛感和抗起毛起球等性能；第二阶段，功能化纤维的开发，改善了纤维的抗起毛起球等性能和易染性，从外观和手感上接近毛织物；第三阶段，采用复合混纤、表面处理等技术，开发出具有蓬松、弹性好、毛型感好等特点的三维结构织物，从风格上接近毛织物；第四阶段，从 80 年代初开始采用多功能纤维，不仅赋于仿毛织物良好的手感、毛感、弹性及其他服用性能，而且在抗起毛起球、吸湿透气、抗静电性等方面得到了很大改善，更接近毛织物，同时在防蛀易洗、防缩免烫、色泽鲜艳度、价格等方面优于毛织物。

我国最早于 20 世纪 50 年代开发出黏锦华达呢（黏胶短纤维含量 85%，锦纶短纤维含量 15%），是当时我国仿毛最成功的产品。随后，我国仿毛工业通过引进国外先进技术以及自身不断的探索得到了快速的发展，仿毛技术已经从最初在形态上仿制发展到如今以假乱真的程度，甚至在某些性能上超过纯毛织物，合成纤维仿毛技术已经取得了重大的进步和突破。

今后仿毛织物的发展方向，不仅是在外观上、手感上进行模仿，更多的还要达到纯毛织物的性能。

二、仿毛纤维的制备方法

合成纤维仿毛的技术主要有三种：

1. 多重多异复合加工丝仿毛　把纺丝工艺和后加工技术结合起来，通过化学改性和物理改性，生产出具有异线密度、异收缩、异截面、异刚性或异聚合物等多异丝，与牵伸、低弹、网络、加捻、空气变形等相结合，进行超喂、混捻、包芯等多种复合方式而生产出的多重加工变形丝。

2. 新型纤维仿毛　通过新型纤维模仿羊毛纤维的形态结构、外观、风格和性能，如高收缩性纤维、异形截面纤维、复合纤维、超细纤维等品种。

3. 后整理仿毛　通过后整理加工技术使丝的结构、形态发生巨大的变化，使仿毛织物在性能上、外观上、手感上及风格上得以改善，可以获得极好的短纤风格、仿毛风格。

第四节　仿棉纤维

棉纤维是纺织行业中用量最大的天然纤维，是关乎国计民生的重要物资。棉纤维具有优异的吸湿性、柔软性、保暖性，这使得棉织物具有较好的穿着舒适性，但是棉织物也存在着一些缺点，如导湿排湿性差、弹性差、易缩水、不抗皱、不耐酸、不耐霉菌等。尤其是棉纤维吸水后会产生较大膨胀，使其初始杨氏模量下降，这便堵塞了汗水的排出孔道，不仅使服装失去硬挺骨感，而且给人以"黏乎乎"的感觉。随着国际棉田面积的减少，棉花的产量也在不断下降，随之而来的就是棉价的不断上涨。这些严重影响我国纺织工业的进一步发展，对此，人们希望通过对合成纤维进行仿棉加工处理，使其具有棉的优点，同时又兼有合成纤维的优点。所谓仿棉纤维是指聚酯纤维经过处理改性后，其单丝更细，更蓬松，织物吸湿透气、柔软、舒适、易染色，具有类似于甚至优于棉织物性能的一种新型合成纤维。仿棉纤维最早出现在 20 世纪 70 年代末至 80 年代，以美国杜邦公司为首的化纤巨头，开始着手开发仿棉纤维。80 年代中期，国内化纤行业高速发展，引进和采用欧洲和日本的先进技术，成功地生产出仿棉制品。

仿棉纤维是一种风格独特、综合性能优异的功能性纤维，纤维织物在人体出汗时具有不粘贴于皮肤表面、重量轻、弹力高等特点，因此，在运动服等领域已被大量使用。同时，吸湿排汗的仿棉纤维可以配合抗菌、抗紫外线等功能，用于军用品、医疗、家具等领域。

近年来，随着物理变形、化学改性和生物技术的迅猛发展，及生活质量的提高，利用合成纤维仿棉已成为纺织材料的重要发展方向。

目前，仿棉纤维已经得到很大的发展，但还不能完全解决棉纤维短缺的问题，在性能方面与天然棉纤维还有一定的差距。因此，大力发展仿棉行业，改进现有仿棉技术，是仿棉纤维从外观到性能接近甚至超过天然棉纤维的关键，进而从根本上改善化纤原料的服用性能，提高纺织品的高性能、功能化、高附加值，解决棉花供应不足的问题，其目标是实现仿棉纤维产品关键共性技术的突破，最终用超仿棉涤纶混纤丝替代天然棉纤维。

一、仿棉纤维的制备方法

目前，仿棉的方法主要有两种。

1. 化学改性法　根据产品某方面的需求，在聚酯聚合过程、纺丝过程甚至织物后整理过程，添加适当的反应单体或者用一些特殊处理方法使普通聚酯内部结构发生变化，从而达到预期的改性目的。

（1）纤维表面改性法。在纤维成型以后，通过对纤维进行某些工艺处理，使纤维的某些性能得到显著提高。如碱减量处理、氨解处理、强氧化剂处理、接枝改性法、表面活性剂改性、光化学表面处理、等离子体处理等。

（2）接枝、嵌段共聚改性法。在 PET 切片合成过程中引入其他组分，通过共聚来完成改性。

（3）涂层处理。用亲水性整理剂对纤维进行涂层处理以改变涤纶的疏水表面层性能。

2. 物理方法

（1）共混改性法。采用机械方法将聚酯高分子材料与其他材料在软化或熔融状态下混合，经过物理方法（如挤压）成型，形成高表面能的高分子有机材料，以提高聚酯某些性能。

（2）高能辐射改性法。利用等离子、γ 射线、α 射线、紫外线等高能源对疏水性聚酯等材料表面进行辐射。

（3）异形改性。通过改变喷丝板的喷丝孔形状及纺丝工艺等制造各种非圆形截面的纤维，以使聚酯纤维及其面料具有接近棉纤维甚至超过棉纤维的热湿舒适性、触感舒适性、观感柔和性。

二、仿棉纤维的性能

1. 物理性能　从表 11 - 1 可以看到，仿棉织物的断裂强力和撕破强力均优于纯棉织物，仿棉的吸湿性能优异，已经超过了纯棉织物的水平，并表现出良好的抗静电效果。经过碱减量处理和柔软整理的仿棉织物在硬挺性上依然优于纯棉织物，同时体现出优良的抗起毛起球效果和尺寸稳定性。

表 11-1 仿棉和天然棉的性能对比

织物	断裂强力 （N）	撕破强力 （N）	尺寸变化率 （%）	抗静电性 （Ω·cm）	吸湿性 （cm）	抗起毛起球性 （级）	回潮率 （%）
仿棉	306	8.5	-1.2	1.6×10^{10}	8.8	4.5	1.8
天然棉	263	7.8	-3.5	1.8×10^{10}	8.2	3.0	5.6

2. 染色性能　由于仿棉涤纶长丝与普通涤纶相比聚酯非晶区结构更为疏松，纤维上染率提高，减少了染色中造成的污染问题。选用匀染性好的匀染剂、良好的分散性和极低的起泡性染料，能有效地提高仿棉涤纶的染色均匀性。仿棉纤维的仿棉效果是通过后整理体现出来的。为了保证后整理的有效进行，同时提高织物的色牢度，去除织物上的表面活性剂残留，避免对后整理产生不良影响，在染色后需要对织物进行还原清洗。

第五节　仿麻纤维

麻织物穿着起来挺括凉爽、透气性好、粗犷豪放，是一种比较理想的天然休闲面料。但麻织物弹性差、易起皱、不耐曲磨。

一、仿麻纤维的发展简史

在科技不发达的古代，麻织物成为人们主要的服饰，随着科技的发展，合成纤维的出现彻底改变了这一局面，麻织物逐渐被合成纤维所取代。但是随着人们生活水平的提高，人们对穿着也有了更高的要求，对于天然纤维又充满了浓厚的兴趣，尤其是天然麻类织物优异的凉爽特点赢得消费者的青睐。在 20 世纪 80 年代后期，仿麻织物孕育而生，虽然问世时间短，但发展迅速，已成为优质的服装面料。其织物组成以新型合成聚酯长丝为主，辅有改性纤维、差别化纤维、腈纶、锦纶、人造棉、黏胶等纤维成分。在外观和手感方面体现出逼真的仿麻感，但是穿起来比较闷热，不透气。人们又通过共混涤纶进行仿麻，然后经过碱处理，得到的纤维不仅外观像麻，其吸湿性、导湿性、透湿性和透气性均优于先前工艺的制品，是一种理想的夏令舒适衣料。

二、仿麻纤维的制备方法

1. 涤纶仿麻　一般是通过共混或异形技术对涤纶进行改性，以获取具有麻纤维风格的产品。

2. 棉纤维仿麻　一种方法是将原纱或棉布放在氢氧化钠中浸渍，随后进行水洗，接着将原纱放在稀硫酸中浸渍中和，水洗后将原纱放在分散滑石粉的淀粉水溶液中浸渍。加热到90℃，冷却至40℃，浸渍5min，最后再将原纱浸渍柔软剂和平滑剂，制得具有挺爽、柔软的麻风格产品。

3. 涤纶长丝与其他纤维交织仿麻　目前，以涤纶长丝为主要原料与其他纤维（棉、麻、丝、毛）进行交织制成的仿麻织物，其性能和外观都非常接近天然麻织物，被大量用于服装行业。

虽然我国仿麻织物的生产起步较晚，与国外有相当大差距，但近年我国合成纤维工业生产持续增长，且原丝门类（包括功能性、差别化纤维）日趋完备，为开发新型织物提供了充足的原料。随着人们穿衣要求的改变以及天然纺织原料紧缺，物美价廉、效果逼真的仿麻织物势必会成为仿真纤维发展的一个重要方向。

第六节　仿蜘蛛丝

蜘蛛丝是一种性能优异的天然高分子蛋白质纤维，是由蜘蛛腹部末端的丝腺分泌出来的腺体液凝固固化形成的丝。在古代由于科技水平低，对于蜘蛛丝大多数人仅注意到其编织成的网，而没有注意到蜘蛛丝的特殊性能，直到近代，人们通过对蜘蛛丝进行研究发现，蜘蛛丝是目前世界上最为坚韧的纤维之一。其强度超过同样直径的钢丝，一根直径10mm的蜘蛛丝绳甚至可以拉住一架正在飞行的喷气式飞机。除此之外，它还具有很好的弹性、柔韧性、伸长度和抗断裂性能，以及密度小、耐低温、生物可降解等优点，其优异的综合性能是包括蚕丝在内的天然纤维和一般合成纤维所无法比拟的。虽然蜘蛛丝具有如此优异的性能，但是蜘蛛是肉食动物，性情非常凶猛，富于进攻性，而且有"占地为王"的习性，如果把它们放在一起养殖经常会出现自相残杀，因此，人们很难大量的饲养蜘蛛用来生产蜘蛛丝。另外，蜘蛛每次吐出来的蜘蛛丝的粗细都不一样，很难管控，因此，只能通过人工的方法制备蜘蛛丝。

一、仿蜘蛛丝纤维的发展简史

在1830年之前，人们对蜘蛛丝文字记载很少，大部分也仅仅是从生物学的角度对其进行介绍。直到1970年，随着Gosline实验室发表了《蜘蛛丝物理机械性质和化学性能研究结果》，才引起了人们对蜘蛛丝的强烈兴趣。特别是近几十年来，美国、瑞士、加拿大、日本、德国、丹麦和英国等发达国家投入了大量的精力研究蜘蛛丝，在利用基因和蛋白质测定技术解开了蜘蛛丝奥妙的同时，在蜘蛛丝人工生产方面也取得了突破性进展。

近几年我国也展开了对蜘蛛丝的研究，通过对蜘蛛丝结构、力学性能的研究，成功地运用转基因工程将蜘蛛的基因转移到蚕的体内或者其他能够移植的动物体内，来生产蜘蛛丝，从而使我国能批量生产蜘蛛丝纤维。

虽然目前关于蜘蛛丝的氨基酸组成和力学性能已有了比较系统的研究，但对于其特殊力学性能的形成机理和丝的微细结构以及微细结构和力学性能间的关系尚有待研究。现今，科学家已经提出并实现了一些仿蜘蛛丝蛋白的合成方法和途径，但是仍然存在以下一些问题：

（1）天然蜘蛛丝具有皮芯层结构，而目前人工蜘蛛丝还无法生产出带有皮芯层结构的蜘蛛丝。

（2）在形成蛛丝的过程中，蛋白质分子要在蜘蛛的丝腺中逐步脱水，才能排列有序成为液晶态，最终经吐丝器牵引或拉伸而成一定结构和性能的丝纤维。而目前人工丝蛋白纤维化的过程还无法实现此技术。

二、仿蜘蛛丝纤维的制备方法

目前，人工仿造蜘蛛丝的方法主要有四种：

1. 牛羊乳蜘蛛丝 将能产生蜘蛛丝蛋白的合成基因移植给羊、牛等哺乳动物，从其所产的乳液中提取蜘蛛丝蛋白质，然后将蜘蛛丝蛋白进行提纯，使其达到一定浓度，再把这种经过加工后的蛋白注入微孔里，微孔就使蛋白链延伸形成类似拉链一样的细丝，从而制备出蜘蛛丝。加拿大 Nexia 生物技术公司的科学家于 2002 年 1 月通过此法成功生产出世界上首例人工蜘蛛丝。

2. 蚕吐蜘蛛丝 利用转基因技术中"电穿孔"的方法，将蜘蛛"牵引丝"部分的基因注入只有半粒芝麻大的蚕卵中，使培育出来的家蚕分泌出含有"牵引丝"蛋白的蜘蛛丝。

3. 微生物吐丝 将蜘蛛丝基因转移到能在大培养容器里生长的细菌上，通过细菌发酵的方法来获得蜘蛛丝蛋白质，再把这种蛋白质从微孔中挤出，就可得到极细的丝线。

4. 植物生产蜘蛛丝 将能生产蜘蛛丝蛋白的合成基因移植给植物，如花生、烟草和谷物等，使这种植物能大量生产类似于蜘蛛丝蛋白的蛋白质，然后将蛋白质提取出来作为生产仿蜘蛛丝的原料。

三、蜘蛛丝纤维的形态结构

通过扫描电镜发现，蜘蛛丝是由原纤组成，而原纤又是由 120nm 的微原纤组成，微原纤则是由蜘蛛丝蛋白构成的高分子化合物。它的横截面形态近似于圆形，与蚕丝的三角形不同，横切断裂面的内外层为结构一致的材料，无丝胶。蜘蛛丝的纵向中央有一道凹缝痕迹，平均直径约为蚕丝的一半。蜘蛛丝具有皮芯层结构，并且皮层比芯层稳定，皮层和芯层可能是由两种不同的蛋白质组成的，皮芯层分子排列的稳定性也不同，皮层蛋白的结构更稳定，蜘蛛丝纤维的微观结构如图 11-3 所示。

蜘蛛丝的结晶度远远小于蚕丝的结晶度，约为 18%，而蚕丝约为 60%。蜘蛛丝的晶粒尺寸比较小，通过微粒晶体组成折叠片层，折叠片层中分子相互平行排列，由柔性蛋白质分子链组成无定形区，无定形区通过氢键交联组成网状结构。由于蜘蛛丝的晶粒小，以致当纤维丝在外界拉力作用下，随着似橡胶的无定形区域的取向，蜘蛛丝晶体的取向度也随之增加。当纤维拉伸度为 10% 时，纤维结晶度不变，结晶取向增加。横向晶体尺寸（即垂直于纤维轴向）有所减少，这是任何合成纤维的结构随拉伸形变无法实现的特性。

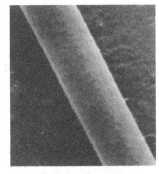

图 11-3　蜘蛛丝纤维的微观图

四、蜘蛛丝纤维的性能

蜘蛛丝密度为 1.34g/cm³，与蚕丝和羊毛相近。蜘蛛丝的平均直径为 619μm，大约是蚕丝的一半。

1. 溶胀性　蜘蛛丝在水中有相当大的溶胀性，纵向有明显的收缩。

2. 力学性能　蜘蛛丝的断裂强度比棉纤维和涤纶大，但是不及钢丝和凯夫拉（Kevlar）纤维。虽然其断裂强度不如钢丝和 Kevlar 纤维，但是蜘蛛丝的断裂伸长率却是钢丝的 5~10 倍，是 Kevlar 纤维的 10~20 倍。其断裂功也高于钢丝和 Kevlar 纤维，初始模量也高于常见纤维。总而言之，蜘蛛丝具有强度高、弹性好、初始模量大、断裂功高等特性，是一种性能十分优异的材料。其具体物理指标如表 11-2 所示。

表 11-2　蜘蛛丝和其他纤维的物理性能比较

纤维	断裂强度（N/m²）	断裂功（J/kg）	断裂伸长率（%）	初始模量（N/m²）
蜘蛛丝	$4 \times 10^8 \sim 8 \times 10^8$	$3 \times 10^4 \sim 18 \times 10^4$	40~80	3×10^{10}
涤纶	5×10^3	8×10^4	18~26	3×10^9
棉纤维	$3 \times 10^3 \sim 7 \times 10^3$	$5 \times 10^3 \sim 15 \times 10^3$	5~7	1×10^{10}
钢丝	2×10^9	2×10^3	8	2×10^{11}
Kevlar	4×10^9	3×10^4	4	1×10^{11}

3. 耐热性　蜘蛛丝具有良好的耐高温性能，在 200℃ 以下热稳定性良好，300℃ 以上才变黄，并开始分解；在零下 40℃ 时仍有弹性，只有在更低的温度下才会变硬。

4. 溶解性　蜘蛛丝具有特殊的溶解特性，其所显示的橙黄色遇碱加深、遇酸褪色，而且它不溶于稀酸、稀碱，仅溶于浓硫酸、溴化钾、甲酸等，并且对大部分水解蛋白酶具有抗体性。在加热时，蜘蛛丝能微溶于乙醇中。由于蜘蛛丝的构造材料几乎完全是蛋白质，所以它具有生物可溶性，可以生物降解和回收。

由于蜘蛛丝具有十分优越的性能和广泛的用途，成为世界各国研究的热点。随着现代科技的飞速发展，蜘蛛丝人工制造与工业化应用研究在不断深入和扩展，其产业化生产技术也日趋成熟，蜘蛛丝将会被广泛应用于纺织服装业、军事、医疗、航空航天、建筑与汽车工业等各个领域，成为新一代高级生物材料。

第十二章　仿生纤维

"仿生"来源于拉丁文"bios"（生命方式）。尽管人们在古代就会利用仿生原理进行日常生产劳动，但是仿生学的诞生，是以1960年美国第一届仿生学讨论会的召开为标志的。仿生学是生物学、数学和工程技术学等学科领域之间的交叉学科。仿生学通过对生物体特殊的能力及作用机理为生物模型进行系统研究，再运用于新技术设备进行仿造，为人类的生产、生活服务。

仿生纤维是指通过模仿具有特殊功能的生物结构、形态而开发的具有某种特殊性能的纤维。人类对天然纤维或者具有特殊功能的生物的模仿具有悠久的历史。合成纤维的出现就与仿生学有很大关系。最初，人类通过模仿蚕吐丝的方式成功模仿生产出了合成纤维；20世纪以来，人们模仿蚕吐丝的过程发明出了多种合成纤维的纺丝方法；通过模仿棉、毛、丝等天然纤维的形态结构，开发了各种形状的异形纤维、细旦纤维、中空纤维及复合纤维等。仿生学对纺织制品的发展也起到了很大的作用，被称为纺织工业中"朝阳产品"的非织造织物，其对仿生学原理的应用可追溯到比机织物和编织物发展历史还要早的毡制品。古代游牧民族利用动物纤维的缩绒性发明出制毡技术。早在7000年以前，我国就已能将野蚕驯养、纯化成家蚕，掌握蚕丝直接成网的抽丝制帛技术，启示了当今纺粘法非织造布的诞生。近年来，基于仿生学而进行的各种新型纺织纤维的开发和研究正在广泛开展。尽管生物的组织结构和功能非常精密并难以捉摸，然而，一旦了解到结构与功能之间的关系，就可以在纺织纤维工业方面复制出所要求的具有生物功能的纤维产品，从而探索并开发与生物界对应的仿生纤维和纺织品。

目前，仿生纤维的研究取得了一定的成果，但由于工程实施的复杂性，许多内容还处在摸索阶段。在生物力学和工程力学的衔接点上，还需要进一步研究。从材料学的角度认识天然生物材料的结构和性能，进而抽象出更多的材料模型，这方面的工作还有待进一步的深入。

第一节　仿荷叶纤维

雨后的池塘里经常可以看到荷叶上有好多水珠，微风吹动，水珠会从荷叶上滑落，而且同时会把荷叶表面的污垢一起带走，荷叶这种拒水自洁现象被称为荷叶效应。对荷叶的这种自洁现象的研究最早可追溯到20世纪90年代，德国科学家Wilhelm Barthlott通过研究发现，荷叶表面覆盖着无数突起，每个突起的直径仅为几百纳米的绒毛，绒毛的表面又被许多直径为1nm蜡质晶体所覆盖，如图12-1所示。由于空气层、突起的绒毛和蜡质层的共同托持作用，使得荷叶上的水珠不能渗透其表面，但是能在荷叶上自由滚动，并从荷叶的表面滚离，同时还把荷叶上的污垢带走，达到自我洁净的效果。目前，在所有的植物中，荷叶的拒水自洁作用最强，水在其表面的接触角达到160.4°。除了荷叶外，芋头叶和大头菜叶的拒水自洁作用也很强，水在其上的接触角分别达到160.3°和159.7°。

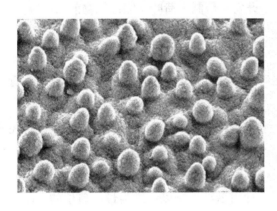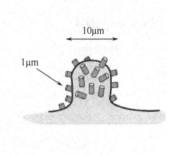

图 12 - 1　荷叶的表面微观结构

一、荷叶的拒水机理

当水滴滴在某一固体表面上时，可能会出现如下情况：

（1）液体完全铺展在固体表面，形成一层水膜，在这种情况下，液体完全润湿固体。

（2）液体在固体表面形成水滴状。在这种情况下，由固体表面和液体边缘切线形成一个夹角 θ，称为接触角。

当 $0 < \theta < 90°$ 时，液体部分湿润固体；当 $90° < \theta < 180°$ 时，液体不润湿固体。接触角越大，拒水自洁的能力就越强。在自然界中，接触角等于 0 和 180° 的情况都是不存在的。

如果将粗糙度 γ 定义为固体与液体接触面之间的真实面积与几何面积的比，将得到如下公式：

$$\gamma = \frac{\cos\theta_\gamma}{\cos\theta} \ (\gamma \geqslant 1, \ \theta \neq 90°)$$

式中：γ——粗糙度；

　　θ_γ——液体在粗糙表面上的表观接触角；

　　θ——液体在理想光滑平面上的真实接触角。

从上式中得知：当 $\theta > \pi/2$ 时，因为 $\gamma \geqslant 1$，所以 $\theta_\gamma > \theta$；当 $\theta < \pi/2$ 时，因为 $\gamma \geqslant 1$，所以 $\theta_\gamma < \theta$。这说明，当 $\theta > 90°$ 时，粗糙度可使接触角 θ_γ 增大，也就是粗糙度可提高其拒水拒油的能力。当 $\theta < 90°$ 时，粗糙度可使接触角 θ_γ 变小，使拒水拒油的能力强者更强，弱者更弱。当然粗糙是有要求的，粗糙必须是随机的，且波幅小于 $1\mu m$。

以上结论说明，只有具备拒水和粗糙这两个条件，才能使接触角增大，从而使物质具有拒水性能。对于荷叶而言，首先，其表面的蜡质晶体是拒水的，其次，虽然荷叶表面突起的直径为 5 ~ 15μm，高度为 1 ~ 20μm，超过了 1μm，但是荷叶表面具有双微观结构，在突起的表面有一层毛茸纳米结构，毛茸的直径远小于 1μm，可以达到纳米水平。所以，荷叶的粗糙表面，使其拒水的能力显著增强。

通过对荷叶组织结构的模仿，可以制得具有超拒水能力的织物。这种织物可以用于特殊环境下、极端环境下作业的防护服。因此，开发与研制仿荷叶功能性织物前景广阔。

二、仿荷叶的途径

目前，仿荷叶织物主要采用涤纶微细旦纤维，首先织成高密织物，再对坯布进行收缩整理，最后进行浸轧拒水整理。

（1）通过对织物表面进行纳米技术、等离子体处理技术和涂层浸轧技术，使水在其表面的接触角大于 90°，从而使织物具有拒水性能。例如，利用高温下有机过氧化物等分解形成自由基，引发自由能较低的含硅或含氟的有机单体，对涤纶织物表面接枝改性。

（2）虽然织物表面本身非常粗糙，但这种粗糙结构是以纤维为最小单位的，而纤维的尺寸远大于纳米结构要求的尺寸。拒水自洁织物表面的粗糙应是纤维表面的粗糙，该粗糙程度应达到纳米级水平。因此，通过对织物进行处理使其具有粗糙的表面，从而使织物具有荷叶的微观结构和纳米结构，才能获得超拒水能力。

仿荷叶织物不仅在人们的日常生活中具有很高的应用价值（如拒水家具布、拒水透气雨衣等），而且也是优良的产业用和装饰用纺织品。此外，还可以用于军用野外帐和工业防护服，可以作为食品保鲜袋和农业用布。

第二节　仿夜蛾角膜纤维

在夜间活动的昆虫中，夜蛾具有惊人的生存能力，它们能够躲避具有超强追踪能力蝙蝠的追捕。研究发现，夜蛾角膜表面整齐地排列着微细圆锥状的突起结构，这种结构能够防止夜晚微弱光线反射的损失，使光线穿透角膜晶体，从而使夜蛾能及时地发现危险从而逃生。超微坑纤维就是通过模仿夜蛾角膜的突起结构开发的一种具有深色光泽的功能性纤维。

一、仿夜蛾角膜纤维的结构

通过微坑技术使纤维表面形成具有类似夜蛾角膜的微细凹凸结构，如图 12 - 2 所示。这种结构使纤维表面具有导致入射光呈散射状的功能，从而增加纤维内部对入射光的吸收而减少光的反射率，由于正反射光减少了，所以提高纤维的黑色感，纤维的色泽就加深了。

二、仿夜蛾角膜纤维的生产方法

目前生产仿夜蛾角膜纤维的方法主要有低温等离子体处理法和超微粒子溶除法。

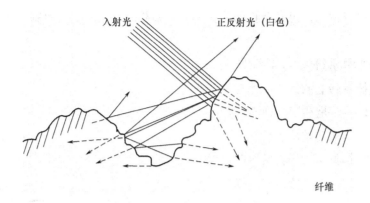

图 12 - 2　超微坑纤维表面凹凸结构

1. 低温等离子体处理法　利用低温等离子体处理纤维，使纤维表面出现凹凸结构。

2. 超微粒子溶除法　将具有与合成纤维高聚物类似的折射率、平均粒径在 $0.1\mu m$ 以下的超微粒子，均匀地分散在高聚物溶液中，进行化学纺丝。纤维成型后，采用适当方法溶解去除微粒，使纤维表面形成 40 亿 ~ 50 亿个/cm^2 微坑。

这种超微坑纤维能展示出普通纤维所不能达到的艳丽黑色，可用于高档的西服及礼服等面料，提高产品的附加值。如日本东丽公司用新开发的超细微坑纤维制作的女士黑色礼服在欧洲和日本市场备受欢迎。

第三节　仿蝴蝶翅膀纤维

亚马孙河流域生活着一种被当地人称为"蓝蝶"的蝴蝶（也叫做闪蝴蝶），这种蝴蝶自身并不存在蓝色素，但是身上却闪烁着一种金属般光泽的钴蓝色。

一、蝴蝶翅膀发色原理

研究发现，自然界生物"发出"颜色大致可分成两类：一种是生物本身所具有的颜色；另一种是由于生物特殊的表面结构，光线进入表面后经折射后显现出的颜色。通过对蓝蝶发色原理以及翅膀形态结构的研究发现，其发色机理属于后者。蓝蝶翅膀上的鳞片相距 $0.7\mu m$，而且排列整齐平行，其结构如图 12 - 3 所示。当光线射在蝴蝶的鳞片上时，大部分入射光进入鳞片的间隙中，在狭缝的壁内不断反射、折射、干涉，并且相互叠加增大幅度，从而产生鲜明的深色光泽。

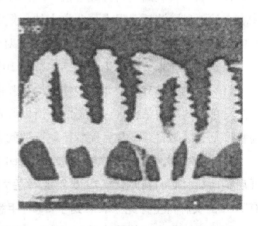

图 12 - 3　蓝蝶鳞片结构的扫描图

蓝蝶的鳞片结构可以增加蓝色光波长的振幅，从而使相应的色彩更加鲜艳、浓郁。

二、仿蝴蝶翅膀纤维的制备方法

通过模仿蓝蝶翅膀上的鳞片结构开发的多重螺旋纤维（图 12－4）是利用两种不同热收缩率的聚酯，在经混合熔融纺丝后进行热处理，每隔 0.2～0.3mm 周期性地形成一个螺旋形扭曲。用多重螺旋纤维生产的织物可使入射光在织物表面的平行部与垂直部来回折射，产生金属般的鲜艳闪色光泽，而且这种纤维具有柔软的手感和褶皱的外观，适合制作衬衫和外套。目前，日本帝人集团利用纳米技术，通过模仿蓝蝶翅膀结构，研究开发的多重螺旋纤维在光的干涉作用下可以产生不同的色彩，特别是紫色、绿色和红色。

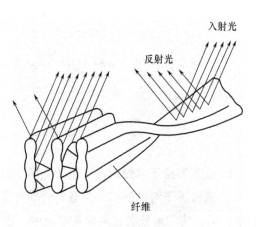

图 12－4　多重螺旋纤维深色效应

第四节　仿鲨鱼皮纤维

对于鲨鱼，人们第一印象认为它是一种凶残、冷血的海洋动物，但是很少人知道鲨鱼是海洋中游泳速度最快的生物之一，其拥有的独特盾鳞皮肤具有极佳的减阻能力，使其能够有效地减小水体阻力，降低能量依赖和消耗，获得极高的游速。

一、仿鲨鱼皮纤维的发展简史

科研人员通过采用高科技吸水材料模仿鲨鱼皮的表皮形貌，仿制出"鲨鱼皮"这一新型高科技泳衣。其表面结构犹如鲨鱼皮肤一样排列了百万个细小的棘齿，游泳运动员穿上这种泳衣在泳池里劈波斩浪阻力是非常小的。据测算，与普通泳衣相比，身着此泳衣的运动员在水中前进所遇阻力将降低 8.25% 左右，这对于几秒之差就能决出胜负的游泳比赛来说意义重大。但是目前尚未突破仿生沟槽结构减阻 10% 的瓶颈，和真正的鲨鱼皮相差甚远。

自然鲨鱼皮具有复杂微米沟槽结构和黏液减阻界面复合的高效减阻结构，其优越的减阻性能是单一的沟槽结构难以比拟的。所以制备具有逼真微米沟槽结构和纳米长链减阻界面的高精度复合减阻鲨鱼皮是目前亟待解决的问题。

1992 年，世界著名的泳衣制造商 Speedo 公司在巴塞罗那奥运会推出了 S2000 系列泳衣，开启了面料材质的新时代。1996 年亚特兰大奥运会，Speedo 的主打产品名叫"水中刀片"，有 76% 的奖牌得主穿此泳衣。到了 2000 年悉尼奥运会，鲨鱼皮的仿生科技被引入，面料的名字更是直接称为"快速皮肤"。而人们真正了解到仿鲨鱼皮还是在 2008 年北京奥运会，美国游泳运动员菲尔普斯身穿仿鲨鱼皮泳衣获得 8 枚金牌，成为单届奥运会夺取金牌最多的选手。我国仿鲨鱼皮肤的研究目前已经走在世界前列，早在 20 世纪 60 年代我国就开始对此技术进行研究，经过 40 余年的发展，我国在减阻技术方面有了很大提高。目前，鲨鱼皮结构的仿生材料已应用到航空、管道输运及泳衣等领域。

二、仿鲨鱼皮纤维的制备方法

目前，仿鲨鱼皮纤维的制备方法主要有两种，即真空微热压印法和微塑铸法，工艺流程如下所示。

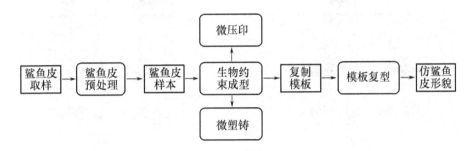

1. 真空微热压印法　用聚甲基丙烯酸甲酯作为基板，首先将其加热到玻璃化温度（$T_g = 105℃$）并保持恒温，把鲨鱼皮鱼鳞面朝下平铺于基板上，然后在鱼皮上施加等静压并保持 30 min，大小视其面积而定，保压降温并在 70℃下脱模，便得到印有鲨鱼鳞片阴模结构的微复制模板［图 12 - 6（a）］，复型时选用室温双组分模具硅橡胶 RTV - II 作为浇铸材料，将预聚物与固化剂按质量比 1000∶1 混合，经真空脱气后浇注于复制模板表面，静置 24 h 固化后脱模便得到仿生鲨鱼皮，如图 12 - 5 所示。其工艺技术简图如图 12 - 6（a）所示，工艺流程如下：

基板加热→样本叠放与施等静压→弹性脱模→复型翻模

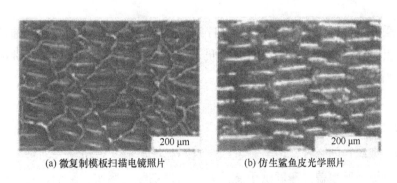

(a) 微复制模板扫描电镜照片　　　　(b) 仿生鲨鱼皮光学照片

图 12 - 5　微压印法制备的微复制模板及仿生鲨鱼皮

2. 微塑铸法　微塑铸法复制鲨鱼皮的工艺过程与微压印法基本相同，区别在于它是直接将聚合物在固化前填塞到鲨鱼皮表面进行复型，固化后脱模得到微复制模板。选用双组分按质量比2:1混合并经真空脱气，然后依次进入湿砂期→稀糊期→粘丝期→面团期→橡胶期→坚硬期，在面团期进行填塞并用平板赶平。固化后经弹性脱模和RTV－II硅橡胶复型后同样制得鲨鱼皮微复制模板和仿生鲨鱼皮，如图12－6（b）所示。

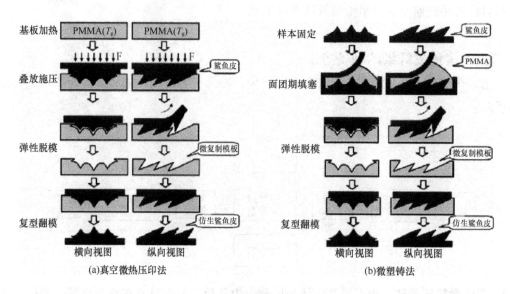

图12－6　仿鲨鱼皮的工艺技术简图

实际上，这种"鲨鱼皮"泳衣只是人类对鲨鱼皮的一次简单模仿，从严格意义上说，它与真正鲨鱼皮的结构和功能还相差甚远。目前，来自北京航空航天大学的科研人员利用生物复制成型工艺，首次实现了对鲨鱼表皮形貌的直接复制，并且制造出了新型、高效的仿鲨鱼皮减阻表面。

第五节　仿珊瑚纤维

近年来，采用涤纶低弹丝（DTY）超细纤维为原料制得的仿珊瑚绒面料陆续被成功研发并推向市场。由于纤维间密度较高、呈珊瑚状、覆盖性好，犹如活珊瑚般轻软的体态，色彩斑斓，故被称为仿珊瑚绒。

一、仿珊瑚绒织物的结构与性能

珊瑚绒属毛绒织物的一种，由毛圈组织经割圈起绒而成，该织物表面被一层起绒纱两端纤维形成的直立绒毛所覆盖。珊瑚绒手感柔软、质地细腻、厚实、绒面蓬松、保暖性好、坚牢、耐磨、服用性好，应用在睡袍、婴儿用品、童装、服装内里、鞋帽、玩具、车内饰品、工艺制品、家居饰品等方面，在家纺行业越来越受青睐。仿珊瑚绒除了全涤珊瑚绒以外，还有涤/锦珊瑚绒，其是在全涤珊瑚绒的基础上，在起绒纱线端混入一定比例的锦纶纱线，利用锦纶密度小和吸湿性好（在所有合纤中，密度仅次于丙纶，吸湿性仅次于维纶），以及较好的强度、耐磨性、耐疲劳性，使仿珊瑚绒织物的服用性能更为优越，应用范围更为广泛。但是由于超细纤维取向性差、纤维刚性差，故生产中易产生毛绒方向不一、散乱无章的现象，从而导致布面厚薄不匀、表面反光、卷毛、掉毛等现象。化纤类毛毯面料极易产生并积累静电，易吸附空气中的尘埃微粒、人体皮屑等，从而带入多种细菌及有害物质，同时还会产生局部小火花放电现象，给人体带来刺痒不适，影响人体健康。

二、仿珊瑚绒的制备方法

1. 涤纶针织珊瑚绒印花烂花　利用涤纶不耐热碱的性质，在印花糊料中加入专用烂花色浆，对绒类产品的表层进行烂花处理，通过后续蒸化使产品表面绒毛的高度出现差异，得到的产品绒面立体感强。

2. 多孔细旦涤纶拉伸变形丝　采用熔体直纺预取向丝—拉伸变形丝（POY—DTY）加工流程：

聚酯熔体→熔体过滤器→增压泵→热交换器→静态混合器→计量泵→纺丝箱体→
喷丝板组件→环吹风冷却→油嘴上油→预网络→POY 卷绕成型→平衡→
加弹机 POY 原丝架→网络→第一罗拉→第一热箱→冷却板→假捻器→
第二罗拉→网络→第二热箱→第三罗拉→油辊上油→卷绕→DTY

主要参考文献

[1] 周宏. 对位芳纶应用技术发展水平比较研究 [J]. 新材料产业，2013 (5)：59－69.

[2] 于伟东，储才元. 纺织物理 [M]. 上海：东华大学出版社. 2001，39－42.

[3] 王曙中，王庆瑞，刘兆峰. 高科技纤维概论 [M]. 上海：东华大学出版社. 2002，307－347.

[4] 晏雄. 产业用纺织品 [M]. 上海：东华大学出版社，2003.

[5] Hearle J W. 高性能纤维 [M]. 马渝莊，译. 北京：中国纺织出版社，2004，27－67.

[6] 沈新元. 先进高分子材料 [M]. 北京：中国纺织出版社，2006.

[7] 张媛靖，刘立起，陈蕾，等. 间位芳香族聚酰胺有色纤维研究进展 [J]. 高科技纤维与应用，2009，34 (6)：45－51.

[8] 西鹏. 高技术纤维概论 [M]. 北京：中国纺织出版社，2012.

[9] 汪家铭. 超高分子量聚乙烯纤维产业现状与市场前景 [J]. 化学工业，2014，38 (8)：32－36.

[10] 李旭，王鸣义，钱军，等. 高性能 PBO 纤维的开发和应用 [J]. 合成纤维，2010 (6)：1－6.

[11] 刘姝瑞，马佳利，谭艳君，等. PBO 纤维的防紫外线研究进展 [J]. 印染，2015，41 (8)：46－50.

[12] 唐艳芳，王彪，陆仙娟，等. PBI 及衍生物的合成及其溶解性能研究 [J]. 材料导报：研究篇，2009，23 (3)：21－24.

[13] 黎菁菁. PIPD 纤维制备及性能研究 [D]. 哈尔滨：哈尔滨工业大学，2013.

[14] 张涛，李光，金俊鸿，等. 新型高性能纤维 M5 的结构与性能 [J]. 材料导报，2007，21 (9)：36－40.

[15] 汪家铭. 我国芳砜纶纤维研发历程及市场前景 [J]. 合成技术及应用，2009，33 (1)：29－34.

[16] Stuhlmann, Ingo. Talon PSA Fibers for Flame－and Fire－Resistant Textiles [J]. Chemical Fibers International, 2008 (58)：237－239.

[17] 吴乐，兰建武，陈玲玲，等. 聚苯硫醚纤维制备及性能研究 [J]. 合成纤维工业，2007 (5)：11－14.

[18] Tamer S I nm azcelik, Isa Task l ran. Erosive Wear Behaviour of Polyphenylene Sulfide (PPS) Composites [J]. Materials and Design, 2007 (28)：2471－2477.

[19] 丁孟贤. 聚酰亚胺：化学结构与性能的关系及材料 [M]. 北京：科学出版社，2006.

[20] Ren Jizhong, Li Zhansheng, Wang Rong. Effects of the Thermodynamics and Rheology of BTDA－TDI/MDI Co－polyimide Dope Solutions on the Performance and Morphology of Hollow Fiber UF Membranes [J]. Journal of Membrane Science, 2008, 309 (1)：196－208.

[21] 罗益峰. 高性能纤维与复合材料的新形势与十三五的发展思路和对策建议 [C]. 2015 全国高性能纤维及复合材料技术与应用研讨会论文集，2015.

[22] 陈淙洁，邓李慧，吴琪琳. 碳纤维微观结构研究进展 [J]. 材料导报，2014 (28)：21－23.

[23] 王明先，王荣国，刘文博. 国产高性能纤维组织结构表征与性能分析 [J]. 玻璃钢/复合材料. 2007 (1)：27－29.

[24] 胡显奇. 我国玄武岩纤维产业的发展几个重要问题的探讨 [CP/DK]. 全国高性能纤维及复合材料新技术应用研讨会论文集，2015.

[25] 张新元，何碧霞，李建钊，等. 高性能碳纤维的性能及其应用 [J]. 棉纺织技术，2011 (4)：269－271.

[26] 袁震. 玻璃纤维的开发及其性能探讨 [J]. 硅谷, 2014 (8): 45 - 46.

[27] 刘学慧. 连续玄武岩纤维与碳纤维、芳纶、玻璃纤维的对比及其特性概述 [J]. 山西科技, 2014 (1): 88.

[28] 赵晓敏. 纳米结构氧化铝纤维及其膜的制备、表征与性能研究 [D]. 青岛: 山东大学, 2013.

[29] 岛田将庆. 活性碳纤维 [M]. 日本: 冬树社, 1990.

[30] 曹峰, 李效东, 冯春祥, 等. 连续氧化铝纤维制造、性能与应用 [J]. 宇航材料工艺, 1999 (6): 6 - 8.

[31] 任素娥, 梁小平, 赵素珍, 等. 溶胶—凝胶法制备氧化铝纤维的研究 [J]. 硅酸盐通报, 2010 (4): 914 - 917.

[32] 刘旭光, 王应德, 姜勇刚, 等. C 形碳化硅纤维制备及性能 [J]. 稀有金属材料与工程, 2008 (37): 395 - 396.

[33] 杨大洋, 宋永才. 先驱法制备连续 SiC 纤维的特性及其应用 [J]. 新型碳材料, 2007 (6): 63 - 66.

[34] 董炎明, 汪剑炜, 袁清. 甲壳素——一类新的液晶性多糖 [J]. 化学进展, 1999, 11 (4): 428 - 441.

[35] East G C, Qin Y. Wet Spinning of Chitosan and the Acetylation of Chitosan Fibers [J]. J Appl Polym Sci, 1993, 50: 1773.

[36] Agboh O C, Qin Y. Chitin and Chitosan Fibers [J]. Medical Device Technology, 1998, 9 (12): 24 - 28.

[37] 秦益民. 纺织用甲壳素纤维的研究进展 [J]. 合成纤维, 2006 (2): 6 - 9.

[38] 程隆棣, 于修业, 温颎亮, 等. 远红外纤维的作用原理及其混纺针织纱的开发 [J]. 棉纺织技术, 1999, 27 (1): 26 - 29.

[39] Forest Co., Ltd. "Kaisoutan fiber" Enhancing Spontaneous Recovering Power of the Body [J]. Japan's Advanced Textiles, 2001: 150 - 152.

[40] 陈跃华, 公佩虎, 毕鹏宇, 等. 纺织品负离子性能测试方法和负离子纺织品开发 [J]. 纺织导报, 2005 (1): 58 - 60.

[41] 黄次沛. 磁性功能纤维 [J]. 合成纤维, 2005 (3): 20 - 23.

[42] 蒋学文, 刘为民, 汪乐江. 珍珠纤维产品开发及应用现状 [J]. 化纤与纺织技术, 2010 (3): 32 - 33.

[43] Shuling Cui. Structure and Dyeing Properties of Jade Fibre [J]. Pigment & Resin Technology, 2014, 43 (3): 21 - 26.

[44] 林玲, 王善元, 龚文忠. 中空载银纤维的制备及其抗菌和安全性能的研究 [D]. 上海: 东华大学, 2010.

[45] 施楣梧, 南燕. 有机导电纤维的结构和性能研究 [J]. 毛纺科技, 2001 (1): 5 - 8.

[46] 高绪珊, 童俨. 导电纤维及抗静电纤维 [M]. 北京: 纺织工业出版社. 1991

[47] Alejandro Andreatta, Paul Smith. Processing of Conductive Polyaniline - UHMW Polyethylene Blends from Solutions in Non - polar Solvents [J]. Synthetic Metals, 1993, 55 (23): 1017 - 1022.

[48] Wang X, Schreuder - gibson H, Downey M, et al. Conductive Fibers from Enzymatically Synthesized Polyaniline [J]. Synthetic Metals, 1999 (107): 117 - 121.

[49] Silmar A Travain, Nara C de Souza, Debora T Balogh, et al. Study of the Growth Process of in Situ Polyaniline Deposited Films [J]. Journal of Colloid and Interface Science, 2007, 316 (2): 292 - 297.

[50] 陈鹏. 塑料光纤技术发展与应用分析研究 [J]. 电信科学, 2011 (8): 94 - 100.

［51］江源，邹宁宇．聚合物光纤［M］．北京：化学工业出版社，2002.

［52］朱平．功能纤维及功能纺织品［M］．北京：中国纺织出版社，2006.

［53］李汝勤，宋钧才，黄新林．纤维和纺织品测试技术［M］．上海：东华大学出版社，2015.

［54］蒋耀兴，姚桂芬．纺织品检验学［M］．北京：中国纺织出版社，2008.

［55］陈万金，陈燕俐，蔡捷．辐射及其安全防护技术［M］．北京：化学工业出版社，2006.

［56］施楣梧．防辐射纤维及其纺织品研究［J］．纺织导报，2013（5）：90－93.

［57］张治国，尹红，陈志荣．纤维整理用抗静电剂研究与发展［J］．纺织学报，2004，6（11）：121－123.

［58］李红燕，张渭源．纤维及织物阻燃技术综论［J］．材料科学与工程学报，2007（5）：798－801.

［59］陈衍夏，兰建武．纤维材料改性［M］．北京：中国纺织出版社，2009.

［60］商成杰．功能纺织品［M］．北京：中国纺织出版社，2006.

［61］翟涵，徐小丽，王其，等．吸湿排汗纤维及其作用原理研究［J］．上海纺织科技，2004（4）：6－7.

［62］顾丽霞，刘兆峰，等．亲水性纤维［M］．北京：中国石化出版社，1997.

［63］关燕，刘亦军，林旭，等．Coolplus 纤维加工工艺及其产品性能研究［J］．棉纺织技术，2003，31（9）：5－8.

［64］许瑞超，陈莉娜，孟家光．Coolmax 针织新产品的开发［J］．针织工业，2006（4）：32－35.

［65］李金秀，周佩蓉，金敏．吸湿速干纺织品的测试评价［J］．印染，2011，15：36－40.

［66］刘传生，李映，陈海燕．中空纤维膜的开发与应用进展［J］．合成技术及应用．2014（2）：18－23.

［67］Brown A J，Brunelli N A，Eum K，et al. Interfacial Microfluidic Processing of Metal－organic Framework Hollow Fiber Membranes［J］．Science，2014，345（6192）：72－75.

［68］池金萍，安丽．活性碳纤维的新进展及在水处理中的应用［J］．高科技纤维与应用，2003（6）：40－44.

［69］Wang H，Xu Z，Kohandehghan A，et al. Interconnected Carbon Nanosheets Derived from Hemp for Ultrafast Supercapacitors with High Energy［J］．ACS NANO，2013，7（6）：5131－5141.

［70］郭嘉，陈延林，罗晔，等．新型离子交换纤维的应用研究及展望［J］．高科技纤维与应用，2005（6）：35－38.

［71］Liang P，Yuan L，Yang X，et al. Coupling Ion－exchangers with Inexpensive Activated Carbon Fiber Electrodes to Enhance the Performance of Capacitive Deionization Cells for Domestic Wastewater Desalination［J］．Water Research，2013，47（7）：2523－2530.

［72］Tao X M. Smart fibers，Fabrics and Clothing［M］．Cambridge England Woodhead Publishing limited，2001.

［73］Nakazawa S，Kawakami T. Heat－Shrinkable Films and Their Manufacturefor Packaging Material：JP，96678［P］．2001.

［74］Shunichi H，Yoshiaki W. Shape－Memory Film：US，5139832［P］．1992.

［75］Lee CH，Hwang JY. Polyester Prepolymer Showing Shape－Memory Effect：US，5442037［P］．1995.

［76］苏旭中，刘忠玉，谢春萍，等．形状记忆纤维的发展与应用［J］．纺织导报，2012，48（10）：70.

［77］冯社永，顾利霞．光敏变色纤维材料［J］．合成纤维工业，1997，20（3）：36.

［78］石海峰，张兴祥．微胶囊技术在蓄热调温纺织品中的应用［J］．产业用纺织品，2001，19（12）：1－5.

［79］董家瑞．Outlast 空调纤维的性能及其应用［J］．针织工业，2007，35（3）：32－34.

［80］Hartmann. Stable Phase Change Materials for Using in Temperature Regulating Synthetic Fibers. fabrics and textiles：US, 6689466［P］. 2004.

［81］张兴祥，王学晨，胡灵，等. PP/PEG 蓄热调温复合纤维的纺丝与性能［J］. 天津纺织工学院学报，1999, 189（1）：1-4.

［82］王艳玲，沈新元. 智能纤维的研究现状及应用前景［J］. 新纺织，2003, 21（3）：13-15.

［83］杨佳庆，顾利霞. 热敏变色纤维材料［J］. 合成技术及应用，1998, 13（4）：23-26.

［84］Lu X, Yang J M. The Design, Preparation, Performance and Application of Polymeric Humidity Sensitive Materials［D］. 杭州：浙江大学，2008.

［85］张大省，王锐. 超细纤维生产技术及应用［M］. 北京：中国纺织出版社，2007.

［86］Jing Wu, Nv Wang, Yong Zhao, et al. Electrospinning of Multilevel Structured Functional Micro-/Nanofibers and Their Applications［J］. Journal of Materials Chemistry A, 2013（1）：7290-7305.

［87］崔浩然. 涤锦复合超细丝织物染色的难点与对策［J］. 印染，2004（8）：10-15.

［88］曾林泉. 起绒整理常见问题的防治［J］. 毛纺科技，2011（39）：16-19.

［89］田伟. 异形纤维的性能及其应用［J］，陕西纺织，2003（58）：46-48.

［90］郑宪平. 异形纤维的纺丝与结构［J］，合成纤维，1978（5）：45-55.

［91］任慧. 吸湿排汗类异形纤维横截面特征研究［D］. 上海：东华大学，2005.

［92］邓爱琴，吴小光. 异形纤维开发的技术关键与影响因素［J］. 炼油与化工，2006（1）：17-20.

［93］刘丽军，姚金波. 涤纶仿真丝绸的发展历程、现状与展望［J］. 染整技术，2009, 31（1）：12-14.

［94］穆艳霞，陈英，付中玉，等. 人造麂皮解析［J］. 印染，2001, 27（1）：29-32.

［95］林鸿诗. 静电植绒技术在仿麂皮中的应用［J］. 纺织科技进展，2010, 32（2）：37-39.

［96］吕学坤，罗艳，陈水林. 发泡微胶囊仿麂皮工艺探讨［J］. 精细与专用化学品，2003, 22（11）：15-17.

［97］Tskahiro O. Method of Producing Thermally Expansive Microcapsule：US, 0135084［P］. 2002.

［98］姚玲. 试析涤纶仿毛纤维产品开发思路［J］. 合成技术及应用，2004, 19（1）：35-37.

［99］冯忠耀. 超仿棉纤维的开发及应用［J］. 合成纤维，2012, 41（9）：11-13.

［100］刘渊. 仿棉共聚酯的合成、纤维制备及结构性能研究［D］. 上海：东华大学，2013.

［101］钱琴芳，张建国. 涤纶长丝超仿棉休闲面料的染整加工及性能测试［J］. 印染助剂，2013, 30（2）：42-45.

［102］仲蕾兰，徐定安，周文理. 共混涤纶仿麻织物的研究［J］. 东华大学学报：自然科学版，2001, 27（4）：97-100.

［103］刘庆生，段亚峰. 蜘蛛丝的结构性能与研究现状［J］. 四川丝绸，2005, 103（2）：16-18.

［104］Shao Z, Hu XW, Frische S. Heterogeneous Morphology of Nephila Edulis Spider Silk and its Significance Formechanical Properties［J］. Polymer, 1999（40）：4709-4711.

［105］宗亚宁，刘月玲. 新型纺织材料及应用［M］. 北京：中国纺织出版社，2009.

［106］王静. 透湿、透气仿荷叶织物的开发与研制［J］. 产业用纺织品，2010, 28（2）：6-9.

［107］Matsuot. The Design Logic of Textile Products［J］. The Textile Institute, 1997（2）：27.

［108］Han Mo J, Byoung Kun A, Seong Mo C and Byung Kyu K. Water Vapor Permeability of Shape Memory Polyurethane With Amorphous Reversible Phase［J］. Journal of Polymer Science, Part B（Polymer Physics）

2000, 38, 3009 – 3017.

[109] 万震, 李克让, 谢均. 新型智能纤维及其纺织品的研究进展 [J]. 针织工业, 2005 (5): 43 – 46.

[110] 张美玲. 天然纳米结构——荷叶 [J]. 云南大学学报: 自然科学版, 2005, 27 (9): 462 – 464, 483.

[111] 李辉芹, 钟智丽, 巩继贤. 仿生学在纺织工业中的应用 [J]. 棉纺织技术, 2003, 31 (6): 27 – 30.

[112] 陈丽华. 仿生纺织品与服装 [J]. 北京服装学院学报: 自然科学版, 2011, 31 (1): 70 – 76.

[113] 张德远, 李元月, 韩鑫, 等. 高精度复合减阻鲨鱼皮复制成形研究 [J]. 科学通报, 2010, 55 (32): 3122 – 3127.

[114] 吴明康. 仿鲨鱼皮泳衣技术的发展与应用前景 [J]. 纺织科技进展, 2009, 31 (2): 90 – 91, 98.

[115] 韩鑫, 张德远. 鲨鱼皮复制工艺研究 [J]. 中国科学: 技术科学, 2008, 38 (1): 9 – 15.

[116] Zhao D Y, Huang Z P, Wang M J. Vacuumcasting Replication of Micro – riblets on Shark Skin for Drag – reducing Applications [J]. Journal of Materials Processing Technology, 2012 (1): 198 – 202.

[117] 丁留其. 涤锦珊瑚绒染整工艺探讨 [J]. 印染, 2007, 15 (33): 20 – 21.

[118] 贺良震. 涤纶针织珊瑚绒烂花印花 [J]. 印染, 2011, 17 (37): 26 – 28.

[119] 康爱旗, 舒明芳. 经编珊瑚绒用多孔细旦涤纶拉伸变形丝的生产技术 [J]. 合成纤维, 2014, 43 (2): 17 – 20.